最受养殖户欢迎的精品图书

水貂养殖新技术

第二版

刘晓颖　程世鹏　主编

中国农业出版社

本书有关用药的声明

编 写 人 员

主　编　刘晓颖　程世鹏

参　编　李光玉　陈立志　张秀华

　　　　施安国

审　校　钱国成

第二版前言

随着我国经济的发展及人们生活水平的提高，对裘皮的需求日益增加，我国的裘皮服装市场已由前些年的以出口为主导转变为目前的以国内市场为主导，这使得支撑我国裘皮工业发展的水貂养殖业发展迅速，同时也具有较高的利润，极大地提高了水貂养殖者的积极性。

《水貂养殖新技术》自2009年首次出版后，受到了广大水貂养殖者的欢迎，为此，我们对首版《水貂养殖新技术》进行了修订，将有些章节进行了重新编写，对有些章节补充了新的内容。

修订后的《水貂养殖新技术》与第一版相比作了以下改动：删除了书中对水貂生产指导意义不大的原理、疾病的历史回顾、病原的培养特性及养殖场难以进行的一些诊断方法，如染色技术等，使得该书实用性更强。删除了书中国家禁止食品动物使用的药物，如呋喃妥因、痢特灵等；同时对一种药物多种名称进行了修改，做到前后统一。修改了书中一些错误的字词和叙述不是很清楚的段落，使该书更通俗易懂。在营养代谢病中增加了目前水貂养殖场中危害比较严重的水貂哺乳症和水貂白底绒症两种营养代谢病。因为随着水貂的集约化和产业化生产，饲料、营养原因引起的疾病越来越多，营养代谢病已经成为危害水貂养殖的主要疾病，故在《水貂养殖新技术》第二版中增加了这方面的内容。

由于修订工作任务重、时间短，加之编者水平有限，书中难免有疏漏谬误之处，希望同行专家、广大读者批评指正。

编　者

2013 年 7 月

第一版前言

目前我国毛皮动物水貂的饲养量约为80万只，主要分布在河北、山东、辽宁、吉林、黑龙江、内蒙古等地，随着我国经济的发展和人们对高档裘皮服装需求的日益增加，水貂的养殖发展非常迅速。水貂属于特种养殖行业，经济效益高，但由于驯化时间短，饲养上有一定的难度，技术性相对较强，平均养殖水平较低，严重地阻碍了水貂养殖业健康良性的发展。

本书针对目前我国水貂养殖的现状，参考了国内外有关水貂养殖的技术资料及科研成果，结合我国水貂饲养方式及生产实际进行了系统阐述，内容涵盖了水貂的生活特性、养殖场的建设、饲养与管理、繁育、饲料与营养、日粮配制、皮张加工及疾病防治等多个方面。

本书新颖、实用、通俗易懂，适合水貂饲养场及其相关单位的管理人员与技术人员、大中专经济动物专业的学生以及广大水貂养殖户参考使用。

本书编写过程中参考引用了不同方面的最新研究报告及论述，在此对原作者表示深切的谢意。

因编者水平有限，加之时间仓促，如有不当之处，敬请读者批评指正。

编　者

2008年6月

目录

第一章　水貂的生活特性及品种

第一节　水貂的生活特性

水貂在动物分类学上属于哺乳纲食肉目鼬科鼬属。水貂虽然经过人们百余年的驯化饲养，但是仍然保留着许多野生习性。野生水貂栖息于河床、浅水湖岸或林中小溪边等近水地带，利用天然岩石做巢，巢洞一般长 1.5 米，洞口位于岸边的水下，巢内铺有鸟、兽的羽毛或柔软的干草，洞穴附近常以草丛或树丛为掩护。水貂性凶猛，听觉灵敏，行动敏捷，善于游泳和潜水，常在夜间以偷袭的方式猎取食物，性情凶残。除交配和哺育仔貂期间外，均单独散居。

水貂是食肉性动物，野生条件下主要以捕捉小型啮齿类、鸟类、两栖类、鱼类，及鸟蛋和某些昆虫为食，水貂有储存食物的习性，巢穴中常见到鸟类、花纹蛇、野鼠等食物。水貂的天敌有猫头鹰、水獭、狐、山狸等。

水貂每年繁殖 1 次，2～3 月交配，4～5 月产仔，一般胎产仔 5～6 只。我国北方人工饲养的水貂，一般配种集中在 3 月上旬，4 月底至 5 月初为产仔高峰期，一般产仔 5～6 只，最多可达 11～12 只。仔貂 9～10 月龄性成熟，2～10 年内有生育能力，寿命 12～15 年。每年春秋季各换毛 1 次。

第二节　水貂的品种

在野生状态下，水貂有美洲水貂和欧洲水貂两种。现在世界各国人工饲养的均为美洲水貂的后裔。目前，人工养殖水貂的品种主要有标准色水貂和人工培育的水貂品种（彩貂）。

一、标准色水貂

野生水貂毛色多半呈浅褐色，家养水貂经过多个世代的选择，毛色加深，多为黑褐色或深褐色，通称标准色水貂。标准色水貂毛被呈黑褐色或深褐色，体细长，似黄鼬（俗称黄鼠狼），头部小而短，耳壳小，四肢短，前后肢均有五趾，趾端具有锐爪，趾间有微蹼（后肢比前肢明显），尾细长，尾毛长而蓬松，肛门两侧有一对肛门臊腺。成年雄貂体重 1.8～3.0 千克，体长 38～45 厘米；成年母貂体重 0.8～1.3 千克，体长 34～37 厘米，尾长 15～17 厘米。

二、人工培育的水貂品种

目前已出现 30 多个毛色突变种，并通过各种组合，使毛色组合型增加到了 100 余种。彩色水貂多数色泽鲜艳、绚丽多彩，有较高的经济价值，世界各国都在努力繁育和发展。根据色型，分为灰蓝色系、浅褐色系、白色系、黑色系四大类；根据基因的显性、隐性，可分为隐性突变型、显性突变型和组合型等。

（一）灰蓝色系（隐性突变型）

1. 银蓝色貂　又称铂金色、白金色貂，是最早（1930 年）发现的突变种，呈金属灰色，深浅变化较大，两肋常带霜状的灰鼠皮色而影响其品质。这种色型的貂体型大，繁殖力高，适应性强，是国内普遍饲养的常见色型。

2. 钢蓝色貂　比银蓝色深，近于深灰，色调不匀，被毛粗糙，品质不佳。

3. 阿留申貂　又称青铜色、青蓝色、钢枪色貂，呈青灰色，针毛近于青黑色，绒毛呈青蓝色，毛绒短、平、美观。这种貂体质较弱，抗病力差。

（二）浅褐色系（隐性突变型）

1. 褐咖啡色貂 又称烟色貂，呈浅褐色，体型较大，体质较强，繁殖力高，但部分貂出现歪颈。

2. 米黄色貂 由浅棕色至浅米色，呈浅粉色，体型较大，美观艳丽，繁殖力强，为我国饲养较多的色型。

3. 索克洛特咖啡色貂 与褐咖啡色相近，体型较大，繁殖力强，但被毛粗糙。

4. 浅黄色貂 毛被色泽由极浅的黄褐色至接近咖啡色，色泽艳丽，繁殖力和抗病力均较差。

（三）白色系（隐性突变型）

1. 黑眼白貂 又称海特龙貂，毛色纯白，眼黑色，被毛短齐，母貂耳聋，繁殖率较低。

2. 白化貂 毛呈白色，但鼻、尾、四肢部呈锈黄色，眼畏光，被毛的纯白程度不如黑眼白貂。

（四）黑色系（显性突变型）

1. 漆黑色貂 又称煤黑色貂、漆炭色貂，呈深黑色，光泽度好，由于真皮层内有大量黑色素聚集，故仔貂出生时皮肤即明显黑于普通标准水貂。我国已大量引进这种色型并普遍饲养。它的特点是全身纯黑（墨炭黑），针、绒毛平齐、光亮，长度接近一致，其毛皮很像獭兔皮，背腹毛颜色、质量基本一致，肉眼很难区分，是理想的优良品种。

2. 银紫色貂 又称蓝霜貂，呈灰色和蓝色，腹部有大白斑，四肢和尾尖白色，白针散布全身，绒毛由灰至白。这种貂皮售价很低，生产上没有多大饲养价值。

3. 黑十字貂 有两种基因型和表现型。纯合型的水貂毛呈白色，头、项和尾根有黑色毛斑，肩、背和体侧有散在黑针毛，是很好的育种材料，中国辽宁大连金州饲养场已利用其与彩貂杂交培育出了彩色十字貂。杂合型的水貂肩、背部有明显的黑十字图形，其余部位毛色灰白，少有黑针。

（五）组合色型

1. 蓝宝石貂 又称青玉色貂，由银蓝和青蓝2对纯合隐性基因组成，色泽近于天蓝色，毛皮质量优良，但繁殖力和抗病力较低。

2. 银蓝亚麻色貂 由银蓝和咖啡2对隐性基因组成，毛被呈灰色，眼深褐色。

3. 红眼白貂 又称帝王白，由咖啡色和白化2对隐性基因组成，毛呈白色，眼呈粉红色，体型大而粗，繁殖力优于黑眼白貂。中国20世纪60年代初曾引入少量饲养，后经中国农业科学院特产研究所培育成适应中国饲养条件的彩貂良种，1982年被鉴定和命名为“吉林白水貂”。

4. 珍珠色貂 由银蓝和米黄2对纯合隐性基因组成。毛为极浅的棕色或棕灰色，眼呈粉红色。

5. 芬兰黄玉色貂 由褐眼咖啡和索克洛特咖啡2对纯合隐性基因组成，毛浅褐色，眼深褐色。

6. 冬蓝色貂 由银蓝、青蓝和咖啡色3对纯合隐性基因组成。毛为淡蓝棕色，眼粉红色。

7. 紫罗兰色貂 由银蓝、青蓝和莫伊尔浅黄3对纯合隐性基因组成。毛色与冬蓝色貂相似，但略浅或略蓝。

8. 粉红色貂 是4对纯合隐性基因组合的色型。毛色近于很浅的珍珠色，带有粉红色调，眼红色，其毛皮颇受欢迎。

9. 玫瑰色貂 由咖啡色、索克洛特、米黄3对纯合隐性基因再加1对银紫色貂杂合基因组成。毛色呈淡玫瑰色，其价格高于标准水貂，是近年来水貂育种的新成果。

第二章　水貂养殖场的建设

第一节　建场的基本条件

一、自然条件

养殖水貂的主要目的是为了获得优质毛皮，在北方高纬度地区毛皮生长丰厚、致密，比南方地区的毛皮质量好，市场价格高。一般皮用水貂的饲养以中原、山东黄河为界，地理纬度以不低于北纬 30°为宜，黄河以北直至黑龙江北部均适宜。

除了地理纬度之外，海拔高度、光照强度、温湿度等都对水貂有一定影响，在建场时也要考虑这些因素。比如把原来在平原地区饲养的动物引到海拔较高的山区饲养，就会使动物呼吸、循环机能发生变化，影响其生长发育和繁殖能力，甚至引起一些疾病。其他因素的明显改变也会对水貂造成一定影响，因此建场时要充分考虑当地的自然条件，尽量选择符合水貂生理特性的自然条件。

二、社会环境条件

场址应选在公路、铁路或水路运输方便的地方，但又不能离运输主干线太近，应远离学校和大工厂，以保持安静的生产环境。为搞好卫生防疫及避免扰民，饲养场应与畜牧场、养禽场和居民区保持 500～1 000 米的距离。

三、饲料条件

饲料是饲养场发展重要的物质基础，如果不能就近解决饲料来源，势必会增加运输成本，甚至会影响正常生产。水貂的日粮中动物性饲料占相当一部分比例，常用动物性饲料有鱼类、畜禽及其副产品，因此饲养场最好建在饲料来源广泛的牧区或者沿江、沿海地区，内地应建在畜禽屠宰加工厂或大型畜禽饲养场附近，以便利用这些单位的副产品。当然如果自己建有较大型的冷库，可以较长时间贮藏鲜的动物性饲料。随着饲料加工及技术的进步，干粉饲料也可解决部分饲料来源问题，有利于水貂在更广的地区饲养。

第二节　场址的选择

场址的选择，应以自然环境条件适合于水貂生物学特性为宗旨，并以稳定的饲料来源为基础，根据生产规模及远景发展规划，全面考虑其布局。重点应考虑饲料、水和卫生防疫条件，同时也要兼顾交通、电等其他条件。

一、地形地势

场址应选在高爽、向阳、背风、地面干燥、易于排水的地方。一般在坡地和丘陵地区，以东南坡向为宜。饲养场尽量不占耕地，最好利用贫瘠土地或非耕地。用地面积应与貂群数量及今后发展需要相适应。土质以沙土、沙壤土为宜。

低洼、沼泽地带，地面泥泞、湿度较大、排水不利的地方，洪水常年泛滥、云雾弥漫的地方，以及风沙严重的地区均不宜建场。

二、利于防疫

场址不应靠近畜禽饲养场，距居民区至少有500米，以避免同源疾病的相互传染。凡是流行过传染病的地区，应经检查符合卫生防疫的要求后方可建场。环境污染严重的地区不宜建场。

三、水电充足

貂场用水量很大，每天动物饮水、洗刷食盒、冲洗地面、饲料加工等需要大量清洁水。因此，场址应选在地上或地下水源充足、水质好的地方。决不可用臭水或被病原菌、农药污染的不洁水，或含矿物质过多的硬水及含有害矿物质的水，饲养场用水应符合人用水标准。建场时还必须考虑稳定的电力供应，除民用电外，还应考虑动力电，以便安装大型饲料加工设备及冷库用电。

四、交通便利

场址应选择交通便利的地方，以便运输原料及买卖毛皮动物。但不可距公路太近，公路上的噪音对水貂有一定影响，特别是在繁殖期，强烈的噪音干扰会严重影响繁殖，因此饲养场应距主干道200～500米。

五、远离人聚居区

貂的养殖粪尿气味较大，对人居环境会造成一定的影响，降低人们的生活质量，即使进行粪污的无害化处理也很难减少气味对人的影响，所以养貂场要尽量避免建在人多的村庄内，应远离人聚居区。

第三节　饲养场的建筑与设备

一、棚　　舍

（一）貂棚　貂棚是安放水貂笼舍的简易建筑物，它能使笼舍和水貂不受雨雪的侵袭和烈日的曝晒。

水貂棚要求结构简单，结实耐用。建筑材料可根据具体情况，因陋就简，就地取材。但在利用废旧建筑材料时，应考虑做消毒处理。

貂棚的走向和配置与貂棚内的湿度、温度、通风和接受光照等情况有很大关系，应该根据当地的地形、地势及所处地理位置综合考虑。要求貂棚的走向能使其夏季避免阳光的直射，通风良好，冬季两侧能较均匀地获得光照，并能避开寒风的吹袭。通常貂棚宽 3.5～4.0 米，长度不超过 50 米，以便于管理。如过长，中间应留有通道，便于貂棚间的横向行走和捕捉逃跑的水貂。貂棚与貂棚间的距离 3～4 米。

1. 双排单层笼舍貂棚　这种貂棚过道高 2 米，便于工作人员行走操作。棚檐到地面的高度为 1.1～1.2 米，能有效地挡住阳光的直射，并能增强防风能力，提高毛皮品质。

2. 双排双层笼舍貂棚　这种貂棚特点是棚檐较高，达 1.4～2.0 米，虽然提高了空间利用率，但是日光容易直射到笼舍上，对水貂毛皮质量会产生不利影响。

3. 多排单层笼舍貂棚　这种貂棚可安装 6～8 排笼舍。两侧养种貂，中间养皮貂。通常貂棚脊铺 50～60 厘米宽的可透光玻璃纤维瓦，以使棚内白天可得到足够的光照。

（二）笼舍　水貂的笼舍由笼网和小室两部分组成。水貂笼舍的建造既要符合水貂生物学要求，又要尽量充分利用空间，结构要简单、牢固，便于修理，不易跑貂。同时，要便于饲养人员喂食、给水、打扫卫生和观察生产。

1. 貂笼 貂笼是水貂活动、采食、交配、排便的场所，一般用角钢或钢筋做成骨架，然后用铁丝固定铁丝网片而成，现在多采用镀锌电焊网制成，水貂笼舍的网眼要小于2.5厘米。不然仔貂容易漏下，导致死亡。

貂笼规格：种貂笼的长宽高（下同）为60厘米×45厘米×40厘米，皮貂笼为60厘米×35厘米×40厘米。

2. 小室（窝箱） 小室是水貂休息、产仔、哺乳的场所，可以让貂有安全感，窝箱多用1.5～2厘米木板制成。窝箱上盖设计得可自由开启比较好，以方便观察和抓貂等。顶盖前高后低、具有一定坡度，可避免饲养在无棚条件下，积聚雨水而漏入窝箱内。种貂窝箱在出入口处应备有插门，以备产仔检查、隔离母貂或捕捉时用。窝箱出入口下方要设高出小室底5～10厘米的挡板，防止仔貂爬出。

水貂的窝箱有许多规格和样式。带有活动隔板式的笼箱，是在小室内有一块可以装卸的隔板。非繁殖期装上隔板，将小室分为相等的两小间，每小间设有一圆形出入口（直径10～12厘米），同时配备2个貂笼，可供饲养2只水貂。繁殖期（妊娠、产仔哺乳期）取下隔板，使之变成一间。一室两笼养1只母貂。种貂窝箱的出入口必须安装插板口，以便于配种和产仔检查时使用。

窝箱规格：种貂为50厘米×32厘米×40厘米，皮貂为26厘米×26厘米×40厘米。

3. 貂笼的安置 一般要求离地面40厘米以上，笼与笼的间距为5～10厘米，以免相互咬伤。笼门应灵活，在貂笼和窝箱内切勿露出钉头或铁丝头，以防损伤毛皮，笼内要备有饮水盒，并固定在笼内侧壁上。为避免水貂拱翻食盒，应在笼门里边做一食盒固定架。

二、饲料加工室

饲料加工室是冲洗、蒸煮和调制饲料的地方，室内应具备洗涤饲料、熟制饲料的设备或器具，包括洗涤机、绞肉机、蒸煮罐等。室内地面及四周墙壁，须用水泥抹光或粘贴瓷砖，并设下水道，以便于洗刷、清扫和排除污水。

饲料加工室不宜长时间存放饲料，进入加工室的饲料应尽量当天用完，剩余饲料要及时送回储存室。每次加工完饲料都要彻底打扫，不留下杂物。饲料加工室应有专人负责，除工作人员外，禁止其他人进入。工作人员进入饲料加工室要更换工作服，尤其要更换干净的靴子，防止带入污染源。

三、饲料储存室

饲料储存室包括干饲料仓库和冷冻库。干饲料仓库要求阴凉、干燥、通风、无鼠虫侵害。冷冻库主要用来贮藏新鲜动物性饲料和一些容易氧化变质的干粉动物性饲料，如鱼粉、肉骨粉等，还可以用来保存皮张，库温应控制在－15℃以下。小型场或专业户，可在背风阴凉处修建简易冷藏室或购置低温冰柜，北方地区还应修建菜窖，用来贮藏蔬菜。为便于饲料搬运，仓库和冷库都要离饲料加工室近一些。

四、综合技术室

综合技术室主要可以分为兽医防疫室和综合化验室。兽医防疫室负责貂场的卫生防疫和疫病诊断治疗，综合化验室负责饲料的质量鉴定、毒物分析。饲养场应准备手术器械、注射器、常用药物等，其他设施可以根据需要相应增加。综合技术室应有专人负责，一般由技术员担任，药品的数量和使用情况必须详细登记。

五、毛皮加工室

毛皮加工室用于剥取貂皮并进行初步加工。室内应设有剥皮、刮油、洗皮、上楦、干燥、验质、储存等工作场所，毛皮烘干应置于专门的烘干室内，室内温度 20～25℃。毛皮加工室旁还应建毛皮验质室。室内设验质案板，案板表面刷成浅蓝色，案板上部距板案面 70 厘米高处，安装 4 只 40 瓦的日光灯管。门和窗户备有门帘和窗帘，以供检验皮张时遮挡自然光线用。

六、其他建筑和用具

其他建筑主要有供水、供电、供暖设备、围墙和警卫室等。另外，还要有捕兽笼、捕兽箱、捕兽网、喂食车、喂食桶、水盆、食碗等。饲养场应在貂场大门及各区域入口处，设置相关的消毒设施，如车辆消毒池、人的脚踏消毒槽或喷雾消毒室、更衣换鞋间等。

第三章　种貂引种与运输

目前，我国的养貂生产发展较快，一些养殖专业户和貂场为了扩大水貂生产和更新貂群，每年都要引种。因此，引种工作直接影响水貂的养殖效果，故应给予足够的重视。引种的关键在于能否选择到品质优良，并能将优良特性稳定遗传给后代的种貂。

第一节　引种的准备

一、隔离貂舍彻底清洗、消毒

在准备购进种貂前，先将貂笼、貂舍清扫、消毒，并且空舍至少1周以上。消毒可选甲醛溶液、氢氧化钠溶液、菌毒灭、百毒杀等。消毒后的场所要严禁行人、车辆及其他动物进出。尤其是发生过疫病的貂舍，应进行彻底消毒。消毒可根据病原选用2%的氢氧化钠溶液、5%～10%来苏儿或10%过氧乙酸等。要准备足够的饲料、常用药物和用具。

二、要根据场址的规模进行引种

大致计算需引进种貂公母的数量。引种时公母比例一定要搭配好，公貂过多会浪费饲料、增加成本；但数量不足，母貂发情较集中时，往往会失去最佳交配时机，给生产带来损失。一般合适的公母比例是标准貂1∶4、白貂1∶3、彩貂1∶3.5。对大型养貂场，除按此比例搭配外，还应按每10只母貂增加1只公貂的比例适当调整。

三、引种地点就近原则

引种应就近，因为水貂生殖器官的季节性变化与光照变化有密切关系。故引种地区和引入地区的自然条件应当相似，不应有太大的差异，否则会因环境的悬殊而影响正常繁殖。应考虑从养貂数量多，种貂品质好，生产性能稳定，系谱记载清楚，具有经营许可证，且检疫无传染病的貂场引种。看种貂合格证、防疫合格证和种貂技术档案资料，并索要种貂个体卡片（系谱）资料，以防血统混杂，出现近亲繁殖弊端。最后签订合同，以免造成损失。

四、确定引种时间

适宜的引种时间是 11 月中下旬秋分以后，此时太阳直射赤道，昼夜相等，天气开始变凉，水貂饮食量增加，蓄积脂肪准备过冬。最好选引冬毛生长完全成熟、发育健壮、毛皮质量好的个体，以保证种貂的质量。若时间偏早，水貂的体型尚未发育完全，有些形状还未充分表现出来，往往保证不了种貂的质量。

第二节　引种的实施

一、选 品 种

好的品种是提高水貂配种力、产仔率、成活率、抗病力和皮张质量的基础。常选的品种有金州黑貂、美国短毛黑貂、彩貂、红眼白貂等。引进国外品种时，应考虑品种的适应性、抗病能力、生理的遗传性及性状的稳定性。异地引种时，一定要比较两地的气候与自然环境的差异，及时地调整饲养管理方法，以期生产出优质的皮张。

二、选 个 体

选种方法是外选公貂（指外场、外村）、内选母貂（指自己场），以防近亲繁殖，降低生产性能。成年公貂应选择性成熟早、性情温顺、交配能力强、精液质量好、所配母貂空怀率低和产仔率高的公貂留作种貂；成年母貂应选择发情正常、交配顺利、妊娠期短、产仔早、窝产仔数多、母性强、乳量足、所产仔貂发育正常的母貂留作种貂。

三、选种方法

对信誉好、关系密切的引种场，可以协商通过初选、复选、精选的方式，留下优良个体作为种用动物出售。

（一）初选（6～7月） 对成年公貂，根据其配种能力、精液品质选择优良个体；对成年母貂，根据其产仔数量、泌乳量、母性及后代成活数量等选择优良个体；对仔貂，根据同窝仔貂数量、发育状况、成活情况及双亲的品质，在断乳时按窝选留。初选要比实际留种数量多25%～40%。

（二）复选（9～10月） 根据生长发育状况、体型大小、身体的轻重、体质的强弱、毛绒的质量及色泽、换毛的早晚等，对成年貂和幼龄貂逐个进行选择。复选留的数量要比实际留种数多10%～20%。

（三）精选（11月） 在打皮前，根据毛绒品质（包括颜色、光泽、长度、密度、细度、弹性及分布等）、体型大小、体质类型、体况肥瘦、健康状况、繁殖能力、系谱及后裔综合指标，逐只详细观察鉴别，经反复对比观察后，采取选优去劣的方法淘汰复选阶段多留的10%～20%。母貂初产仔不少于4只，经产母貂产仔5只以上；公貂每年应与4只以上母貂配种，配种次数达10次以上。特别注意淘汰有遗传缺陷的个体，如针毛只在尖端色浓、毛被有暗影和斑点、腹部毛绒红褐、卷毛、后裆缺毛等必须淘汰。对选定的种貂要统一编号，尽量系谱登记入册。成龄貂的繁殖力高，所以2～4岁的成年貂应占70%左右，当年幼貂不宜超过30%，这样有利于稳定生产。

但到外地引种由于条件所限，在保证系谱清楚的前提下，重点是个体选择，标准是体型大、体质好、肥度为中上等。公貂体长接近45厘米，后肢粗壮，尾长蓬松，经常翘尾；母貂身长35厘米以上，体型稍细长，臀部宽，头部小，略呈三角形。对体况消瘦、体型短粗胖、公貂隐睾、母貂外生殖器官畸形、肢体残缺、患自咬症或在小室内有排粪恶习的不要留作种用。有药物过敏史的不要留作种用；夏毛未脱全者不可选为种用；用过激素（如褪黑激素）的不可留种。在皮毛上要求绒质好，毛色正，全身毛色一致，白斑仅限下唇，针毛平齐灵活、有光泽、长度适中、分布均匀。据研究证明，凡是冬毛生长快、成熟好的水貂，第二年春天性器官发育也好。所以应把换毛的迟早好坏作为选种的一个重要参考指标。

由于水貂不同生产特性间表现不同，要求每个性状都好不太现实，生产中可以用评分方法选留种貂，令对生产影响较大的性状占较多比分，影响相对小的性状占较少比分，进行综合评分，最后选留综合评分高的个体留作种用。

第三节　种貂的运输

当要购买种貂时，无论运输远近都涉及运输问题，貂的运输是一项精心的工作，每一环节的疏忽都有可能造成貂的死亡。

一、运输前的准备

选好的种貂在运输前应进行传染病的检疫，放弃购买患病或带菌貂。在起运之前要钉制好合适的运输笼，规格为100 厘米×50 厘米×20 厘米，分成 5 个小室，每个小室内各放 1 只种貂，笼底及各小室之间钉上薄木板，其余部位覆盖铁丝网。要求通风、结实和便于搬动，使用前用2%～3%的氢氧化钠溶液洗刷消毒运输笼及运输车辆，运输车辆最好是本场自备，不要随便使用其他车辆。运输时，要用布或麻袋等将运输笼遮暗，以使貂保持安静，但要留出通风口，以防中暑，短途运输可以选在夜晚。根据运输种貂的数量及路途，备足新鲜鱼、肉类和混合饲料。

二、途中管理

长途运输时可以在到场 12 小时内不喂料。采取少量多次的方法给水，待饮完 10～20 分钟再饮，防止暴饮。水中可加入口服补液盐，第一次用 0.05%的高锰酸钾水溶液，或在饮水中加入抗生素。运输时间在 3 天以上时，可喂一些易消化的多汁饲料，喂量可减少到平时喂量的一半，用新鲜的单一饲料，如鱼、肉切成条状喂给。饮水不可减少，以食盘内不存残食、水盆里不积水过多为宜。应保持干燥，特别是不要沾湿水貂毛绒。途中要谢绝参观，保持安静，以减少不必要的惊吓。途中要避免长时间曝晒和雨淋，押运人员要随时观察水貂状态，如果有貂死亡，当天又不能到达目的地时，应及时剥皮，以免因尸体存放时间过长而成为废皮。

第四节　运回场内的管理

一、单独饲养

即使运输前未检出疾病的个体，运到养貂场后也不要马上与原有貂群进行混养，应单独饲养 1 个月左右才能合群，进行常规饲养管理。种貂进场卸车后，应根据天气、场地等情况，让貂群在舍外进行短暂休息，并进行分舍，使种貂得到舒适的休息；用刺激性小的消毒液对貂逐只喷雾消毒。

二、提供充足清洁的饮水

为水貂提供充足清洁的饮水，以保证其正常需求。

三、逐渐换料

开始最好喂原场饲料，此后以 1/3 的比例混入本场饲料饲喂，并逐步替代原场饲料，饲料中最好添加一些预防性药物。一般来说，经过长途运输，貂群会食欲不振，经过 2～3 小时的休息后，会开始觅食。

四、免疫注射

种貂到场 1 周后，各方面情况基本正常，应该根据当地的疫病流行情况、本场内的疫苗接种情况和抽血检疫情况进行必要的免疫注射，免疫要有一定的间隔，以免造成免疫压力，使免疫失败。

隔离期结束后，对该批种貂进行体表消毒，再进行合群。需要强调的是，并群后并非万事大吉。因为不同貂场的貂可能带有不同抗原型的病原，所以在并群前各自对本场的抗原型有抵抗力的貂在并群后对新的抗原型不一定有抵抗力。若出现异常需要治疗，则需遵守用药原则，并结合本场的实际情况，由兽医制订具体方案；研究过去用药的经验，大量的用药可能导致抗药性；用药最好是广谱药；有条件情况下，饮水用药更有效。

第四章　水貂的饲养管理

第一节　水貂生产时期的划分

水貂每年繁殖一次，换毛两次，夏毛无利用价值，冬毛具有很高的利用价值。人工饲养水貂的主要目的是多产仔，获得数量多、质量好的毛皮。要达到这个目的，就必须根据水貂的生物学特性和生理需要，全面科学地做好水貂繁殖及各期饲养管理工作，创造一个有利于水貂繁殖和换毛的饲料条件和自然环境条件。

为了便于饲养管理，通常把整个生产周期分为八个阶段，即准备配种期（9月中旬至翌年2月）、配种期（2月至3月末）、妊娠期（3月末至5月末）、产仔哺乳期（4月中旬至6月中旬）、育成前期（从产仔到9月）、恢复期（公貂恢复期3月中旬至9月中旬、母貂恢复期5月末9月初）、冬毛生长期（9月到11月初）、取皮期（11月中旬至12月中旬）。

水貂的饲养管理工作是分阶段进行的，但各时期都不是独立的，而是密切相关、互相影响的，每一个时期都是以前一个时期为基础的，只有重视每一个时期的各项日常管理工作及关键时期的重点管理工作，水貂生产才能获得成功，其中的任何一个环节出现失误，都将给生产造成无法弥补的损失。

第二节　准备配种期的饲养管理

水貂的准备配种期一般是指从每年的9月下旬开始至翌年2月止。此期根据水貂性腺发育及其生理特点，可划分为三个阶段，即9～10月份为准备配种前期、11～12月份为准备配种中期、翌年1～2月份为准备配种后期。准备配种期饲养管理的中心任务是选留种用动物，促进生殖器官的正常发育，调整适宜体况，保证水貂适时进入配种期。

一、准备配种期的饲养

（一）准备配种前期 此期水貂性腺发育刚刚萌动，全群正处于脱夏毛换冬毛时期，成年貂夏季食欲不振，体况偏瘦，此时食欲开始恢复；幼龄貂仍处于继续生长发育期，但生长速度有所下降。因此，此期的饲养任务主要是增加成年貂体重，继续满足幼龄貂生长的需要，同时必须满足水貂换毛期的营养需要。在此期日粮中，首先要保证有充足的可消化蛋白质（每天每只貂供给30～35克），并供给富含蛋氨酸和胱氨酸的蛋白质饲料。日粮中可消化脂肪每天每只貂最低应达10克，一般不要超过20克。

（二）准备配种中期 此期水貂性腺明显发育，幼貂的生长基本完成，换毛于12月上旬完成并可取皮。准备配种中期的饲养主要是维持饲养，调整膘情，具体要根据当地当时气候条件进行。在寒冷的北方，应当向上调整膘情，防止水貂过瘦，同时保证越冬贮备；而在冬季不太寒冷的其他地区，则应在维持饲养的情况下，向适中体况调整，防止出现过肥或过瘦两种体况。可消化蛋白质每天每只不能低于20克，一般在25克左右。最好增加少量的脂肪，同时要添加鱼肝油和维生素E等。

（三）准备配种后期 准备配种后期水貂性腺发育迅速，生殖细胞全面发育成熟。1月份公貂附睾内已有精子贮存，母貂已有发情表现。为了促进生殖器官的迅速发育和性细胞的形成，此时需要全价蛋白质和多种维生素，热量标准可适当降低。由于公貂在配种期起主导作用，所以此期公貂饲养标准可高于母貂。日粮中代谢能一般为1 004.83～1 172.30千焦，可消化蛋白质为21～32克（母貂为21～26克、公貂26～32克），脂肪可适当减少，以防止种貂过肥，并要保持各种维生素的添加。在公貂日粮中，应当增加蛋、肝、脑等营养价值高，对精细胞发育有促进作用的饲料。这期间每只每天还应供给鱼肝油，酵母4～6克、麦芽10～15克。也可以添加适量的维生素、微量元素添加剂饲料。

因为准备配种期大部分时间处于寒冷季节，为防止饲料冻结，便于水貂采食，一般每天喂2次，早饲占40%左右，晚饲占60%左右；对高稠饲料也可以每天喂1次，自由采食。在饲料加工上，颗粒要大一些，稠度要浓些。天气十分寒冷时，可用温水拌料，并立刻饲喂。

二、准备配种期的管理

（一）防寒保暖 为使种貂能够安全越冬，从10月开始应在小室中添加柔软的垫草。气温越低，小室中的垫草越要充足，并要保证勤换垫草，经常清除小室内的粪、尿，以防垫草湿污而导致水貂感冒或肺炎而死亡。

（二）保证饮水 每天要饮水1次，严寒的冬季可用清洁的碎冰或散雪代替。

（三）加强运动 运动能增强体质，消耗体内过多的脂肪，同时也起到增加光照的作用。经常运动的公貂，精液品质好，配种能力强；母貂则发情正常，配种顺利，因此，在每天喂食前，可用食物或工具隔笼逗引水貂，使其进行追随运动。

（四）体况的鉴定与调整 要随时观察和调整种貂的体况，在准备配种后期，要尽量使全群种貂普遍达到中等体况，其中公貂适宜中等偏上体况、母貂适宜中等略偏下体况，具体鉴定方法如下：

1. 目测　该方法方便快捷，在准备配种后期尤为适用。在光线良好的条件下，观测者站在水貂饲养棚外侧笼网旁，用笤帚等物品逗引水貂在笼中靠近网壁处站立，使其两后肢呈自然分开状态后进行观察。根据水貂的整体形态、腹部和腹股沟等部位特征以及行为特点，将水貂分为肥胖型、适中型和瘦弱型3种体况。

（1）体况肥胖型　水貂躯体圆胖丰满，腹围大于臀围，后腹部凸出、脂肪堆积明显并向腹股沟部位下垂。行动笨拙，反应迟钝，食欲不旺。

（2）体况适中型　水貂躯体前后匀称、清秀，运动灵活自然，食欲正常。腹围与臀围平齐或略小于臀围，后腹部平展或略丰满，但不至于向腹股沟部下垂，或腹部略显有沟但不严重。

（3）体况瘦弱型　水貂躯体瘦细，脊背隆起，弓腰，肋骨明显，腹围明显小于臀围，后腹部收缩，腹股沟部明显凹陷成沟形。多做跳跃式运动，采食迅猛。

2. 称重　最好在11月下旬精选定群时开始进行。每个色型中至少称量25只有代表性的母貂进行抽样检查。从12月份至翌年2月份，每半月称重1次。一般体型的公貂中等体况时，体重应为1 800～2 200g，全群平均在2 000g左右。母貂应为800～1 000g，平均在850g左右。如果公、母貂分别超过2 200g和1 100g，即为过肥。如果公、母貂分别平均不足1 700g和700g，即为过瘦。

3. 指数测算　由于种貂体型大小不同，所以不能单凭体重来衡量体况，用单位长的体重来衡量体况，其计算公式为：

体重指数＝体重（克）/体长（厘米）

经统计表明，母貂临近配种之前的体重指数在24～26克/厘米时，貂的繁殖率最高。在鉴定体况后，对过肥和过瘦貂应分别加以标记，并分别采取减肥或增肥措施，以调整其达到中等体况。

对于过肥体况的种貂，要设法使其加强运动，消耗体脂肪；减少或去掉小室箱内的垫草，增加寒颤产热；调整日粮，降低能量标准，对明显过肥者，适当减少日粮量或每周断食1～2次。

对于过瘦体况的种貂，主要是增加日粮中优质动物性饲料的比例和总饲料量。也可单独补饲，使其吃饱，给足垫草，加强保温，减少能量消耗，对因病消瘦者，必须从治疗入手，结合催肥。

（五）异性刺激 为了增强种公貂（特别是青年公貂）的性欲，提高公貂的利用率，可在2月下旬对其进行异性刺激。方法是将公、母貂的笼箱间隔排列，或手抓母貂在公貂笼上来回逗引，每次10分钟左右，或把母貂装入串笼置于公貂笼上。

（六）制订选配方案 避免近亲交配，制订配种计划。

（七）准备好配种工具 在此期间还要准备好配种登记表、配种标签及抓貂手套、捕兽网、捕貂笼（箱）、显微镜、载玻片、玻璃棒、记录本等。

第三节 配种期的饲养管理

水貂的配种期从配种开始到配种结束，在2月下旬至3月下旬。配种期饲养管理的中心任务，就是使公貂具有旺盛的性欲，保持持久的配种能力，确保母貂顺利达成交配，并保证配种质量。

一、配种期的饲养

配种期由于受性活动的影响，水貂食欲有所减退。另外，公貂每天要排出大量的精液，母貂要多次排卵，频繁地放对和交配，种貂特别是公貂对营养及体力的消耗很大，特别是配种能力强的公貂。

此期要供给公貂质量好、营养丰富、适口性强和易于消化的日粮，以保证其具有旺盛持久的配种能力和良好的精液品质。日粮中要含有足够的全价蛋白质及维生素A、维生素D、维生素E、B族维生素。参加配种的种公貂中午要补食优质的动物性饲料80～100克。对配种能力强但食欲不佳的公貂，可喂食少量禽肉、鲜肝、鱼块，使其尽快恢复食欲（表4-1），如果公貂中午不愿吃食，可将这些饲料加入晚饲中，以免浪费。

母貂的日粮也要求有足够的全价蛋白质和维生素，以防止由于忙于配种而将母貂养得过肥。

表4-1　公貂补饲单（3月5—25日）

饲料	补饲数量（克/天）	饲料	补饲数量（克/天）	饲料	补饲数量（克/天）	饲料	补饲数量（克/天）
鱼或牛头肉	20～25	肝脏	8～10	麦芽谷物	6～8	维生素A	500国际单位
鸡蛋	15～20	兔头	10～15	禽头	10～12	维生素E	2.5毫克
牛乳	20～30	酵母	1～2	蔬菜	10～12	维生素B_1	1.0毫克
						合计	100～135

二、配种期的管理

在配种季节，母貂可以出现2～3个发情周期。1个发情周期通常是6～9天，发情持续1～3天，间情期是5～6天。从冬至后70天左右，当日照延长到11小时以上时，就具备了配种能力。日照在11.5～12小时是发情旺期，即3月上中旬，在这一时期配种的母貂空怀少、产仔多、仔貂死亡率低，此时要做到适时配种。

（一）发情鉴定　发情鉴定要做到看、检、放。

1. 看 是观察母貂发情表现。发情的母貂往往兴奋、活跃，常在笼内来回走动，时而在笼网上攀立四望，时而坐蹭外阴部，尿液呈绿色，性情温和，捕捉时温顺。

2. 检 是检查母貂外阴部和阴道分泌物的变化。正常情况下，发情母貂外阴部变化可分三个阶段：第一阶段，阴毛略分开，阴唇微开张、呈淡粉红色。第二阶段，阴毛明显分开倒向两侧；阴唇肿胀突出，有的外翻，有的呈现几瓣，乳白色。第三阶段，阴唇肿胀，但有皱纹，较干燥，呈苍白色。

镜检阴道分泌物，母貂发情的不同时期，阴道分泌物中的细胞种类和形态各不相同，可以根据这一特点可准确判断母貂的发情阶段（详见第七章水貂繁殖技术第二节）。

3. 放 是指把发情的母貂与公貂放在一起，观察它们的表现。发情的母貂愿意进入公貂笼，当公貂追逐时，兴奋地与其周旋嬉戏，且发出“咕咕”的叫声。

（二）配种期管理要点 母貂发情配种每年只有一次，时间性强，技术复杂，要求较高，难度较大。要抓住时机，严格掌握母貂发情期，及时搞好水貂配种，提高母貂受胎率至关重要，做到抓准、抓紧、仔细观察，适时搞好水貂配种工作，其技术要点如下：

1. 科学安排配种进度 根据母貂发情的具体情况，选用合适的配种方式，提高复配率，并应使最后一次交配结束在配种旺期。

2. 区别发情与发病 性冲动会造成水貂的食欲减退，因此要注意观察，正确区别发情与发病。发情时，貂每天都要采食饲料，性行为正常，有强烈的求偶表现。发病时，貂往往完全拒食，精神萎靡，被毛蓬松，粪便不正常。如发现病貂，应及时治疗。

3. 添加垫草 要随时保证有充足的垫草，以防寒保温，特别是温差比较大时更应注意，以防水貂发生感冒或肺炎。

4. 加强饮水 要满足水貂对饮水的需要（尤其是公貂，每次交配后都口渴，急需饮水），要给予充足的饮水或雪及碎冰块。

第四节 妊娠期的饲养管理

妊娠期的母貂，新陈代谢旺盛，同化作用增强，对饲料和营养物质的需求比其他任何时期都严格。除维持自身生命活动外，还要为春季换毛、胎儿的生长发育及产后泌乳提供营养，所以此期要充分满足水貂对各种营养物质的需要，提供安静舒适的环境，确保胎儿正常发育。如果饲养管理不当，会造成胚胎被吸收、死胎、烂胎、流产或娩出后的仔貂生命力不强，给生产造成重大的经济损失。

一、妊娠期的饲养

母貂配种后的饲料质量直接关系到仔貂出生后的体质，这段时期营养水平应是全年最高的。

（一）营养要尽可能全价 此期必须保证饲料品质新鲜，严禁喂腐败变质或贮存时间过长的饲料，日粮中不许搭配死因不明的牲畜肉，难产死亡的母畜肉，经激素处理过的畜禽肉及其副产品，以及动物胎盘、乳房、睾丸和带有甲状腺的气管等。

饲料种类要多样化，通过多种饲料混合搭配，保证营养成分的全价。妊娠母貂对各种营养物质的需要，尤其是对全价饲料中的必需氨基酸、必需脂肪酸、维生素和矿物质的需要更为重要，采用鱼、肉混合搭配的日粮，能提高蛋白质的生物学价值。因此，长年以鱼类饲料为主的貂场，此期可添加少量的生肉（每天每只25～30克）；而以畜禽肉及其副产品为主的貂场，则可增加少量的海杂鱼或质量较好的江杂鱼。日粮中较理想的鱼、肉搭配比例是鱼类40％～50％、牲畜肉10％～20％、肉类副产品30％～40％。

此期妊娠母貂需要可消化蛋白质每天每只为27～35克，低于22克时，将引起产弱仔等不良的后果。为补给必需脂肪酸，可在日粮中补给少量的豆油（每天每只5克）。此外，妊娠母貂对各种维生素的需要较其他时期高，因此，必须保证补给，每天要供给维生素A750～1 500国际单位、维生素D75～100国际单位、维生素E5毫克、维生素C10～20毫克。

如以颗粒饲料和干动物性饲料为主的貂场，必须添加鲜奶、鲜蛋、鲜肉等全价蛋白质饲料。干动物性饲料的比例最好不超过动物性饲料的50%。为了满足水貂对钙、磷的需要，日粮中可加20～30克兔头、兔骨架，或15～20克鲜碎骨，或3～4克骨粉。日粮中蛋白质供给应达到25～30克。

在妊娠期前10～15天供给配种期的饲料量，以后逐渐增加。从4月15日开始，日粮中增添乳、蛋类，对提高母貂泌乳力很有效果。

（二）适口性要强　饲料适口性不强会引起妊娠母貂食欲减退，影响胎儿的正常发育。因此，在拟定日粮时，要多利用新鲜的动物饲料，采取多种饲料搭配，避免饲料种类突然大幅度改变，加入鲜肝、乳、蛋、酵母等，可提高饲料的适口性。

（三）喂量要适当　妊娠期日粮由于饲料质量好、营养全价、适口性强，母貂采食旺盛，易造成体况过肥，所以要适当控制喂量，要根据妊娠的进程逐步提高营养水平，以保持良好的食欲和中上等体况为主。母貂过肥，易出现难产、产后缺乳和胎儿发育不均匀；母貂过瘦，则由于营养不足，胎儿发育受阻，易使妊娠中断，产弱仔，以及使母貂缺乳、换毛推迟等。

二、妊娠期的管理

（一）注意观察　主要观察母貂食欲行为，体况和消化的变化。正常的妊娠母貂，食欲旺盛，粪便正常呈条状，并常仰卧晒太阳。如果发现母貂食欲不振、粪便异常等，要立即查找病因，及时采取措施加以解决。

（二）加强饮水 妊娠期母貂饮水量增多，必须保证水盒内常有清洁的饮水。

（三）保持安静，防止惊吓 饲养员喂食或清除粪便时，要小心谨慎，不要在场内乱串、喧哗，谢绝参观。

（四）搞好卫生防疫 妊娠期是万物复苏的季节，也是各种疾病开始流行的时期，所以必须搞好笼舍、食具、饲料和环境的卫生。小室垫草应勤换，笼舍要不积存粪便。食碗、水盆要定期消毒。在临产前1周，要把母貂窝箱打扫干净，并用2%的氢氧化钠溶液洗刷消毒，然后絮上清洁、柔软、干燥的垫草。环境力求安静，防止早产后缺奶；减少捕捉母貂次数，防止惊恐。在小室内垫草做窝，注意场地消毒防疫。

第五节 产仔哺乳期的饲养管理

产仔哺乳期是从产仔开始到仔貂断奶分窝这一时期，即从4月下旬到5月中旬。产仔哺乳期的饲养管理直接影响母貂的泌乳力、持续泌乳时间和仔貂成活率，此期的中心任务是提高仔貂的成活率，保证仔貂生长发育。

一、产仔哺乳期的饲养

仔貂的生长发育主要取决于母貂的泌乳能力，而产仔哺乳期日粮的饲料组成则是影响乳量的主要因素。水貂泌乳量很高，按单位体重计算远远高于奶牛和奶山羊，乳中营养物质含量也很高，要使母貂能够正常泌乳，提高泌乳量和延长泌乳时间，应给予营养全价的日粮，增加催乳饲料。

日粮要维持妊娠期的水平，尽可能使动物性饲料的种类不要有太大的变动。为了促进母貂泌乳，应增加牛、羊乳和蛋类等营养全价的蛋白质饲料，并适当增加脂肪的含量。如加入含脂率高的新鲜动物性饲料，或植物油、动物脂肪以及肉汤等。为了满足母貂对矿物质的需要，日粮中应按每天每只供给鲜碎骨15～20克或骨粉3～4克，同时日粮中还要添加足量的维生素A、维生素D、维生素E、维生素C和复合维生素B。

此期的饲料要加工得细一些，调制得稀一些，喂量要充足。母貂产后2～3天，食欲不振，应减量饲喂，一般给混合饲料200～230克即可。随着母貂食欲好转，饲料要逐渐增加至280～380克，在不剩食的原则下，根据胎产仔数和仔貂的日龄区别对待。

仔貂在20日龄之前，主要以母乳为食，但从20～25日龄起，母貂泌乳量下降，即可开始吃由母貂叼入小室的饲料，所以日粮应由新鲜优质、易消化的饲料组成。饲料可根据仔貂数量和日龄逐日增加，以补充母乳的不足。从30日龄起，仔貂采食量增加，应及时补食。为避免仔貂间争食，可用几个食盆单独补饲。

二、产仔哺乳期的管理

产仔期间，管理人员要昼夜值班，掌握母貂产仔的情况。产后及时供给饮水，对落地、受冻、挨饿的仔貂及难产母貂及时救护。

（一）产前要做好小室箱消毒、絮草工作　垫草不可过多或过少，最好占小室1/3，垫好后把四角和底压实，中央做一个窝（20厘米左右）。窝太大则仔貂不集中；太小则母貂没有转身余地，容易踩伤或踩死仔貂。

（二）母貂产仔时，场内应保持安静　夜间检查时不能用手电直接照射母貂，以防使其受惊，更不能将异味带入貂室。

产仔期间，应昼夜值班，若发现有落地或产在笼底上的仔貂，则应及时将其送回原窝，对冻僵者先将其送至温暖处，待其苏醒之后再送回原窝。

（三）在临产前，要注意临产征兆 母貂临产前 2～3 天外阴肿胀，在仰卧晒太阳时，可看到母貂腹部胎儿活动；产前出现尿频、活动减少，时时发出“咕咕”的叫声，骚动不安，并叼草做窝，这时应及时观察其是否产仔。母貂在产仔后 2～4 小时排出油黑色胎便，说明产仔结束，这时通过听、看来判断貂的健康状况。仔貂叫声粗短、洪亮者为健康仔；声音嘶哑、有气无力者为弱仔，对吃不上奶的弱仔要进行代养。

（四）及时发现难产母貂 母貂难产时，表现徘徊不安，在小室外来回奔走，经常呈蹲坐排粪姿势，舔舐外阴部；有时虽有羊水、恶露流出，但不见胎儿娩出；有的出现胎儿嵌于生殖孔长时间娩不出来，此时应肌内注射脑垂体后叶激素 0.2～0.3 毫升，间隙 2 小时再注射一次，经 3 小时后仍不见胎儿娩出，可进行人工助产。方法是将母貂仰卧保定，先将外阴部消毒，后用甘油滴入阴道内，助产者随其分娩努责，轻轻地从阴道内将胎儿拉出，头一个胎儿拉出后，可将母貂放入窝箱内，让其自产。对从阴道拉出来的仔貂，要立即擦净鼻孔和口角的黏液，并进行人工呼吸。

（五）产后检查 当发现母貂排出黑色煤焦油样胎便 2 小时后，即可对仔貂进行初检。把母貂引出窝箱，立即插上出入口控制板，打开窝箱上盖，用窝内垫草搓手，然后检查仔貂数量、哺乳及健康状况。检查时动作要轻，速度要快，不破坏原窝形。

（六）代养 对缺乳、产仔多和母貂有恶癖的，应及时将仔貂部分或全部代养出去。本着代大留小、代强留弱的原则，先将代养母貂引出窝箱外，再用窝箱内的草擦拭被代养仔貂的身体之后放入箱内。或将仔貂放在窝箱出口的外侧，由母貂主动衔入窝内。

（七）补饲与分窝 对母貂要保证饮水供给，认真护理，防止母貂将仔貂叼出小室。在仔貂 15～20 日龄开始吃食时，要注意适当给母貂补饲。仔貂到 25 日龄时母貂泌乳能力下降，要适当对仔貂补饲。到 40～50 日龄时要及时分窝。

（八）加强饲养管理，减少仔貂死亡 仔貂出生后生活条件发生了巨大变化，由原来通过胎盘进行气体交换、摄取营养和排出废物，转变为自行呼吸、采食和排泄。出生后仔貂直接与外界环境接触，由于机体发育不完善，如果饲养管理不当，很容易死亡。仔貂死亡的原因很多，主要有死胎、烂胎、弱仔、产后缺乳、冻死、饿死、压死、咬死等。

第六节　幼貂育成期的饲养管理

仔貂到 40～45 日龄时开始断乳分窝，分窝后至取皮是幼貂的育成期。7～8 月份幼貂生长发育迅速，是骨骼、内脏器官生长发育最快的时期，这段时间称为育成前期。9～12 月份幼貂体重继续增长，同时冬季毛被迅速生长发育，这段时间称为育成后期或冬毛生长期。

一、育成前期的饲养管理

（一）育成前期的饲养 仔貂育成前期，由于营养物质和能量在体内以动态平衡的方式积累，使机体组织细胞在数量上迅速增加，幼貂生长和发育迅速，尤其在 40～80 日龄期间，是生长发育最快的阶段。这一时期应保证幼貂吃饱、喝足，但不要剩食。

断乳分窝后的头 2 周，可以继续喂给产仔期、哺乳期的饲料。当达到 2 月龄时，每天要供给可消化蛋白质 18～23 克，2～3 月龄时为 25～32 克，日粮中动物性饲料不得少于 60%，并保证多种饲料搭配使用。为了满足骨骼生长的需要，可搭配一些兔头、兔骨架，也可以添加骨粉，同时要保证各种维生素的添加。育成前期饲喂不限量，能吃多少给多少。

根据幼貂的营养需要，其日粮能量标准为836.8～1 171.52千焦，动物性饲料应占75%左右，由鱼类、畜禽内脏和副产品、鱼粉、颗粒饲料等组成，谷物饲料可占20%～23%，蔬菜可占1%～2%或不喂，还应加喂维生素和微量元素添加剂。每只每天喂0.5～0.75克，或补喂鱼肝油0.5～1克、酵母4～5克、骨粉0.5～1克、维生素E 2.5毫克。

育成前期时值酷暑盛夏，要严防水貂因采食变质饲料而出现各种疾病。因此，除从采购、运输、贮存和加工等各环节上把好饲料品质关外，还必须有合理的饲喂制度。此时一般每天喂3次，早晚饲喂的间隔时间要尽量长些，每次饲喂后1小时内保证吃完饲料，如果吃不完亦应及早撤出食碗。

（二）育成前期的管理

1. 仔貂断乳 断乳时间主要依据仔貂生长发育情况、母貂的泌乳能力和体况而定。过早断乳，仔貂尚未完全具备独立生活的能力，会导致发育不良，甚至死亡；断乳过晚，易造成互相争食咬斗，影响母仔健康。仔貂一般在40～45日龄时断乳为宜，如果仔貂发育不均衡，母貂体质尚好，可分批断乳，将体质好、采食能力强的先行分窝，体小、较弱的继续留给母貂抚养一段时间。分窝时先将同性别的2～3只幼貂放在一个笼里饲养，1周后再分开单笼饲养。

分离前应做好笼舍的建造，或旧笼舍检修、清扫、消毒和垫草等工作，分窝时做好系谱登记工作，分窝后再提供优质全价、易消化、适口性强的饲料。仔貂断乳后，生长发育迅速，所以必须保证蛋白质、矿物质和维生素的供给。

2. 加强卫生，预防疾病 此期正值夏季，预防疾病尤为重要。

（1）要把好饲料质量关，保证饲料新鲜、清洁，绝不喂酸败变质的饲料。

（2）要搞好饲料室和貂棚内的卫生，每天要打扫棚舍和小室，清除粪便和剩食。饲料加工用具和食具等，每次用过之后都要及时清洗和定期消毒。

（3）对蚊、蝇和老鼠等要尽力消灭，以预防胃肠炎、下痢、脂肪组织炎和中毒等疾患。

3. 做好防暑工作 夏天天气炎热，阳光长时间直射容易导致幼貂中暑。中暑一般多发生在貂棚西侧，因而应在貂棚西侧安装遮阴物，如帘子、遮阳网等，及时赶醒在阳光下睡觉的水貂，加强通风，预防中暑。同时，应供给水貂充足的饮水，每天最少要饮水 3 次。

4. 疫苗接种 对犬瘟热、病毒性肠炎等易感性传染病，必须进行疫苗预防接种，切不可心存侥幸，一般在 6 月末至 7 月初注射犬瘟热疫苗和病毒性肠炎疫苗。

5. 预防母貂乳房炎 刚离乳的头几天应减少母貂的饲料供给量，注意观察母貂乳房，防止瘀滞性乳房炎的发生。

二、冬毛生长期的饲养管理技术

水貂冬毛生长期是水貂全年生产环节中的一个十分关键和重要的生产环节。了解和掌握水貂冬毛生长期的饲养管理和调控技术，采用科学的饲养管理和人工调控技术，可促进水貂的生产向着有利于提高毛皮质量、降低饲养成本的方向发展。自然光照条件下水貂的冬毛生长期一般为 9 月上中旬至 11 月中下旬。

（一）水貂毛皮生长发育规律

1. 毛和皮肤 水貂的皮肤由表皮和真皮构成，皮肤的主要衍生物是毛。毛皮是毛和皮肤的统称。水貂的被毛主要分为触毛、针毛、绒毛三类。

2. 毛皮的季节变化 水貂的被毛生长到一定时期就会渐渐从毛囊中脱出并被新毛代替，称为换毛。水貂一年脱换毛两次，春季脱冬毛长夏毛，秋季脱夏毛长冬毛，属于周期性季节换毛。

春季换毛：随着配种季节的到来，夏毛的胚胎毛在真皮下开始形成。春分后，随着配种季节的结束，冬毛开始脱落，夏毛长出。换毛顺序是先从头部和足开始，逐渐由前向后扩展，臀部与尾部最后脱换。新生的夏毛也按此顺序先后长出。

秋季换毛：随着日照时间的逐渐缩短，一般在8月下旬，皮肤中冬季胚胎毛开始生长发育，秋分后夏毛脱落、冬毛长出。秋季换毛比春季换毛快。换毛顺序与春季换毛顺序正好相反，先从尾部开始，经臀部、躯干向头部扩展。由于前部毛被短，生长期也短；臀、尾部毛被长，生长期也长，因此，毛皮还是前部先成熟，臀、尾部最后成熟。

3. 幼貂冬毛生长发育规律 水貂从出生到冬毛成熟，其换毛要经历3次，即胎毛换成初期毛绒、初期毛绒换成夏毛、夏毛换成冬毛。其冬毛的生长发育同于成年貂，但时间较成年貂稍晚一些。

4. 成年貂冬毛生长发育规律 水貂是季节性换毛的动物，每年换毛两次，一次是脱冬毛换夏毛，一次是脱夏毛换冬毛。这种季节性脱换毛的实现，是以光周期的变化为条件的。脱冬毛换夏毛是在长日照条件下进行的，脱夏毛换冬毛是在短日照条件下进行的。夏至后，日照逐渐缩短，当日照缩短到13小时左右，即夏至后的70天左右，皮肤内开始形成冬季“胚胎毛”。随着“胚胎毛”的生长发育，皮肤颜色从尾部到头部逐渐变黑，当日照逐渐缩短到12.0～11.5小时，即秋分之后，冬毛长出，夏毛脱落，此时的皮肤颜色最深。当日照缩短到11.0～10.5小时，即秋分后的30天左右，除头部外，全身冬毛长齐。当日照缩短到9.5小时左右，即从冬季“胚胎毛”形成开始经90天左右，全身冬毛长齐，皮肤颜色变成淡粉红色，冬季毛皮达到成熟。冬毛的生长发育速度，在满足水貂营养需要的前提下，以光周期变化的影响为最大。水貂的毛一经长出皮肤，其形状就是一定的，直到脱落，不再变化。因此，从冬毛生长发育开始就加强饲养管理，才能提高毛皮质量。

5. 影响水貂换毛长绒的主要因素 水貂的繁殖和换毛呈现明显的季节性变化，影响水貂繁殖和换毛的主要因素是光照条件，四季分明的光周期变化规律有利于水貂的繁殖和换毛，其次是营养、气温等饲养和环境因素。

（1）光照条件 水貂是季节性繁殖的哺乳动物，又是一年两次季节性换毛的毛皮动物。由于水貂祖先长期生活在高纬度地区，它的新陈代谢、生长发育、生殖和换毛等生理活动与高纬度地区周期变化规律建立了密切的联系，尤其成为实现水貂生殖与换毛周期的触发信号和必要条件。在生殖周期与换毛周期之间也存在着相互依存和制约的密切联系。

秋分后，生殖器官开始缓慢发育，同时，夏毛脱落，冬毛长出。在这里，秋分信号似乎起着“扳机”作用。此后，随着日照时间的缩短，经过70～80天，冬毛发育成熟，这表明脱夏毛长冬毛是一个短日照反应。春分后，日照时间继续增加，白昼开始长于黑夜。冬毛脱落，夏毛长出。在这里，春分信号似乎也起着“扳机”作用。春分后，夏毛开始长出直至夏毛发育成熟是一个长日照反应。

人工控制光周期变化以改变水貂的生殖与换毛周期的大量科学试验，在理论上进一步揭示了光周期变化规律与生殖、换毛周期密切相关的内在规律。夏毛一旦长出或完成生长发育，人工缩短每天光照的时间就可加速夏毛的脱落，开始冬毛的生长发育，但冬毛生长发育的速度是恒定的，而与开始缩短光照时间的日期无关。给予秋分信号后，随着光照时间的缩短，夏毛开始脱落，冬毛开始长出，从给予秋分信号到冬毛生长发育的完成，需经80～90天的时间。

近年来，随着光周期变化规律与水貂生殖周期、换毛周期的相关规律的逐步认识与掌握，把这些规律应用于养貂工作的生产实践中，已取得了明显效果。水貂冬毛的成熟一般是在 11 月中下旬到 12 月上旬。已证明，只要夏毛长出，无论是否发育成熟，人工给予秋分信号，随之逐渐缩短每天的日照时间，经 80～90 天，冬毛即可发育成熟。因此，控光养貂或埋植褪黑激素可使冬毛提前成熟、提前取皮。

（2）营养水平　水貂进行新陈代谢、生长发育、繁殖和换毛等生命活动所必需的基本物质，称为营养物质。它包括蛋白质、脂肪、碳水化合物、维生素、矿物质和水分等。饲养水貂所用的饲料种类繁多，所含各种营养物质也不相同，饲料品质的优劣也有差异。这些都直接影响着水貂的生长发育、繁殖和换毛，采用不同的饲料和饲喂制度，可产生不同的生产效果，因此，饲料营养与水貂的生产效果是密切相关的。充分了解各种营养物质的生理功能、各种饲料所含各种营养物质的量及其营养价值，就可以科学地、经济地制订水貂的日粮配方，以便充分发挥水貂的生产性能，达到饲养水貂的预期目的。水貂换毛期营养不良会造成夏毛脱落不净，冬毛长不全，白底绒、食毛、自咬等情况的出现，严重影响毛皮质量。

（3）气候条件　气温的高低会影响针绒毛的密度，光照强度会影响毛色深浅，恶劣的气候条件会影响针毛的长度和平齐度。

（4）品种类型和个体差异　不同品种类型的水貂其毛绒品质有很大区别，只有优良品种的水貂才能生产优质的毛皮。不同颜色类型的水貂其冬毛成熟期的早晚也是有区别的，一般情况下是颜色越浅成熟越早。不同个体的水貂换毛早晚和成熟的早晚也有区别，一般情况下，母貂比公貂成熟早、成年貂比幼年貂成熟早。健康状况较好的貂冬毛成熟也较早。

6. 影响水貂毛皮质量的主要因素

（1）先天的遗传因素　在同样的饲养管理条件下，不同品种类型的水貂其主要经济性状的表现是不一样的，其内在的遗传因素起着决定性的作用。例如质量性状中的毛色遗传，标准貂和彩貂后代的毛色表现是有很大差异的，不同颜色类型的彩貂后代的毛色表现也有很大差异。数量性状中的体重、体长、毛绒品质均属于高遗传力性状，不同品种类型水貂的后代性状表现也有很大差异。因此，要取得高质量的毛皮，必须选择遗传性状优良的种貂。

(2) 后天的饲养管理　同属于一个品种类型的水貂在不同的饲养管理条件下，其主要经济性状的表现也有很大差异，其外在的饲养管理条件起着决定性的作用。不同的饲养场由于饲料条件、技术力量、管理水平的差异，尽管饲养的品种类型是一样的，但其生产水平和毛皮质量却存在很大差别，因此要取得高质量的毛皮，除了要有优良的品种作基础外，还必须为水貂的生长发育和换毛创造一个科学的饲养管理条件。

遗传因素是内因，饲养管理是外因，内因通过外因而起作用，水貂数量性状的表现是遗传因素和饲养管理条件共同作用的结果。因此，要取得高质量的毛皮，在优良品种的基础之上，还必须实行科学的饲养管理，二者缺一不可。

(二) 冬毛生长期的饲养　此期水貂新陈代谢的水平也较高，这是因为水貂除了为越冬贮存体脂和体蛋白外，还要生长厚密的冬毛。毛绒是蛋白角化的产物，故对蛋白质、脂肪和某些维生素、微量元素的需要是很迫切的。所以为了生产优质毛皮，每只水貂日粮中可消化蛋白质应达到 30～35 克、代谢能 1 046～1 255千焦。动物性饲料在 50%～70%，主要由鱼、动物内脏、血液、鱼粉、兔禽下杂等组成。

此期补喂少许植物油（每天每只 1～2 克）、动物血液（占动物性饲料的 5%～10%）和一定量的锌，可增加水貂毛绒的光泽度。为预防食毛症，日粮中可加喂蛋氨酸或羽毛粉。

(三) 冬毛生长期的管理　冬毛期饲养管理的重要性不亚于

甚至高于繁殖期的饲养管理。毛皮动物讲的是货卖一张皮，水貂繁殖期饲养工作搞得好与坏，主要决定当年产品数量的多少，而冬毛生长期的饲养管理工作搞得好与坏，直接决定产品质量的优劣，关系到皮张卖价的高低。

冬毛生长期饲养管理的主要任务就是满足换毛期的营养需要，创造一个有利于水貂换毛的饲养管理条件，促进冬毛正常生长发育，并获得质量好、等级高、尺码大的毛皮。水貂生长冬毛是短日照反应，因此，在饲养中，应把皮貂养在较暗的棚舍里，避免阳光直射，以保护毛绒中的色素；同时要搞好笼舍卫生，及时检修笼舍，防止损伤和污染毛绒。

第七节　种貂恢复期的饲养管理

公貂从配种结束到 9 月中旬，母貂从断奶分窝到 9 月初，是水貂恢复期。此期水貂机体需要营养物质较少，饲养管理往往被饲养者所忽视，但若饲养管理不佳，将直接关系到第二年的生产。

一、恢复期种公貂的饲养管理

（一）恢复期种公貂的饲养　公貂配种结束后，体力消耗很大，肥度下降，应在此阶段补充营养，使其尽快恢复体质，不可忽视对公貂的饲养管理工作。若此时公貂营养不足，体质恢复较慢，则易发生疾病而造成其死亡或换毛慢，在第二年生产中公貂发情迟缓、发情不集中、性欲减退以及配种次数少，致使母貂空怀率高和胎产仔数少等。公貂配种结束后 20 天，应饲喂配种期或母貂妊娠期的饲料，并保持供给清洁的饮水，待其体况恢复后再转为一般饲养管理。

在饲料种类上，应该减少蛋白质、能量的供应量，使蛋白质和能量水平维持在较低的状态下。饲料中可以逐步减少鸡蛋、鱼粉等优质蛋白原料的用量，逐渐使用肉松粉、生物蛋白、肉粉、血粉等价格便宜的动物性饲料原料；在能量饲料方面，油脂可以逐步减少，而糠麸类的低成本、低营养成分的饲料原料的用量应逐步增加，以免恢复期长得过肥。

（二）恢复期种公貂的管理 对于完成任务的种公貂，除进行日常的饲养管理外，还要做好以下几个方面的工作：

1. 加强卫生防疫 各种用具以及饲养环境要保持清洁卫生，饲料原料以及加工环境也要保持清洁卫生。

2. 保证饮水 特别是在炎热的夏天，一定要提供清洁、充足的饮水。在特别炎热的夏季，可以在饮水中添加十滴水、维生素C酯、西瓜皮等物质，以减少热应激。

3. 注意夏天的防暑降温工作 注意遮蔽阳光，防止阳光直射。

4. 防寒保暖 在寒冷地区，冬季到来较早，故应注意防寒。

5. 避免无意识地人为增减光照 严禁随意开灯或遮光，避免因为光照的变化而引起发情周期的变化。

6. 搞好梳毛工作 对于配种能力差、精液品质不良、失去种用价值准备淘汰的公貂，在长绒季节如果有毛绒缠结现象，要做好梳理工作，以免影响毛皮质量。

二、恢复期种母貂的饲养管理

母貂从配种结束到仔貂断乳分窝，一般要经历近3个月时间。经过妊娠、产仔和哺乳，母貂体力和营养消耗很大，体况下降，体质消瘦，抗病力降低，易发生各种疾病。断乳后最初几天应减少喂量，以免母貂患乳房炎。为使母貂尽快恢复，断乳后母貂的日粮可维持哺乳后期的营养水平，待食欲和体况有所恢复后再改用维持期饲料，经20天左右母貂体况逐渐恢复后再转为一般性饲养，其日粮与公貂相同。

第八节　水貂各个时期的营养需要及经验日粮配方

水貂的营养需要和饲养标准是合理配制饲料和科学养貂的理论依据。本节推荐水貂不同时期饲料营养成分的含量（表4-2），同时给出NRC（1982）（表4-3）推荐标准，以供参考。由于近年我国水貂鲜饲料资源短缺，干粉饲料的应用越来越普遍，本节也根据近年来水貂营养研究的变化，结合我国饲养特点，推荐了干粉饲料配方（表4-4），同时也列出了部分鲜饲料组成（表4-5），以作参考。

表4-2　水貂不同时期饲料营养成分推荐量（%）

品名	代谢能（兆焦/千克）	粗蛋白≥	粗纤维≤	脂肪≥	赖氨酸≥	蛋氨酸≥	钙≥	总磷≥	食盐
成年维持期	14.8	30	5	10	1.4	0.7	0.8	0.6	0.3～0.8
配种期	15.8	32	5	12	1.6	0.8	0.9	0.6	0.3～0.8
妊娠期	15.8	34	5	12	1.6	0.9	1.1	0.7	0.3～0.8
哺乳期	16.2	36	5	14	1.8	0.9	1.2	0.8	0.3～0.8
育成期	16.2	34	5	13	2.0	1.1	1.2	0.7	0.3～0.8
冬毛生长期	15.8	32	5	15	1.8	1.2	1.0	0.6	0.3～0.8

表4-3　水貂营养需要量（NRC，1982）（每千克干物质含量）

时　期	断奶至13周龄	13周至成熟	维持（成年）	妊娠	泌乳
能量（兆焦，代谢能）	公　17.07	17.07	15.06	—	—
	母　16.44	16.44	15.06	16.44	18.83
粗蛋白质（%）	38	32.6～38	21.8～26	38	45.7

（续）

时　期	断奶至13周龄	13周至成熟	维持（成年）	妊娠	泌乳
维生素A（国际单位）	5 930	—	—	—	—
维生素E（毫克）	27	—	—	—	—
维生素B_1（毫克）	1.3	—	—	—	—
维生素B_2（毫克）	1.6	—	—	—	—
泛酸（毫克）	8.0	—	—	—	—
维生素B_6（毫克）	1.6	—	—	—	—
烟酸（毫克）	20	—	—	—	—
叶酸（毫克）	0.5	—	—	—	—
生物素（毫克）	0.12	—	—	—	—
维生素B_{12}（微克）	32.6	—	—	—	—
钙（%）	0.4	0.4	0.3	0.4	0.6
磷（%）	0.4	0.4	0.3	0.4	0.6
钙磷比	1～2∶1	1～2∶1	1～2∶1	1～2∶1	1～2∶1
食盐（%）	0.5	0.5	0.5	0.5	0.5

表4-4　水貂干粉饲料推荐配方及营养水平（%）

饲料与营养水平	维持期	育成	冬毛期	繁殖期	哺乳期
膨化玉米粉	31.7	19.2	23.9	22.75	19.9
膨化大豆粉	15	18	20	16	20
赖氨酸	0.2	0.5	0.4	0.1	0
蛋氨酸	0.1	0.3	0.5	0.15	0.1
肉骨粉	12	12	10	15	16

（续）

饲料与营养水平	维持期	育成	冬毛期	繁殖期	哺乳期
玉米蛋白粉	10	12	10	12	12
膨化血粉	0	0	0	2	2
羽毛粉	2	0	2	0	0
DDGS	24	26	20	22	14
鱼粉	2	8	6	6	10
鸡油（或豆油）	2	3	6.2	3	5
添加剂	1	1	1	1	1
总　计	100	100	100	100	100
营养水平					
代谢能（兆焦/千克）	14.8	16.2	15.8	15.8	16.2
粗蛋白质（%）	30.19	34.59	32.19	34.28	36.04
粗脂肪（%）	10.58	12.57	15.10	12.10	14.47
纤维（%）	4.04	4.28	3.84	3.91	3.47
钙（%）	1.25	1.59	1.32	1.69	1.96
磷（%）	0.84	1.00	0.88	1.05	1.20
赖氨酸（%）	1.41	2.04	1.83	1.66	1.83
蛋氨酸（%）	0.76	1.10	1.23	0.93	0.96

典型鲜配合饲料配方：

由于各地鲜饲料资源不同，其配方也各不相同。但其原则是尽可能根据当地的饲养条件合理配合日粮，利用当地现有的饲料资源，就地取材，以降低饲养成本。下面介绍一些较典型的饲（日）粮配方，供养貂场及个体户参考。

表 4-5　水貂鲜饲料推荐配方（%）

使用阶段	膨化玉米	鲜杂鱼	鸡架或鸭架	鸡肠或鸡头	鸡蛋	水貂预混料	油	合计
生长前期	30	20	25	20	0	4	1.0	100
冬毛期	35	15	20	24	0	4	2.0	100
繁殖期	25	30	34	0	6	4	1.0	100
泌乳期	20	40	25	0	10	4	1.0	100

第五章　水貂的饲料与营养

要实现科学高效的水貂养殖，必须了解饲料中各种营养物质对水貂生长及生产所起的作用。一般水貂所需要的养分可分为六大类：碳水化合物、脂肪、蛋白质、矿物质、维生素和水。

第一节　饲料中碳水化合物对水貂的营养作用

碳水化合物是地球上最丰富的有机物，化学中称为糖类，葡萄糖、蔗糖、淀粉和纤维素等都属于糖类。含碳水化合物较多的食物一般价格比较便宜，并且碳水化合物在体内氧化速度较快，能够及时供给能量以满足机体需要，所以碳水化合物是动物机体摄取能量的主要来源。它们也是机体的重要组成部分，与机体某些营养素的正常代谢关系密切，具有重要的生理功能。

碳水化合物的主要功能是提供水貂所需要的能量，是维持生命的物质基础，碳水化合物不能在体内完全转化为能量，剩余部分可在体内转变成脂肪贮存起来，有能量储备和冬季御寒等作用，同时可以适量减少蛋白质的分解，具有节省蛋白质作用。

在水貂的实际饲养中，如果饲料中碳水化合物供应过低，不能满足动物维持需要时，动物就开始动用体内的储备物质，首先是糖原和体脂肪，仍有不足时，则利用蛋白质代替碳水化合物，以供应所需的能量。在这种情况下，动物就会出现身体消瘦，体重减轻以及生产力下降等现象。但是，日粮中碳水化合物过多，相对日粮中蛋白质的含量就要降低，将阻碍水貂的正常生长、发育、繁殖及其他生产活动。

第二节　蛋白质对水貂的营养作用

蛋白质是一切生命活动的物质基础，是构成水貂体细胞和组织、器官的基本成分，它主要由碳、氢、氧、氮和少量的硫元素组成，是水貂生产中不可缺少的重要营养物质。水貂利用饲料中的蛋白质，经过消化吸收，再在体内重新合成体组织和产品，例如各种器官以及皮、毛等。另外，水貂精子和卵子的形成，各种消化液、激素、酶、乳汁等分泌物也都需要蛋白质。

水貂对蛋白质的需要，实际上就是对氨基酸的需要。氨基酸对水貂来说，又分为必需氨基酸和非必需氨基酸。水貂的必需氨基酸一般有以下几种，即蛋氨酸、赖氨酸、色氨酸、苏氨酸、缬氨酸、苯丙氨酸、亮氨酸、异亮氨酸等。因为胱氨酸与毛的生长直接相关，可以认为胱氨酸也是水貂的必需氨基酸；一般在以动物性蛋白质为主要蛋白质来源的水貂饲料中，蛋氨酸是第一限制性氨基酸，适量添加蛋氨酸和精氨酸有利于水貂毛皮的生长发育。

水貂为肉食动物，当日粮的蛋白质供给超过需求时，蛋白质用作能源物质的比例增加，其可以利用蛋白质分解产能，代替一部分碳水化合物，所以水貂对糖类的利用呈现对蛋白质节约的作用，它以糖原的形式贮存多余的葡萄糖，同时具有很强的糖分解能力。由于水貂蛋白质需要研究的深入，生产中水貂日粮中蛋白质所占比例有逐渐减少的趋势。

绝大多数饲料中蛋白质的氨基酸组成是不完全的，不能满足水貂的蛋白质营养需要，所以日粮中饲料种类单一时，蛋白质利用率就不高。当两种以上饲料混合搭配时，不同饲料原料所含的不同氨基酸就会彼此补充，使日粮中必需氨基酸趋于完全，从而提高饲料蛋白质的利用率和营养价值，这种作用称为蛋白质互补作用。在配制饲料时，饲料种类尽可能多样化，有利于利用蛋白质的互补作用，增加饲料蛋白质的有效利用率。如水貂主要饲料——鱼类和肉类，由于鱼类色氨酸和组氨酸少而肉类多，相互搭配使用时可以弥补氨基酸组成的缺乏。

如果饲料中蛋白质过多，会降低水貂对蛋白质的利用率，饲养效果不佳反而浪费饲料；如果蛋白质不足，或蛋白质品质差，动物机体会出现氮负平衡，造成机体蛋白质入不敷出，对生产也不利。水貂长期缺乏蛋白质时，会造成贫血，抗病力降低，幼貂生长停滞，水肿，被毛蓬乱，消瘦，皮下黏膜发白，动物越来越小；种公貂精液品质下降；母貂性周期紊乱，不易受孕，即使受孕也容易出现死胎、流产、弱仔等现象，严重影响繁殖性能。

如果日粮中非蛋白质能量（脂肪、碳水化合物）供给不足，机体蛋白质分解增加，会使尿中排出的含氮物增多。如果水貂的日粮中蛋白质偏高，能量偏低，两者比例不当，则水貂的采食量增加，增加了饲养成本。

合理调制饲料，如谷物饲料熟制或膨化后可影响水貂蛋白质、氨基酸和淀粉的消化率，与未处理饲料比较，膨化处理饲料总氮和氨基酸氮消化率显著降低，半胱氨酸所受影响最大，膨化后淀粉消化率增加，但高于100℃处理淀粉的消化率不再增加。一般鲜的鱼肉产品作为貂饲料，生喂比较好，以免熟化后降低蛋白质的利用率。

第三节　脂肪对水貂的营养作用

脂肪是构成机体的必需成分，是动物体热能的主要来源，也是能量的最好贮存形式。1克脂肪在体内完全氧化可产生38.91千焦的热量，是碳水化合物的2.25倍。脂肪参与机体的许多生理机能，如消化吸收、内分泌、外分泌等；脂肪还是维生素A、维生素D、维生素E、维生素K等的良好溶剂，这些维生素的吸收和运输都是依靠脂肪进行的。

脂肪酸是构成脂肪的重要成分，它可分为饱和脂肪酸和不饱和脂肪酸两大类。饱和脂肪酸的化学性质比较稳定，构成的脂熔点高，不容易被氧化，常温下一般呈固体状态。不饱和脂肪酸化学性质极不稳定，在脂肪中含量越高，则熔点越低，容易氧化变质。有些脂肪酸为动物体生命活动所必需，但体内又不能或不能大量合成的，必须从饲料中获得的不饱和脂肪酸，称为必需脂肪酸。在水貂饲料中，亚麻二烯酸、亚麻酸和二十碳四烯酸是必需脂肪酸。实践证明，在繁殖期日粮中不仅要注意蛋白质，对脂肪也不能忽视。必需脂肪酸的供给和必需氨基酸一样重要，缺乏时都会造成对机体的损害，严重地影响动物的生产。

饲料脂肪极易酸败氧化，如保存时间过长的鱼、氧化变质的鸡油等，采食酸败脂肪对水貂机体危害很大。脂肪的氧化酸败是在贮存过程中所发生的复杂化学反应，其特征是脂肪颜色较正常时明显变黄、味道发苦并出现特殊的臭味。酸败的脂肪和分解产物（过氧化物、醛类、酮类、低分子脂肪酸等）对水貂健康十分有害。由于它们直接作用于消化道黏膜，使整个小肠发炎，造成严重的消化障碍。酸败的脂肪分解破坏饲料中的多种维生素，使幼貂食欲减退，出现黄脂肪病，生长发育缓慢或停滞，严重的可破坏皮肤健康，出现脓肿或皮疹，降低毛皮质量，尤其水貂在妊娠期对变质酸败的脂肪更为敏感，采食变质脂肪会造成死胎、烂胎、产弱仔及母貂缺乳等后果。

第四节　矿物质对水貂的营养作用

在水貂机体中，矿物质虽然含量较少，但在营养和生理上却很重要。适量的矿物元素营养供给是维持毛皮动物正常健康、生长及生产的必要条件。矿物元素缺乏在临床上表现为发育不良、白肌病、骨骼畸形等，以至死亡；亚临床表现为采食减少、疾病抵抗力下降、体重减轻、死胎增多、产仔率下降、被毛零乱等。随着现代研究的深入，矿物元素缺乏的亚临床表现及对生产的影响日渐为人们所认识。下面对水貂产业影响较大且容易缺乏的几种矿物元素进行介绍。

一、常量元素

（一）钙和磷 钙和磷主要功能是构成水貂的骨骼和牙齿，还有一部分存在于血清和淋巴液及软组织中。仔貂及妊娠、哺乳母貂需要量较大。7～37 周龄的生长水貂钙的需求量占日粮干物质的 0.5%～0.6%。钙磷比也非常重要，钙磷比为 1～1.7∶1 较好，不在此范围的钙磷比，即使日粮中有丰富的维生素 D，也不利于骨骼的生长。

维生素 D 与钙和磷的吸收有非常密切的关系，当日粮的维生素 D 及磷含量不足，而钙的含量过量时，仔貂会行走困难、爬行，严重时会难以站立。水貂缺乏钙、磷或维生素 D 时，动物表现后腿僵直、用脚掌行走、腿关节肿大、腿骨弯曲等症状。

人工饲养条件下，以动物性饲料为主进行水貂的饲养时，一般不会造成钙、磷缺乏。但在广大以低营养水平饲养水貂的农村，由于价格较低的植物性饲料所占比例很大，容易引起钙、磷及维生素 D 的缺乏。在饲料中补充钙、磷含量丰富的骨粉或肉骨粉、鱼粉等饲料，同时补充维生素 D，可以很好地解决这一问题。一般钙、磷常用的补充饲料有磷酸氢钙、碳酸钙、蛋壳粉、骨粉等。

（二）钠、钾和氯 钠具有重要的生理作用，它能维持细胞与血液间渗透压的平衡，以及机体内的酸碱平衡，使体内组织保持一定量的水分，同时对心肌的活动也有调解作用。钾是细胞的主要成分，存在于水貂的各种组织中，特别在肌肉、肝脏、血细胞和脑中含量较多。如果缺钾，仔貂肌肉难以充分发育，心脏机能失调，食欲减退，生长发育受阻。水貂饲料钾的推荐量为0.3%，植物性饲料中含有丰富的钾，一般植物性饲料占水貂日粮的10%～30%时就可满足其需要，鱼、肉饲料中含钾也十分丰富，所以水貂一般不会缺乏。氯在机体中分布较广，如果氯缺乏，胃液中盐酸就要减少，食欲明显减退，甚至造成消化障碍。为使钠和氯满足需要，可在饲料中添加少量食盐，一般食盐添加量占湿饲料的0.5%，干饲料比例的0.8%～1.2%即可，泌乳期可以适当提高，同时供应充足的饮水。

(三) 镁 镁是构成骨骼和牙齿的成分之一，为骨骼正常发育所必需，在水貂机体生命活动中起着重要的作用。

大多数饲料均含有适量的镁，能满足水貂对镁的需要，所以一般情况下不会发生镁缺乏症，但在有些地方性缺镁地区也可出现镁的缺乏，镁缺乏可使动物血液中的含镁量降低，同时产生痉挛症，致使动物神经过敏、震颤、面部肌肉痉挛、步态不稳与惊厥。水貂日粮中钙、磷含量过高将影响镁的吸收，引起镁的缺乏。生产中一般推荐水貂日粮镁浓度为450毫克/千克。

(四) 硫 硫是合成含硫氨基酸所必需的元素。硫的作用主要是通过含硫有机物质来进行的，如含硫氨基酸合成体蛋白质、被毛和许多激素；硫胺素参与碳水化合物的代谢过程，并增进胃肠道的蠕动和胃液的分泌，有助于营养物质的消化与利用；硫作为黏多糖的成分参与胶原组织的代谢。长期饲喂含蛋白质很低的饲料或日粮结构不合理时，就容易出现硫的缺乏症状。硫供应不足可使黏多糖的合成受阻，导致上皮组织干燥和过度角质化。硫严重缺乏时，动物食欲减退或丧失、掉毛、被毛粗乱、泪溢，并因体质虚弱而引起死亡，水貂缺乏硫时，毛皮生长会受到严重影响。

二、微量元素

（一）锌 锌对维持动物正常代谢和繁殖有重要作用。动物体的数种酶中都含有锌，同时锌还是数种酶系统的激活剂。仔貂缺锌最明显的症状是食欲降低、生长受阻，缺锌会导致鼻镜干燥、口舌发炎、关节僵硬、趾部肿胀和皮肤不完全角化。对缺锌的仔貂补饲锌能迅速见效而且疗效显著，在饲料中添加锌能有效地预防锌缺乏。

日粮中锌过量可使动物产生厌食现象，对铁、铜的吸收也不利，导致动物贫血和生长迟缓。一般以海鱼类产品为主的水貂饲料中含锌 70～90 毫克/千克，所以一般不会缺乏。有报道，锌可以从皮肤吸收，人工饲养的水貂可以从镀锌铁丝笼吸收一部分锌。锌在水貂饲料中含量为 60 毫克/千克。

（二）铁 水貂在患寄生虫病、长期腹泻以及饲料中锌过量等异常状态时会出现缺铁症状。幼貂如果仅吃母乳，可能会出现缺铁性贫血，其症状是肌红蛋白和血红蛋白减少而使肌肉的颜色变得浅淡，皮肤和黏膜苍白，精神萎靡。典型的缺铁症状除贫血外，绒毛褪色，肝脏中含铁量显著低于正常水平，有时还伴有腹泻现象。铁缺乏还会致使绒毛色彩暗淡，毛绒粗乱，贫血、严重衰弱、生长受阻。如果日粮中铁不足时，可用硫酸亚铁、氯化铁等来补充。建议饲料中含量为 50～100 毫克/千克较好。

（三）锰 日粮中长期含锰量不足时，可使骨骼发育受影响，骨质松脆。仔貂缺锰后因软骨组织增生而引起关节肿大，生长缓慢，性成熟推迟。母貂严重缺锰时，发情不明显，妊娠初期易流产，死胎和弱仔率增加，仔貂初生重小。过量的锰可降低食欲，影响钙、磷利用，导致动物体内铁贮存量减少，引起缺铁性贫血。水貂日粮中缺锰时，可补饲一定量的硫酸锰、氯化锰等。水貂建议量为 40～50 毫克/千克。

（四）硒 硒的代谢与维生素 E 密切相关，有助于维生素 E 的吸收和贮存，硒与维生素 E 具有相似的抗氧化作用。我国东北是严重缺硒地区，硒的缺乏对水貂产业的损害非常大。水貂饲料中缺硒可产生白肌病，使患病动物出现步伐僵硬、行走和站立困难、弓背和全身出现麻痹症状等，硒缺乏会降低动物对疾病的抵抗力。仔貂缺硒时，表现为食欲降低、消瘦、生长停滞；缺硒还可引起母貂繁殖机能紊乱、空怀或胚胎死亡。

对饲料缺硒水貂可皮下注射亚硒酸钠和维生素 E，口服亚硒酸盐也很有效。在我国东北地区，添加硒饲料进行水貂生产，能很好地预防缺硒病的发生，减少仔貂的死亡，提高毛皮质量及母貂繁殖性能。一般饲料硒的推荐量为 0.1 毫克/千克。

（五）铜 铜为毛皮正常色素沉着所必需，也对维持正常生长及毛皮生长有重要作用。

水貂对铜的吸收率较低，一般以鱼为主的毛皮动物饲料中不易缺乏。铜缺乏经常发生在土壤及牧草中含高铜拮抗物质如硫、铁、钼的地方。缺铜降低动物吸收铁和从组织中动员并利用铁合成血红蛋白的能力，同时会导致如生长不良、腹泻、不育、被毛褪色、胃肠消化机能障碍以及脑干和脊髓损害。

过量采食含铜量高的饲料，将使肝脏中铜的蓄积量显著增加，大量铜转移入血液中使红细胞溶解，出现血红蛋白尿和黄疸，并使组织坏死，动物将迅速死亡。

（六）碘 碘是合成甲状腺激素的必需元素，甲状腺激素为正常生长及繁殖所必需。水貂的碘缺乏发生在地方性甲状腺肿地区，导致甲状腺肿、死胎、弱仔等症。一般采取的预防措施是在饲料中添加碘，如碘化钠、碘化钾或碘酸钠等，都能取得很好的效果。一般海鱼中碘的含量达 2.4～6.4 毫克/千克，远远超过了水貂推荐的 0.2 毫克/千克添加量，所以以海鱼为食的水貂很少发生碘缺乏。

（七）钴 钴是合成维生素 B_{12} 的必需元素。钴的缺乏影响动物的食欲，以至体重下降、产生贫血等。添加钴利于子宫恢复，加强雌激素循环，增加繁殖率。水貂缺钴可通过添加钴盐饲料来有效地防止。

第五节　维生素对水貂的营养作用

维生素在饲料中的含量较其他成分少很多，但却是必不可少的。饲料中一旦缺少维生素，就会使机体生理机能失调，出现各种维生素缺乏症。

水貂本身不能合成维生素或合成量很少，而对维生素的需要量又很多。人工提供的饲料中虽含有一部分维生素，但由于饲料组成中成分不全，而且贮存和加工调制过程中遭到了部分损失，很难全面满足水貂的需要，故必须补充。

维生素可分为脂溶性维生素和水溶性维生素两大类。脂溶性维生素有维生素 A、维生素 D、维生素 E、维生素 K 等。水溶性维生素包括 B 族维生素（维生素 B_1、维生素 B_2、维生素 B_6、烟酸、泛酸、维生素 B_{12}、叶酸、生物素、胆碱等）及维生素 C。

一、脂溶性维生素

（一）维生素 A（又叫视黄醇） 是最早被发现的维生素，可促进细胞增殖和生长，保护各器官上皮组织结构的完整和健康，维持正常视力，还可促进幼貂生长，使骨骼发育正常和加强对各种传染病的抵抗力，参与性激素的形成，提高繁殖力等。缺乏维生素 A 会引起幼貂生长发育停滞，表皮和黏膜上皮角质化，严重地影响繁殖力和毛皮品质。维生素 A 存在于动物性饲料中，以海鱼、乳类、蛋类中含量较多。

（二）维生素 D（又叫骨化醇） 是类固醇衍生物，主要有两种，即维生素 D_2 和维生素 D_3。维生素 D_2 存在于植物饲料中，前身为麦角固醇，经太阳光中紫外线的照射后转化为维生素 D_2。维生素 D_3 的前身是 7－去氧胆固醇，存在于动物的皮肤及毛发中，经太阳光中紫外线照射后转化为维生素 D_3。维生素 D 主要功能是维持正常的钙、磷代谢水平，缺少时不仅出现软骨病，还会严重影响繁殖功能。鱼肝油中维生素 D 含量丰富，动物肝脏、乳类、蛋类中也含有维生素 D。

（三）维生素 E（又叫生育酚） 是一种有效的抗氧化剂，对维生素 A 有保护作用，参与脂肪的代谢，维持内分泌腺的正常机能，使性细胞正常发育，提高繁殖性能。缺乏维生素 E 的主要症状是：母貂虽能怀孕，但胎儿很快死亡并被吸收；雄性动物的精液品质下降，精子活力减退，数量减少，乃至消失。此外，由于脂肪代谢障碍，出现黄脂病。植物籽实的胚油含有丰富的维生素 E。

（四）维生素 K（又叫抗出血维生素） 是维持机体血液正常凝固所必需的物质，对合成凝血酶原起催化作用。水貂维生素 K 缺乏症比较少见，但消化功能紊乱或长期使用抗生素，抑制肠道中微生物活动，而使维生素 K 的合成减少时，偶尔也有发生。临床典型症状：口腔、齿龈、鼻腔出血；粪便中有黑红色血液；剖检时可见胃肠道黏膜出血。饲料中保证新鲜蔬菜的供给，可预防维生素 K 的缺乏。治疗出血性肠炎时，可应用维生素 K 治疗。

二、水溶性维生素

（一）B 族维生素 主要作为细胞酶的辅酶，参与糖类、脂肪和蛋白质代谢的各种反应。其种类主要有：

1. 维生素 B_1 又叫硫胺素，水貂基本上不能合成维生素 B_1，全靠日粮补充来满足需要。当维生素 B_1 缺乏时，碳水化合物代谢强度及脂肪利用率迅速减弱，出现食欲减退、消化紊乱、后肢麻痹、强直震颤等多发性神经炎症状。水貂怀孕期缺乏维生素 B_1，产出的仔貂色浅、生活力弱。糠麸类、豆粉、内脏、乳、蛋及酵母中维生素 B_1 含量较多。

2. 维生素 B_2 又叫核黄素，参与细胞的呼吸作用。缺乏维生素 B_2 时，新陈代谢发生障碍，种貂失去繁殖能力，皮肤及实质脏器发生病理性变化等。维生素 B_2 广泛存在于青绿饲料及乳、蛋、酵母中。

3. 维生素 B_3 又叫泛酸，是构成辅酶 A 的成分，与蛋白质、脂肪的代谢有密切关系。缺乏时，幼貂虽有食欲，但生长发育受阻，体质衰弱；成年水貂，严重影响繁殖，冬毛期会使毛绒变白。

4. 维生素 B_6 又叫吡哆醇，参与蛋白质代谢，保持造血功能正常，供应神经系统所需的营养。缺乏时，神经系统发生障碍，表现痉挛，生长停滞，并出现贫血和皮肤炎。维生素 B_6 大量存在于酵母、籽实、肝、肾及肌肉中。

5. 维生素 PP 又叫维生素 B_5、烟酸，是辅酶的组成成分，对机体新陈代谢起重要的作用。缺乏时，出现食欲减退、皮肤发炎、被毛粗糙等症状。

6. 维生素 B_{12} 又叫氰钴胺，它的主要作用是调解骨髓的造血过程，与红细胞成熟密切相关。缺乏时，红细胞浓度降低，神经敏感性增强，严重影响繁殖力。维生素 B_{12} 仅存在于动物性饲料中，以肝脏含量较高。只要动物性饲料品质新鲜，一般不会缺乏。

7. 叶酸 是防止恶性贫血的一种维生素。籽实及块茎、块根类饲料中含有较多叶酸。

8. 生物素 对机体各种有机物质的代谢均有影响，广泛存在于富含蛋白质的饲料及青绿饲料中。

9. 胆碱 缺乏时，肝脏中会有较多脂肪沉积，形成脂肪肝，也会引起幼貂生长发育受阻，母貂乳量不足，严重影响毛绒色泽

(变为黄褐色)。一切天然脂肪饲料中均含有胆碱。

(二) 维生素C (又叫抗坏血酸) 参与细胞间质的生成及体内氧化还原反应，具有解毒作用。维生素C缺乏时，仔貂会发生红爪病。青绿多汁饲料及水果中维生素C含量丰富。

第六节 水的营养

水是动物体的重要组成部分，是生命代谢过程中所必需的。成年水貂体内含水量55%～60%，血液中含水量80%，幼貂含水量65%～70%。在组成动物体所有化学成分中以水的含量为最高。动物体内水分的含量随年龄的增长和体脂肪的沉积而下降。

一、水的作用

机体内的水称为体液，是在水中溶解了许多无机物和有机物的一种液体。水是组成体液的主要成分，对动物的正常物质代谢具有特殊的作用。

(一) 保持组织形态 动物体内的水大部分和亲水胶体结合。在蛋白质胶体中的水，直接参与构成活的细胞与组织，有强大的表面张力，使细胞充实坚固，并具有一定的弹性与硬度，能使组织具有一定的形态。

(二) 参与运输及代谢 水是一种重要的溶剂，饲料中营养物质进入机体内的消化、吸收和运输，均须溶解在水中才能正常进行；营养物质代谢所产生的粪和尿也必须有水才能排泄至体外。

(三) 调节体温 水对体温的调节起着重要的作用。动物体代谢过程中产生的热量通过体液交换和血液循环，将体内产生的热经体表皮肤或从肺部呼气中散发。同时，水具有很高的蒸发热，蒸发少量的汗水就能散发大量的热。当环境温度下降时，机体使血管收缩，降低皮肤中的血液流量，减少体表热的散失，以保持体温的相对稳定。

（四）水是一种润滑剂 动物在活动时，各骨骼间要发生硬摩擦，但关节腔内的润滑剂能使转动时减少摩擦；唾液能使饲料容易吞咽；动物发情时性腺分泌的黏液便于配种。

水是动物不可缺少的营养物质。动物缺水比缺食物反应敏感，更易引起死亡。人工饲养水貂必须充分保证供给清洁饮水。水貂水缺乏会加速中暑、食盐中毒、减缓体中废物的排出。当然被动饮水过多对水貂机体也有不利的影响。

二、水的来源

水貂体所需的水主要来源于饮水、饲料水和代谢水。

（一）饮水 是动物获取水分的重要来源。饮水必须注意水源的清洁卫生。污染后的水源不适宜作为动物的饮水。

（二）饲料水 饲料中所含的水也是机体水的主要来源。各种饲料的含水量大致变动于10%～95%。

饮水和饲料水均为外源水，经肠黏膜吸收进入血液，然后输送到身体的各组织器官。

（三）代谢水 动物在代谢过程中，体组织有机物质的合成或分解均要产生水，这种水称为代谢水。水貂体内代谢水的形成量很有限，不能满足维持正常生理功能的需要，必须要由饲料或饮水来补充。

三、饮水不足的后果

水是细胞原生质的主要成分，动物缺水就不能发挥其正常的生理功能。动物若失去体内的全部肝糖原及贮积的脂肪，甚至失去50%的蛋白质，对生命的影响都不十分严重，但在动物体内只要失水10%，就会导致代谢紊乱；失水20%，生命活动就会受到严重影响。

动物长期饮水不足，会使食欲丧失，消化作用减缓，抗病力降低；幼貂生长发育迟缓，哺乳母貂产奶量下降；严重影响生产性能的发挥。

第六章　水貂的饲料加工及管理

第一节　水貂的常用饲料

用于饲养水貂的饲料种类很多，习惯于把貂的饲料分为动物性饲料、植物性饲料和添加饲料三大类。目前，随着我国水貂主要饲料原料鲜海杂鱼等产品的减少，动物性饲料的贮藏成本增加，以鱼粉、肉骨粉、谷物性饲料等为主要原料的干粉或颗粒全价饲料、配合饲料及浓缩饲料逐渐为广大养殖户所使用，本节也作介绍。

一、动物性饲料

动物性饲料包括鱼类、肉类、鱼肉副产品、干动物性饲料、乳、蛋类及饲料酵母等，这类饲料蛋白质含量丰富，氨基酸组成比植物性饲料更接近于水貂营养的需求，是水貂生长和发育获得蛋白质的主要来源。

（一）鱼类饲料　鱼类饲料是水貂动物性蛋白质的重要来源之一，来源广泛。鱼的种类较多，概括起来可分为海杂鱼类和淡水鱼类两种，除河豚、马面豚等有毒鱼类外，都可以作为水貂的饲料。

新鲜的海杂鱼可以生喂，这样适口性强，蛋白质消化率高，并且过度加热处理会破坏赖氨酸，同时使精氨酸转化为难消化形式，色氨酸、胱氨酸和蛋氨酸对蛋白质饲料脱水破坏性很敏感，但少数海杂鱼和大多数淡水鱼含有硫胺素酶，对维生素 B_1（硫胺素）有破坏作用，生喂后常引起维生素 B_1 缺乏，也应经过蒸煮后熟喂，同时对有轻度变质的海杂鱼和来源不明的鱼类产品，加热可以起到消毒杀菌的作用。

水貂日粮中全部以鱼类为动物性饲料时，可占日粮质量的70%～75%，并且要多种鱼混合饲喂，同时注意维生素 B_1 和维生素 E 的供给，才能保证良好的生产效果。如果鱼、肉及其副产品搭配时，鱼类可占动物性饲料的 40%～50%。鱼类饲料中不饱和脂肪酸含量较高，极易氧化酸败，鱼类的蛋白质也极易腐败。某些必需氨基酸的比例含量也与肉类有明显不同，所以完全采用鱼类养貂效果不如鱼肉混合，特别是鱼类品种太单一时，效果更差。

由于不同种类鱼体组成中氨基酸比例的不同，饲喂单一种类的鱼不如饲喂杂鱼好，混合饲喂有利于氨基酸的互补。同时，鱼类饲料应尽量与肉类饲料（畜禽下脚料等）混合喂给。使用鱼类饲料时，一定要求不变质，因为脂肪酸败的鱼类，喂后易引起食物中毒。如喂脂肪酸败的鱼类，还会引起脂肪组织炎、出血性肠炎、脓肿病和维生素缺乏症等。

海产小杂鱼，干的经浸泡后可直接加工生喂。为防止寄生虫感染及维生素 B_1 的缺乏，用鲜的淡水鱼，须蒸熟加工后饲喂。鱼类饲料加工前，要挑出有毒的鱼和变质的鱼。对咸鱼要在清水中浸泡淡化后再加工。鱼经挑选处理后，除海杂鱼外，都要加工熟制，待冷却后再用绞肉机加工 2～3 遍，即可用来喂貂。

随着水产资源的不断减少，加上休渔和地理条件的限制，许多毛皮动物养殖户不能依靠鱼作为常年性饲料，养殖户应该结合当地特点，尽量开发利用品质好而且价格适中的其他动物性饲料。

（二）肉类饲料 肉类饲料是全价蛋白质饲料的重要来源。它含有与水貂机体相似数量和比例的必需氨基酸，同时还含有脂肪、维生素和矿物质。肉类饲料种类多、适口性强、消化率也高，是理想的饲料原料。各种动物的肉，只要新鲜、无病、无毒均可被利用。在实践中，可以充分利用人们不食或少食的牲畜肉，特别是牧区的废牛、废马、老羊、羔羊、犊牛及老年的骆驼和患非传染性疾病经无害化处理的病肉，最大限度地利用价格低廉的肉类饲料资源。

（三）鱼肉类副产品 包括畜禽的头、骨架、内脏和血液等，在生产实践已被广泛应用。这些产品除肝脏、心脏、肾脏和血液外，蛋白质的消化率和生物学价值较低。但作为饲料，可以很好地提供部分能量及蛋白质，较谷物性饲料在部分蛋白质、维生素等方面优越，而且价格便宜，来源广泛，适量地利用好肉类副产品可有效地促进水貂的养殖，但利用这些副产品饲喂水貂数量也要适当，并注意同其他饲料搭配使用。

1. 鱼副产品 沿海地区的水产制品厂，有大量的鱼头、鱼骨架、内脏及其他下脚料，这些废弃品都可以用来饲养水貂。新鲜的鱼头、鱼骨架可以生喂，繁殖期不超过日粮中动物性饲料的20%，幼貂生长期和冬毛生长期可增加到40%。动物性饲料的其余部分应采用优质的杂鱼或肉类，否则容易造成水貂的营养不良。新鲜程度较差的鱼副产品应熟喂，特别是鱼内脏保鲜困难，熟喂比较安全。

2. 畜禽副产品 肝脏是水貂理想的全价肉类饲料，含19.4%的蛋白质、5%的脂肪，还含有多种维生素和微量元素（铁、铜等），特别是维生素A和维生素B_{12}含量丰富，是动物繁殖期及幼貂育成期的较好添加饲料。肝（摘除胆囊）宜生喂，可占动物性饲料的10%～15%。由于肝有轻泻性，饲喂时应逐渐增加，以免引起排稀便。

肾脏和心脏也是水貂全价蛋白质饲料，同时还含有多种维生素，健康的肾脏和心脏生喂时营养价值和消化率均较高，患病动物的肾脏和心脏必须熟喂。肾上腺不宜在繁殖期使用，因为其中激素含量较多，可能造成水貂生殖机能紊乱。

肺脏是营养价值不大的饲料，蛋白质不全价，矿物质少，结缔组织多，消化率较低。肺脏对胃肠还有刺激性作用，易发生呕吐现象。肺脏一般应熟喂，喂量可占动物性饲料的5%～10%。

胃、肠、脾均可喂水貂，但营养价值不高，不能单独作为动物性饲料喂水貂。新鲜的胃、肠虽适口性强，但胃、肠常有病原性细菌，所以应熟喂。胃、肠可代替部分肉类饲料，但其喂量不能超过动物性饲料的20%。

子宫、胎盘和胎儿也可以作为水貂的饲料，但主要应该在幼貂生长期使用。配种期和妊娠期不能使用，以防外源激素造成生殖机能紊乱。

食道是全价的蛋白质饲料，其营养价值与肌肉无明显区别。喉头和气管也可以作为水貂的蛋白质和鲜碎骨饲料，在幼貂生长期与鱼类和肉类配合使用，能保证幼貂正常的生长发育。

血液的营养价值较高，含17%～20%的蛋白质和大量易于吸收的无机盐，还有少量的维生素等。血最好是鲜喂，陈血要熟喂，健康动物的血粉和血豆腐可直接混于饲料内投喂，日粮中血可占动物性饲料的10%～15%。因血中含有无机盐，对水貂有轻泻作用，所以不宜超量饲喂。熟制血比鲜血消化率低，繁殖期要少喂。

禽类的副产品，如头、内脏、翅膀、腿、爪等均可喂水貂，但一定要新鲜、清洗干净。这类饲料可按动物性饲料量的20%左右给予。在水貂繁殖期，最好不使用鸡头、鸡肠等可能含有激素的副产品，在生长期貂也要限量使用，以免影响健康。有试验表明，水貂生长期使用含雌激素过高的动物副产品，会引起生长期发情及尿湿症，甚至死亡，所以饲喂前必须进行高温处理，同时要限量使用。

（四）干动物性饲料　新鲜的动物性饲料不便贮存和运输，而且使用还受季节和地域的限制，一般饲养场都应适当准备干动物性饲料，作为平时饲料的一部分，以备不时之需。

常用的干动物性饲料有鱼粉、肉骨粉、肝渣粉、蚕蛹或蚕蛹粉、血粉和羽毛粉等。

1. 鱼粉 是鲜鱼经过干燥粉碎加工而成的，是水貂饲养场常用的干动物性饲料。其蛋白质含量一般在60%左右；钙、磷的含量高，钙达5.44%，磷为3.44%，且钙磷比例好；B族维生素含量高，特别是核黄素、维生素B_{12}等含量高。其适口性好，营养丰富全价，是水貂很好的干粉饲料原料。鱼粉通常含有食盐，一般鱼粉含盐量为2.5%～4%，若食盐含量过高，则会引起毛皮动物的食盐中毒，所以含盐量过高的鱼粉不宜用来饲喂，或在饲料中的比例要适当减少。鱼粉的脂肪含量较高，贮藏时间过长容易发生脂肪氧化变质、霉变，严重影响适口性，降低鱼粉的品质。因为市场鱼粉价格较高，掺假现象比较多，用户在购买时要进行品质鉴定，以减少生产损失。

水貂对适当加工的鱼粉消化很好，因其氨基酸模式较为适宜，但对过热加工鱼粉消化差，因为过热加工鱼粉水解会破坏赖氨酸，同时使精氨酸转化为难消化形式。色氨酸、胱氨酸和蛋氨酸对蛋白质饲料脱水破坏性很敏感。

干鱼体积小，含能量较高，容易保存，但消化率低，因此不宜多喂。干鱼的质量非常重要，腐败变质的鱼晒制的干鱼不能作为水貂的饲料，以免引起毒素中毒。

目前市场上还有许多鱼类加工副产品，如鱼排粉、鱼浆粉等，都可以作为水貂的动物性饲料原料，只是需要根据其营养组成及适口性等进行搭配，满足水貂全面的营养需要。

2. 肉骨粉 用不适宜食用的家畜躯体、骨、内脏等作原料，经熬油后的干燥产品，一般不得混有毛、角、蹄、皮及粪便等物，在鲜鱼、肉类产品缺乏时，是很好的水貂饲料原料。肉骨粉蛋白质含量为50%～60%，赖氨酸含量高，蛋氨酸和色氨酸含量低，氨基酸利用率变化大，易因加热过度而不易被动物吸收，同时B族维生素含量较多，维生素A、维生素D较少，脂肪含量高，易变质，贮藏时间不宜过长。建议饲喂量控制在日粮干物质含量的20%以下。

3. 血粉 以动物血液为原料，经脱水干燥而成。一般蛋白质含量为80%～85%，其中含赖氨酸、蛋氨酸、精氨酸、胱氨酸较多，对幼貂生长和毛绒生长有良好的作用。质量好的血粉可以喂貂，但不易消化，所以用量不易太高，一般占日粮动物性饲料的10%～15%。饲喂时应逐渐增加喂量，并经过蒸煮处理后与其他饲料搭配。

4. 肝渣粉 生物制药厂利用牛、羊、猪的肝脏提取维生素B_{12}和肝浸膏的副产品，经过干燥粉碎后就是肝渣粉。这样的肝渣粉经过浸泡后，与其他动物性饲料搭配，可以饲喂水貂。但肝粉渣不易消化，喂量过大容易引起腹泻。

5. 蚕蛹或蚕蛹粉 蚕蛹和蚕蛹粉是鱼、肉饲料的良好代用品，蚕蛹可分为去脂蚕蛹和全脂蚕蛹两种，蚕蛹营养价值很高，水貂对其消化和吸收也很好，但蚕蛹含有水貂不能消化的甲壳质，故用量不宜过多，一般可占日粮的20%。

6. 羽毛粉 禽类的羽毛经过高温、高压和焦化处理后粉碎即成羽毛粉。蛋白质含量80%～85%，氨基酸组成不平衡，胱氨酸、丝氨酸、甘氨酸含量高，而蛋氨酸和赖氨酸含量低。羽毛粉蛋白质中含有丰富的胱氨酸、谷氨酸和丝氨酸，这些氨基酸是毛皮动物毛绒生长的必需物质，在每年的春秋换毛季节饲喂，有利于水貂的毛绒生长，并可以预防水貂的自咬症和食毛症。羽毛粉中含有大量的角质蛋白，水貂对其消化吸收比较困难，但熟制、膨化、水解或酸化处理后，可提高其消化率。不经加热加压处理的生羽毛粉，对毛皮动物食用价值很低。羽毛粉适口性较差，营养价值也不平衡，一般需与其他动物性饲料搭配使用，建议水貂冬毛生长期添加量在5%以下。

（五）乳类 乳类饲料包括牛、羊鲜乳和酸凝乳、脱脂乳、乳粉等乳制品，是水貂全价蛋白质的来源之一，能提高其他饲料的消化率和适口性，促进母貂的泌乳和仔貂的生长发育。

妊娠期一般每天可喂鲜奶30～40克，最多不能超过60克，其他时期可喂给15～20克。使用鲜乳一定要加热处理，一般在70～80℃条件下加热15分钟即可。无鲜乳可用全脂奶粉代替。如给乳类饲料时，在日粮中不应超过总量的30%，过量易引起下痢。

（六）蛋类饲料 各种家禽的蛋及鸟蛋，是营养极为丰富的全价饲料，容易消化和吸收，在混合饲料中可以提高含氮物质的消化率。在繁殖期利用效果较好。蛋类饲料应熟喂，否则由于抗生物素蛋白的存在，将使水貂发生皮肤炎、脱毛等症。在准备配种期间，公貂每只用量10～20克，可提高精液品质。妊娠和哺乳母貂日粮中给20～30克鲜蛋，不仅对胚胎发育和提高仔貂的生命力有利，还能促进乳汁的分泌。

孵化场的石蛋和毛蛋也可以喂水貂，但必须保证新鲜，并经煮沸消毒。饲喂量与鲜蛋大致一样。

对未成熟卵黄（俗称蛋茬子或蛋包），在生长期可以限量使用，繁殖期最好不要使用，否则容易引起流产及死胎，因为一般在淘汰蛋鸡屠宰分离时，未成熟卵黄很难与卵巢分离，易造成水貂雌激素中毒。

二、植物性饲料

植物性饲料包括植物性能量饲料、蛋白质饲料及果蔬类饲料，是水貂能量的重要来源，但其适口性及利用率有一定的局限性，经过适宜加工的植物性饲料可以有效提高其适口性及消化吸收率，从而增加其在水貂饲料中的添加比例。

（一）能量饲料 水貂能量饲料一般是指干物质中粗纤维含量低于18%，蛋白质含量低于20%，并且每千克干物质含消化能在10.5兆焦以上的饲料。其碳水化合物（主要是淀粉）含量为70%～80%，是热能的主要来源，如玉米、麦麸等。单独饲喂能量饲料，不能满足水貂的生长及生产需要，因此该类饲料应与优质蛋白质补充饲料一同使用。钙在谷物中含量不高，一般低于0.1%，而磷的含量却为0.31%～0.45%，该钙、磷比明显不适于水貂的生长、发育。由于磷含量的偏高影响钙的吸收，将导致水貂发生钙代谢病，所以在大量饲喂熟化玉米而高蛋白质饲料缺乏时，水貂难以健康生长繁殖。谷物籽实类饲料一般也缺乏维生素A、维生素D，但B族维生素含量却十分丰富。特别是加工谷物后的米糠、麦麸及谷皮中B族维生素含量最高。水貂饲料中谷物性能量饲料一般需要熟化或膨化，目前，规模较大的饲养场多采用膨化方法加工谷物，操作简便，吸收利用效果较好。

1. 玉米 是水貂最主要的植物性能量饲料，其能量一般高于16.3兆焦/千克，列在各种谷物籽实的首位。玉米的粗蛋白含量偏低，为7%～9%，另外，玉米的蛋白质品质较低，赖氨酸、蛋氨酸、色氨酸缺乏。但玉米的适口性好，且种植面积广，产量高，所以是比较普遍应用的水貂饲料之一。玉米作为水貂饲料，一般要经过蒸煮或膨化加工，未经熟化的玉米会导致水貂腹泻，吸收利用率低下，熟化后的玉米淀粉消化率增加，但高于100℃处理不再增加淀粉的消化率。

2. 小麦 小麦在水貂饲料中的应用，一般是指其加工副产品——次粉或麦麸。麦麸的蛋白质含量可达12.5%～17%，含B族维生素丰富，核黄素与硫胺素含量较高。麦麸中钙、磷的含量极不平衡是其最大缺点，干物质中钙为0.16%，而磷为1.31%，二者比例为1∶8，钙、磷的吸收受到影响，所以麦麸在用作水貂饲料时应特别注意补充钙，调整钙、磷平衡。

（二）蛋白质饲料 植物性蛋白质饲料是指干物质中粗纤维含量低于18%，同时粗蛋白质含量为20%及20%以上的豆类、饼粕类饲料。蛋白质饲料不仅富含蛋白质，而且各种必需钙均较谷实类多，有些豆类籽实中脂肪含量高，该类饲料营养丰富，特别是蛋白质含量丰富，易消化，能值高。

1. 大豆 大豆是水貂较好的蛋白质饲料原料，富含蛋白质和脂肪，干物质中粗蛋白质含量为 40.6%～46%，脂肪为 11.9%～19.7%，营养物质易消化，蛋白质的生物学价值优于其他植物蛋白质饲料，赖氨酸含量高达 2.09%～2.56%，蛋氨酸含量少，为 0.29%～0.73%。大豆含粗纤维少，脂肪含量高，因此能值较高，钙、磷含量少，胡萝卜素和维生素 D、硫胺素、核黄素含量也不高，但优于谷物籽实。大豆作为水貂饲料必须进行蒸煮或膨化，否则会导致动物消化不良，经膨化的大豆可以占到水貂饲粮的 20%左右。

2. 饼粕类饲料 饼粕类饲料是油料籽实提取油后的产品。用压榨法榨油后的产品通称"饼"，用溶剂提取油后的产品通称"粕"，该类饲料在毛皮动物上应用较多的有大豆饼和豆粕、棉籽饼、菜籽饼、花生饼等。其共同特点是油脂与蛋白质含量高，一般营养价值较高。

豆饼和豆粕：豆饼和豆粕是我国最常用的一种主要植物性蛋白质饲料。大豆饼粕中含赖氨酸 2.5%～3.0%、色氨酸 0.6%～0.7%、蛋氨酸 0.5%～0.7%、胱氨酸 0.5%～0.8%；含胡萝卜素较少，仅 0.2～0.4 毫克/千克；硫胺素和核黄素也很少，仅3～6 毫克/千克；烟酸和泛酸稍多，15～30 毫克/千克左右；胆碱含量最为丰富，达 2 200～2 800 毫克/千克。因为受赖氨酸和蛋氨酸含量限制，其生物学效价受一定影响，添加蛋氨酸与赖氨酸可提高其利用率。豆饼和豆粕作为水貂饲料要看其加热处理是否有效降低了有害物质含量，不然会引起毛皮动物消化不良。正常加热的饼粕颜色应为黄褐色，有炒黄豆的香味；加热不足或未加热的饼粕颜色较浅或呈灰白色，有豆腥味；加热过度为暗褐色。加热适宜温度应控制在 110℃左右。

花生饼：可以作为水貂饲料使用。带壳花生饼含粗纤维 15%以上，饲用价值低。国内一般都去壳榨油，去壳花生饼所含蛋白质、能量较高，花生饼饲用价值仅次于豆饼，蛋白质和能量都比较高。含赖氨酸 1.5%～2.1%、色氨酸 0.45%～0.61%、蛋氨酸为 0.4%～0.7%、胱氨酸 0.35%～0.65%；含胡萝卜素和维生素 D 极少，硫胺素和核黄素 5～7 毫克/千克、烟酸 170 毫克/千克、泛酸 50 毫克/千克、胆碱 1 500～2 000 毫克/千克。花生饼本身无毒，但因贮存不当可感染黄曲霉菌，故贮存时切忌发霉。

另外，还有棉籽饼、菜籽饼等，由于适口性及消化率较低，在水貂饲料中很少使用。

（三）果蔬类饲料 包括各种蔬菜、野菜和水果等，它们可以改善水貂的饲料结构和适口性，提供丰富的维生素。果蔬类饲料对母貂的怀孕、产仔及泌乳都有良好的作用。喂水貂常采用的蔬菜有白菜、甘蓝、油菜、胡萝卜、菠菜等，也可用豆科牧草。蔬菜含有丰富的维生素，是维生素 E、维生素 K、维生素 C 的主要来源。果蔬类饲料的发热量不大，在合理的日粮配合中仅占 3%～5%。利用时最好两种或两种以上的蔬菜搭配，同时要注意其新鲜程度，腐烂的蔬菜含有亚硝酸盐，喂后可导致水貂亚硝酸盐中毒；喷洒了农药的蔬菜必须待药效消失后才能喂；未腐烂的瓜果类也可以代替部分蔬菜，可为水貂提供丰富的碳水化合物和多种维生素。

三、饲料添加剂

维生素、矿物质添加剂可补充饲料中维生素 A、B 族维生素、维生素 C、维生素 E 和钙、磷及微量元素的不足，对保证水貂的营养需要，促进正常生长和繁殖起着重要作用，应常年供给。繁殖期可依情况增加喂量。

抗生素和抗氧化剂对抑制有害微生物和防止饲料腐败具有重要作用。夏季和幼貂生长期利用，能预防胃肠炎，并促进幼貂的生长发育。

饲料添加剂可以补充水貂必需的氨基酸、维生素、矿物元素、酶制剂和抗生素等。

（一）维生素添加饲料 目前，越来越多的养殖户倾向于使用单体维生素原料来补充水貂饲料维生素的不足，但由于在水貂维生素营养需要方面的研究较少，饲养标准不完备，大多养殖户还是使用传统的维生素饲料，如鱼肝油、酵母、麦芽及其他含有维生素的饲料。精制维生素的浓度一般非常高，而且在配制饲料时不易混合均匀，添加过多将造成不必要的浪费，所以建议使用专业添加剂厂家生产的饲料添加剂或预混料比较理想。下面对常用含维生素比较高的水貂饲料特性作简要介绍。

鱼肝油是维生素A和维生素D的主要来源。供饲鱼肝油可每只每天按800～1 000国际单位（维生素A量）投给，饲喂时最好是在分食后滴入盆内。常年有肝脏和鲜海鱼饲喂水貂的饲养场，可不必补给鱼肝油，因为肝脏及鲜鱼中含有足量的维生素A和维生素D。变质的鱼肝油禁止喂食水貂。

鱼肝油中的维生素A易被氧化破坏，保管时要注意密封，置于阴凉干燥和避光处，不宜使用金属容器保存。使用鱼肝油要注意出厂日期，以防久存失效，带来有害影响。

小麦芽是维生素E的重要来源，并含有磷、钙、锰及少量的铁等矿物质，是水貂繁殖期较理想的饲料。棉籽油，也是维生素E的重要来源，每100克棉籽油含维生素E 300毫克。喂水貂时应采用精制棉籽油，因为粗制棉籽油中含有棉酚等毒素。

酵母不但是B族维生素的主要来源，而且又是浓缩的蛋白质饲料，作为水貂饲料能很好地补充蛋白质及部分维生素。在使用酵母时，除药用酵母外，均需加温处理以杀死酵母中所含有的大量活酵母菌，否则水貂采食酵母菌后，会发生胃肠膨胀甚至死亡。使用酵母时，注意要与碱性的骨粉分开喂饲。

（二）矿物质饲料 水貂需要的矿物质前面已有介绍，常规水貂饲料中有些矿物质可以满足，有些则需适当补给。除常规的矿物质饲料如骨粉、食盐等外，目前针对不同地方矿物质供给特点，一般采用无机矿物盐进行补充，如硫酸亚铁用来补充铁的缺乏，硫酸铜用来补充铜的缺乏等。无机矿物盐价格便宜，所以应用比较广泛。无机矿物盐一般吸收率有限，用有机矿物化合物来补充比较理想，吸收率较高，只是价格比较高。

骨粉是骨骼经蒸煮、干燥后磨成的粉末，是钙和磷的主要来源。骨粉钙含量为 40%，磷 20%。骨粉适宜常年供给，尤其是繁殖季节，对母貂或育成貂更为重要，要提高供给量，每只每天 10～15 克。日粮中若能供给鲜碎骨或以鱼、肉骨粉为主的饲料，可不加骨粉。

食盐，一般每只每天供给量为 0.8～1 克，如果以海杂鱼为主要饲料喂水貂时，食盐可少给或不给。

（三）特种饲料 特种饲料既不是水貂生命活动中所必需的营养物质，也不是饲料中的营养成分，但是它对水貂机体和饲料有良好作用，如抗生素、酶制剂、益生素和抗氧化剂等。

抗生素是抑制多种微生物生长的物质。在水貂日粮中供给少量的抗生素，可以促进生长，提高幼貂的成活率，防止疾病的发生，同时能延缓饲料的腐败。目前，采用的抗生素有畜用土霉素、金霉素、杆菌肽锌、黏菌素等。

益生素主要是由乳酸杆菌、双歧杆菌、芽孢杆菌、酵母菌及其他生长促进菌种组成，它能有效地抑制病原菌群的繁殖，使动物机体保持健康状态。

抗氧化剂（抗酸化剂）是抑制饲料脂肪酸败的物质。在水貂的日粮中供给少量抗氧化剂，可以提高貂群的成活率，防止发生脂肪组织炎。

四、水貂商用配合、浓缩及预混饲料

水貂从野生状态到大密度的人工饲养，给水貂的科学饲养提出了一系列问题，其中由于食物种类的减少而造成的矿物元素缺乏，致使水貂发育不良、死亡、繁殖率下降及生产性能下降等，给生产造成了很大损失，制约了毛皮动物产业发展。作为养殖户很难全面考虑水貂各方面的营养需求，只有根据水貂的营养需要和各种饲料营养成分特点合理调配日粮，才能以最少的饲料消耗，获得最多的产品和最好的经济效益。商用配合、浓缩及预混饲料的应用就可以有效地解决这一问题。

商用配合、浓缩及预混饲料，采用容易常温贮存的鱼粉、肉骨粉、膨化大豆、膨化玉米、维生素及微量元素等配制蛋白质及能量含量适宜的干粉或颗粒配合饲料，以动物及植物蛋白质饲料为主的浓缩饲料及以维生素、矿物质、酶制剂等为主的预混合饲料，为养殖户全面科学地解决了营养的难题。科学配制的商用配合、浓缩及预混饲料能生产出优质的水貂毛皮，同时可降低养殖的饲料成本，减少劳动生产成本，增强人为控制因素，解决目前阻碍我国水貂养殖业发展的饲料问题，为我国毛皮动物养殖行业及裘皮工业提供优质的产品，促进我国水貂养殖业健康发展。

第二节　水貂饲料的贮存与加工

目前，在水貂的养殖上虽然商用饲料的应用越来越多，但由于受传统饲养习惯的影响，广大水貂养殖户习惯于自己配制饲料，那么科学成功地贮存及调制饲料就显得非常重要，是水貂养殖获得效益的关键。

一、饲料的贮存

（一）动物性饲料的贮存 动物性饲料极易变质腐败，所以水貂饲养场要保证饲料的新鲜，必须首先做好动物性饲料的贮存工作。常用的贮存方法有低温、高温、干燥和盐渍等方法。

1. 低温贮存 低温可以抑制微生物对饲料的分解作用，防止饲料变质或产生有害物质。大、中型水貂饲养场往往使用机动冷库贮存饲料。有条件的个体户因饲料用量少，可用冰箱、冰柜保存饲料。

2. 高温贮存 高温可以通过杀灭饲料上黏附的微生物及破坏饲料的酶活性而延长饲料的保存期。新购回的新鲜鱼、肉，可放锅中蒸（或煮）熟，取出存放于阴凉处，或者将鱼、肉煮熟后，始终放在锅内，肉或鱼温度保持在70～80℃。用高温处理饲料后只能短时间保存，不能放置过久。

3. 干燥贮存 饲料干燥后，附于饲料上的微生物死亡或失去生存和繁殖条件，饲料本身也因干燥不再氧化分解。因此，饲料干燥后水分在13%以下时可长时间保存，不易发生变质。

干制饲料的方法如下：

（1）晾晒 将饲料切割成小块，置于通风处晾晒，如果是较大的鱼，则应剖开除去内脏再晾晒，如果是小鱼可直接晾晒。晾晒饲料方法简单，但太阳照射往往发生氧化酸败，降低饲料营养价值。

（2）烘烤 将鱼、肉、内脏下杂煮熟，切成小块置于干燥室烘干。干燥室须有通风孔，以利于排出水分，加快干燥速度。

4. 盐渍贮存 盐渍可以抑制和杀死微生物，起到保存饲料的作用。具体做法可以将鲜饲料置于水泥池或大缸中，用高浓度盐水溶液浸泡，以液面没过饲料为度，用石头或木板压实，这种方法可以保存饲料1个月以上。但盐渍时间越长，饲料盐分含量越高，使用前必须用清水浸泡，脱盐至少要24小时，中间要换水数次并不断搅动，脱尽盐分，否则易使水貂发生食盐中毒。

(二) 谷物饲料的贮存 植物性饲料只有其含水量降到12%以下时，才容易长时间保存；否则，饲料与空气接触易吸湿变质。贮存饲料的库房必须阴凉、通风、干燥，地面搭设板架，勿使饲料袋接触地面。特别应注意堆放层数不能太多。要经常翻动，及时晾晒，以免受潮变质，还要防鼠害，防止病害蔓延。

(三) 果蔬饲料的贮存 供给水貂的瓜果蔬菜，最好随用随收。用不完的，应放在阴凉通风处，不要堆放，防止变质、发酵，引起水貂食用后亚硝酸盐中毒。在我国北方，冬季应将果蔬贮存于菜窖里，以便供给冬季使用。

二、饲料的加工与调制

水貂的饲料种类很多，而且一般都是以鲜、湿饲料为主，这些饲料又因其利用和加工方法不同而有不同的饲喂效果。因此，饲养者必须在了解各种饲料特性的基础上，合理加工调制，以提高饲料的利用率。

(一) 饲料的加工

1. 肉类和鱼类饲料的加工 肉类饲料在日粮中可占动物性饲料的15%～20%，最多不超过动物性饲料的50%。利用肉类饲料时，需经卫生检疫，无病害者可生喂，对来源不明或不太新鲜的肉类应该进行熟化处理后饲喂，以消除微生物污染及其他有害物质，减少不必要的损失。

用犬肉喂水貂一般应高温熟喂，以免传染疾病（尤其是犬瘟热病和旋毛虫病）。兔肉是一种高蛋白、低脂肪的优质饲料，利用兔肉及其下杂喂水貂效果均较理想。

公鸡雏，营养价值全面，是很好的水貂饲料，可占日粮的25%～30%，配合鱼类饲喂效果更佳，用时要蒸煮熟制。

新鲜海杂鱼和经过检验合格的牛羊肉、碎兔肉、肝脏、胃、肾、心脏及鲜血等（冷冻的要彻底解冻），去掉大的脂肪块，洗去泥土和杂质，粉碎后生喂。

品质较差，但还可以生喂的肉、鱼饲料，首先要用清水充分洗涤，然后用0.05%的高锰酸钾溶液浸泡消毒5～10分钟，再用清水洗涤一遍，方可粉碎加工后生喂。

淡水鱼和腐败变质、污染的肉类，需经熟制后才可饲喂。淡水鱼熟制时间不必太长，达到消毒和破坏硫胺素酶的目的即可。消毒方式要尽量采取蒸煮等方式。死亡的动物尸体、废弃的肉类和痘猪肉等应用高压蒸煮法处理。

质量好的动物性干粉饲料（鱼粉、肉骨粉等），可与其他饲料混合调制生喂。

加盐晾晒的干鱼，一般都含有5%～30%的盐，饲喂前必须用清水充分浸泡。冬季浸泡2～3天，每天换水2次；夏季浸泡1天或稍长一点时间，换水3～4次，就可浸泡彻底。没有加盐的干鱼，浸泡12小时即可达到软化的目的。浸泡后的干鱼经粉碎处理，再同其他饲料合理调制后生喂。

对于难以消化的蚕蛹粉，可与谷物混合蒸煮后饲喂。品质差的干鱼、干羊肉等饲料，除充分洗涤、浸泡或用高锰酸钾溶液消毒外，需经蒸煮处理。

高温干燥的猪肝渣和血粉等，除了浸泡加工之外，还要经蒸煮，以达到充分软化的目的，这样能提高消化率。

表面带有大量黏液的鱼，按2.5%的比例加盐搅拌，或用热水浸烫，除去黏液；味苦的鱼，除去内脏后蒸煮，熟化后再喂。这样既可以提高适口性，又可预防动物患胃肠炎。

咸鱼在使用前要切成小块，用清水浸泡24～36小时，换水3～4次，待盐分彻底浸出后方可使用。质量新鲜的可生喂，品质不良的要熟喂。

2. 奶类和蛋类饲料的加工 牛奶或羊奶喂前需经消毒处理。一般用锅加热至70～80℃ 15分钟，冷却后待用。奶桶每天都要用热碱水刷洗干净。酸败的奶类（加热后凝固成块）不能用来喂水貂。

蛋类（鸡蛋、鸭蛋、毛蛋、石蛋等）均需要熟喂，这样既能预防生物素被破坏，还可以防止副伤寒菌类的传播。

3. 植物性饲料的加工 谷物饲料要粉碎成粉状，最好采用数种谷物粉搭配，有利于各种饲料间的营养互补，谷物性饲料一般经熟化后饲喂效果好，而且消化吸收率高，不易产生各种消化性疾病，通常可以进行膨化处理或熟制成窝头的形式，也可把谷物粉事先用锅炒熟，或将谷物粉制成粥混合到日粮中饲喂。

蔬菜要去掉泥土，削去根和腐烂部分，洗净，搅碎饲喂。严禁把大量叶菜堆积或长时间浸泡，否则易发生亚硝酸盐中毒。叶菜在水中浸泡时间不得超过4小时，洗净的叶菜不要和热饲料放在一起，以免过多损失维生素营养等。冬季可食用质量好的冻菜，窖贮的大头菜、白菜等，其腐烂部分不能利用。

春季马铃薯芽根部分含有较多的龙葵素，需熟喂，否则易引起龙葵素中毒。

（二）饲料的调制 饲料调制得优劣，直接影响饲料的适口性和营养价值的高低。合理的调制，能提高饲料的营养价值和饲料的消化率。

1. 调制前的处理 饲料调制前应进行饲料品质及卫生鉴定，严禁饲喂来自疫区的饲料和变质饲料。新鲜的动物性饲料应充分进行洗涤，去掉肉类饲料上过多的脂肪，副产品（胃、肠、肺、脾等）需高温煮熟后冷却备用，冷冻的饲料经解冻后再行洗涤。鱼类饲料可先用清水浸泡，然后洗去表面黏液。蔬菜饲料调制前需切除根和腐烂部分，去掉泥土。为防止发生肠炎和寄生虫病，可用0.1%高锰酸钾溶液消毒，然后用清水洗净，切成小块备用。

2. 饲料的绞制 将准备好的各种饲料，检斤过秤，分别用绞肉机绞碎。如属小型碎块饲料，可将几种饲料混合绞制；如属大型的饲料，可先绞鱼类、肉类和肉副产品，然后再绞其他饲料。谷物制品和蔬菜可混合绞制。

3. 饲料的调配 将各种绞制的饲料放在大的木槽、铁槽或搅拌槽内，先放占主要成分的谷物、蔬菜类、鱼肉类或其他动物性饲料，然后加入预混饲料和稀释的豆浆或水，进行充分搅拌。

4. 调制饲料的注意事项

（1）调制饲料的速度要快，以缩短加工时间，每次调制应在临分食前完成，不得提前，应最大限度地避免多种饲料混合而引起营养成分的破坏或失效。

（2）配料准确，拌料均匀，浓度适中。繁殖期浓度宜稀些，非繁殖期宜稠些，冬季和早春应适当加温，以免过早冻结。

（3）维生素饲料以及乳类、酵母等必须临喂前加入，防止过早混合被氧化破坏。

（4）温差（冷热）大的饲料应分别放置，在温度接近时，再一起搅拌。

（5）牛奶在加温消毒时，要严格掌握温度。如温度过高，会破坏牛奶中的维生素；温度过低，达不到灭菌目的。

（6）食盐、酵母应先用水溶解，稀释后再混入饲料内。在调制过程中，水的添加要适当，严防加入过多，造成剩食。

（7）谷物饲料应充分熟制，但熟制时间不宜过长或糊化，不能有异味。

（8）解冻后的动物性饲料，在调制室内存放时间不得超过24小时。

（9）饲料室必须加强卫生防疫，闲人谢绝入内。饲料加工器械随时清洗，定期消毒。

第三节　饲料的品质检验

水貂的一部分动物性饲料是以鲜、湿的状态进行饲喂的，一旦这些饲料腐败变质，将会给动物的繁殖、生长造成很大的损害。因此，在饲养水貂的过程中，对所喂饲料的品质进行鉴定、检验非常重要。鉴别饲料品质的方法很多，除感官鉴定外，还有物理学、化学、细菌学和寄生虫鉴定等。现将广大饲养场及养殖户可以采用的感官鉴定分述如下：

一、肉类饲料的品质检验

肉类饲料应当是新鲜优质的，不应有腐败变质的现象。感官检验主要根据肉的性状、色泽、气味等方面加以鉴别（表6－1）。

表6－1　肉类新鲜程度鉴别

项目	新　鲜	不新鲜	腐　败
外观	表面有微干燥的外膜，呈玫瑰红或淡红色，肉汁透明，切面湿润、不黏	表面有风干灰暗的外膜或潮湿发黏，有时生霉，切面色暗、潮湿、有黏液，肉汁混浊	表面很干燥或很潮湿，带淡绿色，发黏发霉，断面呈暗灰色，有时呈淡绿色，很黏、很潮湿
弹性	切面质地紧密有弹性，指按压能复原	切面柔软，弹性小，指按压不能复原	切面无弹性，手轻压可刺穿
气味	无酸败或苦味，气味良好，具有各种肉的特有气味	有较轻的酸败味，略有霉气味，有时仅在表层，而深层无味	深、浅层均可嗅到腐败味
色泽	色白黄或淡黄，组织柔软或坚硬，煮肉汤透明芳香，表面集聚脂肪	呈灰色，无光泽，易粘手，肉汤稍有混浊，脂肪呈小滴浮于表面	污秽，有黏液，常发霉，呈绿色，肉汤混浊，有黄色或白色絮状物，脂肪极少浮于表面

二、鱼类饲料的品质检验

各种鱼的新鲜度可根据眼、鳃、肌肉、肛门和内脏等状况进行鉴别（表 6－2）。

表 6－2　鱼类新鲜程度鉴别

项目	新　　鲜	次　　鲜	近于腐败	腐　　败
体表	有光泽，黏液透明，有鲜腥味，鳞片完整不易脱落	光泽减弱，黏液较透明，稍有不良气味，鳞片完整	暗灰色，黏液混浊浓稠，有轻度腐败味，腹部稍呈膨大	黏液混浊，黏腻，有明显腐败味，鳞片不完整、易脱落，胸部明显膨大
眼	眼球饱满突出，角膜透明	眼球发暗、平坦	眼球轻度下陷，角膜微浊	眼球塌陷，角膜混浊
鳃	鲜红或暗红色	暗灰红色，带有混浊黏液	淡灰褐色，黏液有异味	呈灰绿色，黏液有腐败味
肌肉	肉质坚硬有弹性	硬度稍差，但不松弛	肉质松软多汁，指压后的凹陷恢复差	组织柔软松弛，指压后的凹陷不能恢复，肉和骨附着不牢，肋刺脱出
肛门	紧缩	稍突出	突出	外翻
内脏	正常	肝脏外形有所改变	肝脏和肠管有分解现象，内脏被胆汁染成黄绿色	肝脏腐败分解，胃肠等变成无构造的灰色粥样物

三、乳的品质检验

乳的新鲜度应根据色泽、状态、气味、滋味判断（表 6－3）。

表 6-3　乳品新鲜程度鉴别

项目	正常乳	不正常乳	
		变化	原因
色泽	乳白色并稍带微黄	蓝色、淡红色、粉红色	细菌、乳房炎或饲料引起
状态	均匀一致，不透明，液态，无沉淀，无杂质，无凝块	黏滑，有絮状物或多孔凝块	细菌
气味及滋味	特有香味，可口、稍甜	葱蒜味，苦味，酸味，金属味，外来气味	饲料、细菌、容器引起，或贮存不当

四、蛋类饲料的品质检验

新鲜的蛋壳表面有一层粉状物，蛋壳清洁完整，颜色鲜艳。打开后蛋黄凸起、完整并带有韧性，蛋白澄清透明、稀稠分明。受潮蛋蛋壳灰污并有油质，打开后可见蛋清水样稀稠，弹壳内壁发黑粘连，常可嗅到腐败气味。

五、干动物性饲料和干配合饲料的品质检验

目前，我国没有统一的毛皮动物饲料标准，毛皮动物饲料生产企业一般以企业标准进行生产，具有较大的自主性。而毛皮动物对饲料的吸收利用在不同饲料之间有很大的差别，一般动物性饲料吸收较好，植物性饲料吸收较差，但饲料生产单位对饲料的评价不是以消化利用为基础的，而是以粗蛋白质为基础，具有很大的不确定性，所以正确评价一种饲料的好坏及安全非常重要。

对于小型养殖户，我们可以从以下几个方面来检验一个饲料的好坏。

（一）眼看 看饲料颜色是否正常，有霉变、结块、潮湿、生虫等现象的饲料，可以判定为过期或劣质产品。

（二）鼻闻 正常的毛皮动物干粉饲料具有一定的鱼香味和熟化玉米香味。闻饲料是否有刺激性气味，如霉变味、氨味、腐败味、酸味、恶臭等。有异味的饲料一般已变质或混有杂质，不能为毛皮动物所食用。

（三）嘴尝 看饲料是否过咸，或有涩味、苦味等异常味道。

（四）看沉淀物 用一柱形透明玻璃杯盛2/3清水，取50～100克饲料放入杯中，适当搅拌后静置1～2分钟，看杯中固形沉淀物是否多，一般饲料容许有少量沉淀，过多沉淀会影响饲料对毛皮动物的适口性及吸收率。

（五）看饲养效果 这是最重要、最有说服力的检验。毛皮动物饲料应适口性好，动物排出粪便干湿适宜，不腹泻，能保证动物具有良好的吸收率，生长旺盛，被毛光洁柔顺。有一些毛皮动物饲料粗蛋白质水平较高，但毛皮动物吸收率很低，饲养效果就是生长迟缓，被毛无光泽，易腹泻等症状。饲养效果还可以通过观察采食饲料的动物是否患有营养性缺乏疾病，以及饲养动物死亡率来判定。一般生长期毛皮动物死亡率为1%～3%，在没有重大传染性疾病或异常死亡的情况下，超过这个比例时，很大程度与饲料营养性缺乏有关，特别是微量元素和维生素的缺乏。

六、谷物饲料的品质检验

谷物饲料在贮存不当的情况下，受酶和微生物的作用，易引起发热和变质。检验谷物饲料时，主要根据色泽是否正常、颗粒是否整齐、有无霉变及异味等加以判断。凡外观检查变色、发霉、生虫、有霉味、酸臭味，舔尝有酸、苦等刺激味，触摸有潮湿感或结成团块者，均不能利用。

七、果蔬饲料的品质检验

新鲜的果蔬饲料具有本品种固有的色泽和气味，表面不黏。失鲜或变质的果蔬，色泽灰暗发黄并有异味，表面发黏，有时发热。

第四节　水貂的饲料管理

一、饲料卫生管理

（一）绝对禁止从疫区采购饲料　畜禽副产品中的肉毒梭菌、巴氏杆菌、空肠弯曲杆菌、沙门氏菌、大肠杆菌、克雷伯氏菌、葡萄球菌、链球菌，鱼类饲料中的沙门氏菌、产气荚膜杆菌，都可导致相应的外源性或内源性细菌病的发生。由于易感动物集中，饲料多为统一来源、统一调制和饲喂，一旦污染即危及全群，因此，从疫区采购的带病畜禽肉类饲料易引起疫病暴发流行。

（二）严防饲料发霉变质　管好库房和冷库，严防饲料发霉变质。对已知变质饲料应停止喂水貂，或经无害化处理后再喂。要重视灭鼠，因为鼠是很多疫病的传播者。

（三）消除饲料中有毒有害物质　肉类饲料加工前要清除杂质，如泥沙、变质的脂肪，拣出毒鱼，用清水洗净后方可进一步加工。

二、饲料加工及饲喂工具卫生

（一）饲料加工室的卫生　饲料室被称为养殖场的心脏，因此，它的卫生非常重要。饲料室的地面要随时清扫、冲洗和消毒，每次饲料加工完后，要彻底冲净，以防细菌繁殖。

饲料室要防止有害物质混入，当然也要禁止用有毒、有异味的药物消毒。

饲料室工作人员进出饲料室，要更换工作服和鞋，非饲料加工室人员严禁进入饲料室。

（二）饲料加工用具和食具卫生 饲料加工用具和食具每次用完都要彻底冲洗刷净，每周消毒1次；如有疫病发生，每次用完都要煮沸消毒。

三、饲料安全

（一）防止食盐中毒 目前，部分干粉饲料厂使用大量含盐过多的劣质鱼粉或用大量盐处理过的动物下脚料做饲料原料，而在投入市场前又没有经过严格检验，毛皮动物养殖单位或个人一旦应用这种饲料，在饮水缺乏时就会发生大群的食盐中毒。饲料原料供应单位或个人为了防止动物性饲料的腐烂，在饲料干制过程中加入大量的盐进行脱水和防腐，使得这一饲料原料中盐含量很高，有些劣质鱼粉生产单位或个人为了获取较大的利润，在鱼粉中添加盐或羽毛粉等，也会使得饲料中盐含量超标，这些都是引起食盐中毒的原因。

（二）防止毒素中毒 干粉饲料在保存过程中常常会由于潮湿、高温、保存时间过长等原因造成霉变，特别是有些含豆饼较多的饲料，在雨季潮湿、高温等条件下易生黄曲霉菌，黄曲霉菌产生的毒素对毛皮动物直接具有毒害作用，轻则引起腹泻、便血，重则引起死亡。

使用鲜料饲喂毛皮动物的养殖场或个人，还需要注意新鲜动物性饲料经细菌或真菌分解产生的毒素，如组织腐败物（组胺、硝酸盐、有毒醛、酮、过氧化物等），水貂采食后会出现诸如食量减少、腹泻、生长迟缓、失重死亡等，繁殖期则会引发流产、死胎等严重影响繁殖率的现象。

（三）避免激素中毒 动物性饲料，特别是动物的下杂，如头颈、内脏等直接饲喂或经加工成干粉饲料后饲喂动物，可能会造成水貂激素中毒，特别是水貂对毒物、激素等的反应非常敏感，采食低浓度的激素或毒物均会引起一定的生产损失。动物下杂中如有甲状腺、肾上腺、垂体等腺体，均会影响其繁殖及生长。水貂采食极低浓度的雌激素后也会造成流产、死胎等现象的发生。

（四）防止铅、汞、铜等重金属元素中毒 饲料中混入了铅、汞、铜等重金属元素，易造成累积性的重金属元素中毒，过量的硫酸铜、硒均会引起水貂中毒。在添加剂的选择与使用中，一定要注意不能随意使用其他动物的添加剂，否则会出现意外中毒。

（五）预防黄脂肪病 采食氧化性脂肪会引起水貂的“黄脂肪病”，其主要原因是因为不饱和脂肪酸易被氧化形成过氧化物，把饲料中的抗氧化物质维生素 E 消耗殆尽，从而使得细胞膜破坏，形成“黄脂肪”样病变，出现维生素 E 严重缺乏症状，贫血、肌肉坏死等。

（六）避免农药中毒 洒 DDT、灭蝇药物、消毒剂如甲醛等，均可能造成水貂肺部吸入而中毒、感染。所以在饲养场进行消毒、灭蝇、防鼠时，要预防水貂中毒。

第七章 水貂繁殖技术

第一节 水貂的选种技术

选种就是在全群中选优去劣，把优良的个体留做种用，不符合种用条件的个体予以淘汰取皮。

一、选种时间

水貂的选种工作，应坚持常年有计划、有重点地进行，大体可分为初选、复选和精选三个阶段。

（一）初选阶段 水貂的初选工作在断乳分窝时进行。对初选仔貂要求系谱清楚，双亲生产性能优良，仔貂出生早，同窝仔数多、发育正常、成活率高的个体；初选的时间一般在每年的6～7月份，选留的数量比留种计划要多出25%～40%。

成年公貂配种结束后，根据其配种能力、精液品质及体况恢复情况，进行一次初选；选择性情温顺，配种能力强，精液品质好，所配母貂产仔率高、产仔数多的继续留种。

成年母貂在断乳后根据其繁殖、泌乳、母性情况进行一次初选；选择发情正常、交配顺利、妊娠期短、产仔早、产仔数多、泌乳量足、母性强、后代成活率高的继续留种。

（二）复选阶段 在每年9月份进行。对育种群中初选入选者再次选择。选留那些生长发育快、体型大、换毛早、换毛快的个体。选留的数量应比计划留种多10%～20%。

（三）精选阶段 精选工作在11月中旬进行，精选就是在复选基础上淘汰那些不理想的个体，最后落实留种。精选时应将毛色和毛绒品质列为重点。

二、选种标准

（一）繁殖力鉴定 水貂的繁殖力包括母貂的受孕率、胎产仔数及仔貂成活率；公貂的配种能力和精液品质等。具体要求是：

1. 成年母貂 成年母貂体型稍细长，臀部宽，头部小，略呈三角形。外生殖器官发育良好，发情正常，明显有规律，交配顺利。怀孕期在55天以内，产仔早，胎产仔数不少于5只，有效乳头6个以上，泌乳量足，母性强，仔貂成活率不低于90%，哺乳结束后体况恢复快。

2. 成年公貂 睾丸发育大小匀称，性欲高，配种能力强，精液品质好，所获后代数量多，生命力强。成年公貂配种开始早，性情温顺，在一个配种季节里能交配10次以上，所配母貂空怀少，胎产仔6只以上。

3. 幼貂 所选择的幼貂应系谱清楚，采食旺盛，发育正常，体质健壮，体型大，换毛早，眼大有神，反应和行动敏捷，但不暴躁，同窝仔貂多（胎平均5只以上，群平均只4以上），出生早（公貂在5月5日以前，母貂在5月10日以前）。对幼貂的选择还应根据双亲的繁殖力和遗传性进行考察。

（二）体型鉴定 公貂要求头大，两颊发达，两耳张开挺立，颈粗而长，肩和胸宽大，胸深，背长而宽，腹部紧凑，臀部宽大、自然弯曲灵活，尾粗长，四肢叉开强壮有力，姿态神气，整个体型匀称。母貂要求颈粗短，后躯宽大，腹部紧凑，其他各点基本与公貂的体型标准相同。成年公貂体重2.0千克以上，母貂体重0.9千克以上。成年公貂体长（鼻尖至尾根）45厘米以上，母貂体长38厘米以上。

（三）毛绒的品质鉴定 毛绒的品质鉴定主要是以被毛光泽、毛绒密度、针毛毛长度和分布均匀程度为重点。要求必须具有本品种的毛色特征，全身一致，无杂色毛，颌下或腹下白斑不超过2厘米。标准貂的优良个体要求底绒呈深灰色，最好针毛呈漆黑色，底绒呈漆青色。腹部绒毛呈褐色或红褐色的必须淘汰。彩貂应具备各自的毛色特征，个体之间色调均匀。褐色系应为鲜明的青褐色，带黄或红色调的应淘汰。灰蓝色系应为鲜明的纯青色，带红色调的应淘汰。白色系应为纯白色，带黄或褐色调的应淘汰。光泽度上的要求是各种水貂均需毛绒光泽度强。

标准貂的毛绒选留标准是：毛色要深，逐步向更黑一级发展，背腹毛色基本一致，油亮光泽，毛峰平齐，无白斑或仅颌下有，无杂毛；针毛稠密，分布均匀，长度在25毫米以下；绒毛厚密平齐，长度在15毫米以上；针毛绒毛的长度比为1∶0.65。

三、种貂的选择方法

（一）单性状选择

1. 个体选择 从大群中选出一定数量的优秀个体，组成种貂群来提高群体的性能，使下一代的毛绒品质、体型和繁殖性能有所提高。个体选择只是考虑个体本身选育性状的表型值，而不考虑该个体与其他个体的亲缘关系。这是在缺乏生产记录及其他资料时进行选择的方法，也是生产中应用最广泛、选择方法最简单的一种方法。

2. 家系选择 又称为同胞选择。适用于遗传力低的性状，因为家系平均表型值接近于家系的平均育种值，而各家系内个体间差异主要是由环境造成的，对于选种没有多大意义。

（二）多性状选择 在一个动物群体中，我们需要提高的性状往往很多。在一定时期内，同时要选择两个以上性状的选种方法，称为多性状选择。包括以下三种选择方法。

1. 顺序选择法 在一段时间内选择一个性状，当这个性状达到要求后，再选另一个性状，然后再进行第三个性状的选择。

这种逐一选择也可看成是一定阶段内的单性状选择。这种选择方法对某一性状来说，遗传进展较快，但就几个性状来看，所需时间较长。几个性状之间如存在着负相关关系，就会出现顾此失彼的现象。所以，在采用此种选择方法时，要全面了解每个性状间的相关关系，并利用这种相关关系来提高选择效果。

2. 独立淘汰法 同时对几个性状进行选择，对所选的几个性状都分别规定标准，凡不符合标准要求的都要淘汰。由于几种性状全面优良的个体不多，这就增加了选种的难度，有时不得不放宽选种标准。有时也不得不将某个性状低于标准，而其他性状优良的个体淘汰掉。

3. 综合选择法 即同时选择几个性状，将几个性状的表型值根据其遗传力、经济重要性以及性状间的表型相关和遗传相关进行综合，制定出一个综合指数，以这种指数作为淘汰标准。此种方法弥补了上述几种选择方法的不足，提高了总体选择效果。

四、选种注意事项

（1）要仔细调查引进的品种系谱，避免近亲；同时建立好本场的系谱档案。

（2）调查用药过程，对用药物过敏的最好不要留作种用，阿留申病呈阳性的貂不留种。

（3）用过激素（如褪黑激素）的貂不可留种。

（4）夏毛未脱全者不可选为种用，特别是5月后出生的貂不应留种。

（5）体型不佳的不留为种用。凡体型小、畸形、肢体残缺或患自咬症及慢性疾病者不可留种。

（6）超龄的不能留为种用。种貂利用年限以1～4年为宜。公貂配种率1～5岁分别为79.6%、93.7%、100%、70%、100%；母貂受孕率1～5岁分别为78.7%、88.7%、96.1%、

95%、76%。因此，种貂不可超过4岁。

(7) 繁殖力低的不能留为种用。一般母貂初产仔不少于4只，2岁以上、5岁以下的母貂胎产不低于6只者为良种高产母貂，否则均应淘汰。良种公貂每年应与4只以上母貂交配，配次达到10次以上，否则应予调整。

(8) 毛绒变色的不留。以毛色、光泽、密度、针毛长度和分布均匀程度为重点鉴定种貂。例如，黑褐色种公貂毛绒变为褐色或浅褐色，密度稀疏，分布不均，长度过长，不齐，副针绒毛较多，则不可留种。

五、留种比例

1. 数量 选留公母貂的比例一般是：标准貂1∶3～4。

2. 年龄 比较理想的母貂年龄组成是2～3岁的占60%～70%，1岁的占30%～40%。4岁以上的种母貂，除个别繁殖能力好的留下外，绝大多数应予淘汰。小公貂则需占60%～70%，老公貂仅占35%左右。

第二节 水貂的配种技术

一、水貂的选配

(一) 选配原则

(1) 在毛绒品质上，公貂毛绒品质要优于或大致上与母貂相当。

(2) 在年龄上，以2～3岁公、母貂交配效果较好，也可采用育成公貂配成年母貂或成年公貂配育成母貂。

(3) 在体型上，大型公貂配大型或中型母貂，中型公貂配中型母貂或小型母貂，小型公貂配小型母貂为宜。大型公貂和小型母貂或小型公貂和大型母貂不宜配对。

（4）防止近亲交配。近亲是指3代以内有血缘关系。近亲交配受孕率、产仔率、成活率低，仔貂对饲料利用能力下降，发育受阻，体型变小；而无血缘关系的公母貂交配，所产后代就表现出强大的生命力。

（5）繁殖力选配。公貂的繁殖力应高于或接近母貂，决不能低于母貂，只有这样才能提高产仔数。

（二）选配中应注意的问题

1. 要根据育种目标综合考虑　育种应有明确的目标，在选配时不仅要考虑相配个体的品质，还必须考虑相配个体所隶属的种群对其后代的作用和影响。此外，要根据育种目标，抓住主要的性状进行选配。

2. 公貂的等级要高于母貂　公貂具有带动和改进整个群体的作用，而且留种数少，所以其等级和质量都应高于母貂。对优秀的公貂应充分利用，一般公貂要控制使用。

3. 相同缺点者不配　选配中，绝不能使具有相同缺点（如毛色浅和毛色浅、体型小和体型小等）的公母貂相配，以免使缺点进一步发展。

4. 避免任意近交　近交只宜控制在育种群必要时使用，它是一种局部且又短期内采用的育种方法。在一般繁殖群和生产群应防止近交，以免产生后代衰退和生产力下降。

5. 考虑公母貂的年龄　老龄母貂发情早，当年母貂则发情较晚，公貂也有相似的规律。因此，在制订选配计划时，应考虑参配公母貂的年龄，以免发情不同步而使母貂失配。

二、配种技术

（一）配种时间　水貂配种时间主要受日照变化影响，有地域间的差异。在水貂所能适应的地理纬度内，低纬度地区配种开始早，高纬度地区则稍晚。配种期经历20余天，生产上为便于管理，常分为初配阶段、初复配并进阶段和补配阶段。

1. 初配阶段 是从配种到发情旺期来临前7～10天，每只发情母貂在此阶段力争交配1次。

2. 初复配并进阶段 为整个发情旺期，是水貂配种最佳时期，7～10天，每只母貂在此阶段力争交配2次。

3. 补配阶段 为发情旺期以后到配种结束，是对没有交配和交配不理想母貂进行补配，如难配母貂、已交配但不确切或有发情求偶表现的母貂等。

（二）发情鉴定 发情鉴定工作在整个配种过程中意义重大，进行发情鉴定，可以准确掌握放对配种的最佳时期，避免错配或漏配。水貂的发情鉴定方法主要有行为观察、外生殖器官变化、放对试情、阴道分泌物涂片和发情鉴定仪检测法。

1. 行为观察 貂开始发情后，其行为都会有所变化，可以根据其行为表现大致判断发情程度。公貂主要表现为活泼好动，经常在笼中来回走动，有时翘起一后肢斜着往笼网上排尿，也有时往食盆或食架上排尿，经常发出求偶声。母貂表现为行动不安，来回走动增强，食欲减退，排尿频繁，经常用笼网摩擦或用舌舔舐外生殖器官。发情盛期时，精神极度不安，食欲减退或废绝，不断发出急促的求偶叫声。不同动物的发情表现有所不同，平时应注意观察。

2. 外生殖器官变化 公貂进入发情期后，睾丸膨大、下垂、具有弹性，阴茎时常勃起，并频繁排尿。母貂外生殖器官主要有形态、颜色和分泌物的变化，发情前期阴毛开始分开，阴门逐渐肿胀、外翻，到发情旺期肿胀程度达最大，形近椭圆形，颜色开始变暗。挤压阴门，有少量稀薄的、浅黄色分泌物流出。发情期阴门的肿胀程度不断增加，颜色发暗，阴门开口呈T形，出现较多黏稠乳黄色分泌物。发情后期阴门肿胀减退、收缩，阴毛合拢，黏膜干涩，出现细小皱褶，分泌物较少，呈脓黄色。

3. 放对试情 根据行为变化和外生殖器官变化初步判断母貂发情后，可以利用放对试情来确定母貂是否真的发情并能否接受交配。用于试情的公貂必须是发情好、性欲强的，试情时将母貂放入公貂笼中，经过一段调情之后，如果母貂接受公貂爬跨，证明母貂已进入发情旺期，能够交配，此时可以使用试情公貂完成交配，也可以将它们分开，使用其他公貂完成交配。如果母貂拒绝爬跨，躲避甚至扑咬公貂，说明母貂还没有完全发情，应将母貂取出，继续进行观察，1～2 天后再进行试情。

一般放对试情在 10 分钟之内便能得出结论，时间不需过长，同时注意不要让母貂咬伤公貂。动物之间也有择偶现象，对于拿不准的，应该多换几个公貂试情。

4. 阴道分泌物涂片 母貂发情的不同时期，其阴道分泌物中的细胞种类和形态各不相同，可以根据这一特点准确判断母貂的发情阶段。根据行为观察和外阴变化大致判断母貂接近发情时，用吸管吸取或用棉签蘸取阴道分泌物涂在载玻片上，在显微镜下观察其细胞种类和形状。阴道分泌物中主要有三种细胞，即角化鳞状上皮细胞、角化圆形上皮细胞和白细胞。角化鳞状上皮细胞呈多角形，有核或无核，边缘卷曲不规则；角化圆形上皮细胞为圆形或近圆形，绝大多数有核，胞质染色均匀透明，边缘规则。阴道分泌物中出现大量的角化鳞状上皮细胞，是母貂进入发情期的重要标志。

5. 发情鉴定仪 发情鉴定仪是根据母貂阴道内电阻的变化规律来判断发情状态的一种仪器，具体使用方法在仪器的说明书中都有介绍。该方法因为仪器价格较贵，使用比较复杂而没有被广泛应用。

在实际生产中，多采用上述方法综合判断，一般以行为观察和外阴变化为辅，以放对试情和阴道分泌物涂片检查为主。

（三）放对配种

1. 放对方法 一般公貂在交配过程中处于主动，因此，通常将母貂放入公貂笼内进行配种。公貂在自己熟悉的环境中性欲不受抑制，可以缩短配种时间，提高放对效率。但遇性情暴烈、不易捕抓的母貂，也可将公貂放入母貂笼内配种。

2. 配种方式 由于水貂于春季多周期发情，目前水貂的配种方式可以分为连续性复配和周期性复配两种。

（1）连续性复配　母貂在一次发情持续期内连续 2 天或隔 1 天交配，称为连续性复配，也称同期复配。

（2）周期性复配　母貂在配种季节首次配种后，隔 7～9 天又交配 1～2 次完成配种的，称为周期性复配，也称为异期复配。

这两种配种方式应根据配种阶段的具体任务，灵活运用，结合进行。初配阶段主要任务是培训公貂早期参加交配。因此，此期发情的母貂初配后不必急于复配，应采取周期性复配的方式，即 2 个周期 3 次交配。初复配并进阶段的任务是使大多数母貂在发情旺期结束配种，因此，此期发情的母貂宜采用连续或隔日连续复配的方式。母貂交配后出现排卵不应期，所以复配应在初配后的 2 天内或 7～8 天进行，不应在初配后的 3～6 天内复配；否则，易引起母貂空怀。

（四）合理使用公貂

1. 训练种公貂早期参加交配　这是初配阶段的首要任务。种公貂第一次交配很困难，训练当年小公貂配种，必须选择发情好、性情温顺的母貂与其交配，尽量让种公貂在笼网上交配，以便观察和看管。

2. 有计划地合理使用种公貂　种公貂的配种能力个体差异很大，一般公貂在一个配种期可交配 10～15 次，多者高达 20 余次，为了保持种公貂在整个配种期都有旺盛的性欲和品质优良的精液，必须有计划地合理使用。初配阶段每只公貂日配 1 次，初、复配并进阶段，每小时可配 2 次，但连续交配 3～4 次时，必须休息 1 天。整个配种期每只公貂交配次数最多不要超过 20 次，以免影响来年的利用。

3. 配种期要做好公貂的精液品质检查 精液品质检查应在18～20℃室内进行，用玻璃棒或吸管从刚配完的母貂阴道内取精液1滴，用1滴生理盐水稀释后，放在载玻片上，置于200～600倍显微镜下观察。发现有大量死精子、畸形精子的公貂时，要停止其交配，并及时将与其交配的母貂与其他公貂复配。

（五）其他技术措施

（1）对发情正常，交配时严重抓、咬公貂的母貂，要人工辅助强行交配。方法是用胶布将母貂两前肢和嘴巴缠住，杜绝抓、咬，用配种能力强的公貂人工辅助交配。

（2）对在交配时不翘尾的母貂，要进行人工摆尾，当配上时再放开尾巴，任其自然。

（3）对在交配时后肢不站立而匍匐的母貂，用木棒从笼底插入笼内托起母貂的腹部，使其正常交配。

（4）实践证明，人绒毛膜促性腺激素（HCG）对难配母貂和不发情母貂有促进发情和排卵的作用。不发情母貂一次肌内注射HCG170国际单位，注射后24～48小时可出现自然发情，到6～7天参加配种，受孕率70%左右。

（5）配种时间要在早晨喂饲前进行。

（6）要做好配种、产仔等繁殖记录，内容包括配种时间（初配期和复配期）、公貂和母貂的号码、产仔日期、产仔数及公貂的配种能力和精液品质等，为以后选种选配提供依据。

第三节 水貂繁殖特性及提高繁殖力的综合技术措施

一、水貂的繁殖特点

（一）季节性繁殖 调节水貂季节性繁殖活动的生态因素主要是日照的季节性变化。水貂繁殖的季节性表现在公、母貂的生殖系统和繁殖活动随着季节的变化而发生有规律的周期性变化，种公貂在5～7月份睾丸萎缩，无精子形成。从8～9月份开始重新发育，在第二年1月末，种公貂睾丸发育完成，能产生精子。种母貂在1月份中下旬卵巢开始发生明显变化，2月下旬即可配种，但大多数都在3月份发情。母貂妊娠期平均为47天±2天，变化范围为37～57天，由于个体不同而差异很大，如在同样的气候和饲养管理条件下，同一天交配的母貂，其妊娠日期有19天的变化范围。水貂的产仔期多在4月中旬到5月中旬，5月1日前后是产仔高峰。

（二）性周期 母貂一般有2～3个性周期，每个性周期平均7～10天，每个性周期中，发情持续时间为2～3天。而种公貂可随时配种。

（三）水貂卵泡发育和排卵特点 水貂属于刺激性（诱导性）排卵动物，其排卵必须要通过交配或类似的刺激才能发生。尽管繁殖有明显的季节性，但水貂具有多次排卵的特点，排卵的时间发生在交配后48(48～72）小时左右，个别的水貂也有自发排卵的现象。

在配种季节，水貂可以出现多次（4次或更多）发情和排卵的现象。两次发情一般间隔7～10天，在第一次发情配种后，在第二个或者之后更多次发情配种的情况，称为异期复配。所以，水貂可以产出不同时期受孕的幼崽。一般情况下，异期复配的母貂，第二次以后配种没有受孕，那么第一次的受精卵可以存活；如果第二次排出的卵已经受孕，那么以前的受精卵大多数排出体外。在水貂的发情中期，成熟卵泡数量最多，所以，在此时期受配的母貂所产仔数量较多。

（四）水貂胚泡有延迟附植现象 受精卵发育成胚泡后，由于子宫黏膜还未具备附植的条件，胚泡并不立即附植，而是进入一个相对静止的发育过程，这段时间称为滞育期。通常持续1～46天。当体内孕酮水平开始增加5～10天后，胚胎才附植于子宫壁，进入胎儿发育期。水貂胚胎滞育期的长短取决于妊娠黄体的发育，而妊娠黄体的发育又与光周期变化规律密切相关。由于在滞育期胚泡处于游离状态，所以死亡率很高，往往滞育期越长死亡率越高。因此，通过采取缩短滞育期的措施可以增加水貂产仔数。交配后人为地有规律地增加光照时间，可缩短滞育期。

（五）母貂阴道内有袋状结构 阴道袋在交配时有固定阴茎、保证精液直接射入子宫内的作用，而不是临时的纳精器官。该结构也给人工授精增加了麻烦。

二、影响水貂繁殖力的因素

影响水貂繁殖力的因素很多，主要包括种貂的品质、种群的年龄、繁殖技术、饲养管理和疾病等。

（一）种貂品质与繁殖力的关系 种貂品质是影响繁殖力的关键因素，只有优良的种貂才能产出优秀的后代。因此，繁殖力高的优良种群是提高其繁殖力的最关键因素。

（二）年龄与繁殖力的关系 一般初产种貂的繁殖力较低，其胎平均产仔数和仔貂成活率都比经产种貂低。受配率和胎平均产仔数随年龄的增加而逐渐提高，但产仔率与年龄关系不大。貂在 2～4 岁时繁殖力较高，是繁殖的适龄期。

（三）体况与繁殖力的关系 种貂繁殖期的体况对繁殖力有直接影响，过肥或过瘦均对繁殖不利。一般要求母貂在配种前达到中下等体况，公貂中上等体况。

（四）发情早晚与繁殖力的关系 2 月中旬以前及 3 月中旬以后交配的母貂，无论是产仔率还是胎平均产仔数都低于 2 月下旬至 3 月上旬交配的母貂；3 月中旬所交配的母貉产仔率虽不低，但胎平均产仔数却明显下降。

（五）交配次数与繁殖力的关系 以交配次数多些为好。产仔率和胎平均产仔数都随配种次数的增加而提高，可见生产实践中增加复配次数是完全必要的。

（六）交配持续天数与繁殖力的关系 貂交配持续天数一般为7～9天，在此期间可进行多次复配，对繁殖力有一定的影响。交配持续天数较少的（1～2天）和过多的（10天以上）繁殖力都低，一般持续交配3～6天的效果最好。

三、提高水貂繁殖力的措施

（一）选留优良种貂，控制貂群年龄结构 水貂的留种要结合系谱，合理选择。尽量选择生产性能好的公、母貂留作种用。尽早淘汰不适宜种用的水貂。水貂种群中青年水貂不能超过40%，公貂的品质等级要高于母貂。实践证明，2～4岁母貂繁殖力最高，因此，种群年龄组成应以经产适龄母貂为主，每年补充的繁殖幼貂以25%为宜，最多不得超过50%。

（二）准确掌握母貂发情期，正确鉴定发情，适时配种 在发情期适时配种，这时母貂能排出较多的成熟卵子，精子与卵子相遇而受精的机会也多，从而可以提高受胎率及产仔率。

（三）适时复配，配后检查精液 提高产仔数，因为卵泡成熟不是同期的，适时增加复配可诱导多次排卵，增加排卵数，提高胎产仔数。提倡多公交配可避免因单公交配精液品质不良而造成空怀或胎产仔数少的现象，从而提高繁殖力。每次交配结束后都应该从母貂阴道内取出一点精液，检查其质量。

（四）平衡营养，使种貂具有良好的体况 种貂从越冬期调整体况，直到1月末2月初，母貂以中等体况为好，公貂以中上等体况为好。鉴定体况，可利用体重指数观察比较法。

（五）合理利用种公貂 对种公貂的使用要以“全面培养，重点选择，合理利用，防止劳累”为原则。初次配种的小公貂要和发情好的经产母貂放对，使其学会配种。初配公貂每天只能利用1次。经配公貂每天不超过2次，连续使用3天的公貂应休息

1～2 天，对难配的母貂应选择有交配经验、会侧交和卧交的公貂进行配种。

（六）加强种貂驯化，提高驯化程度 实践证明，驯化程度高的种貂容易发情配种，其胎产仔数和仔貂成活率都比较高。

（七）加强日常饲养管理 加强管理，提高种群抗病能力，是提高繁殖力的基础和保障。

第四节 产仔保活技术

产仔保活技术就是通过人为的帮助，来弥补母性不足或者某些意外因素而对仔貂带来的损伤，采取行之有效的产仔保活措施能够大大提高仔貂成活率。

一、临产前做好窝箱保暖工作

大部分养殖地区在产仔季节气温还很低，特别是在晚上更低，而水貂产仔又多在夜间，新生仔貂在温度大于 20℃时活力最强，如果温度低于 10℃将会失去活力。新生仔貂在头 3 天死亡率最高，这其中有相当一部分是因为冻僵而死，所以做好产箱的保温工作尤其重要。

主要的窝箱保温措施有加厚窝箱四壁并保证窝箱不透风，窝箱内铺垫草，电褥子等。实践证明，垫草最为经济实用，电褥子保温效果最好，但一次性投入比较大。

二、给母貂创造安静的产仔环境

充分发挥母貂的护仔能力才能提高仔貂的成活率，除了前面提到的提高繁殖力的措施外，保证母貂产仔期间的环境安静也十分重要，因为突然的惊吓和持续的干扰会造成母貂难产，产后叼仔、吃仔等严重后果。

三、产后及时检查

正确而及时的检查能够发现很多亟待救治的仔貂，如果采取有效的措施，能够挽救很多濒临死亡的仔貂，可以大大提高仔貂成活率，显著提高生产效益。具体方法可见母貂产仔期的饲养管理。

四、正确救治危弱仔貂

检查出新生仔貂有异常情况时要及时救治，常见的几种异常情况和救治措施如下：

（一）脐带绕脖　将绕脖的脐带解开，并用消毒剪刀在距肚脐 2 厘米处将脐带剪断，断端用碘酊消毒。

（二）身体发僵　多因窝箱内温度过低所致，也有因为身上黏液不干或者落单所致，发现后立即将其取出，放在专用的小箱内，移到温暖的室内，保证室温在 25℃左右。对于黏液未干的马上将其擦干，如果活力明显减弱，应立即灌服少量葡萄糖溶液和维生素 C，待仔貂温暖过来，恢复活力以后，将其送回原来的窝箱，与其他仔貂放在一起。

（三）仔貂没吃到奶　判断仔貂是否吃到初乳，可以根据仔貂腹部的饱满程度来判断。一般仔貂吃不到奶有三种情况：一是母貂没奶；二是母貂拒绝哺乳；三是仔貂活力差，吃不到奶。第一种情况要考虑代养，就是把仔貂分给其他产仔较少、乳汁又比较充足的母貂，后两种情况可以采取人工助乳的方法，就是将母貂保定，人工帮助仔貂吮乳。

第八章　水貂的取皮及副产品加工

水貂皮加工包括取皮、处死、剥皮、刮油、洗皮、上楦、干燥和贮存等，每道工序都会影响到毛皮的质量。如果其中一个加工步骤出现差错或者疏忽，都将使毛皮的质量下降，并最终影响毛皮的出售价格。因此，必须按照国家规定的方法和步骤进行毛皮的加工，减少人为因素对毛皮质量的不利影响，从而获得质量更好的毛皮。

第一节　取　　皮

一、取皮时间

一般来说，貂的取皮时间因地区纬度和饲养管理条件，水貂的种类、性别、年龄、健康状况不同而有所变化。各养殖场应根据当地气候条件和实际成熟情况，确定最佳取皮时间，熟练掌握水貂毛皮成熟标志，做到适时取皮，这是提高经济效益的关键。水貂皮成熟时间，一般彩貂比标准貂早，老貂比幼貂早，母貂比公貂早，中等肥度的健康貂比过瘦或有病的貂成熟早。水貂的毛被一般在 11～12 月份成熟，取皮时间过早或过晚都会影响毛皮质量，降低商品价值。要获得质量好的毛皮除准确掌握取皮时间外，还要掌握观察、鉴定毛皮成熟的方法。

水貂毛皮成熟的鉴定：

(1) 全身夏毛脱净，冬毛换齐，针毛光亮，绒毛厚密，当弯转身躯时，可见明显的“裂缝”。

(2) 全身毛峰平齐，尤其是头部，耳缘针毛长齐，毛色一致，颈部、脊背毛峰无凹陷，尾毛膨开，全尾蓬松粗大。

(3) 试剥时，皮肉易分离，皮板洁白，或仅在尾尖端、肢端有青灰色，即为成熟毛皮。

(4) 将毛吹开，看活体皮板颜色。除白色貂外，如皮板呈淡粉红色，皮肤本身是洁白色，说明色素已集中于毛绒，即为成熟毛皮。如皮板呈浅蓝色，则皮肤本身含有黑色素，证明毛皮不完全成熟。

二、处死方法

水貂的处死方法很多，但都应该本着选择处死迅速、方法简便、人性化、遵从动物福利、不损伤污染毛皮等为原则确定处死方法。目前常用的方法有以下几种：

(一) 药物致死法 常用药物为横纹肌松弛药司可林（氯化琥珀胆碱），按照每千克体重 0.75 毫克的剂量，皮下、肌肉或者心脏注射，3～5 分钟内即可死亡。优点是死亡时无痛苦和挣扎，不损伤和污染毛皮，残存在体内的药物无毒性，不影响尸体的利用。

(二) 心脏注射空气法 一人将貂仰卧固定，另一人左手摸准心脏位置，右手将注射针头从胸侧扎入心脏（深约 1.5 厘米），见到回血时，注入空气 10 毫升，水貂即可致死。动物因心脏瓣膜受损坏而很快死亡。此方法不损坏毛皮，被毛不污染。

(三) 普通电击法 用连接电线的铁制电极棒，插入动物的肛门，或引逗水貂来咬住铁棒，接通 220 伏电源，使水貂接触地面，约 1 分钟水貂可被电击而死。此法操作方便，处死迅速，不伤毛皮。

(四) 窒息法 此法效率较高，一次可窒死多只动物。将 50～100只水貂用串笼装好，放入一个密闭的木箱中，箱壁装一条直径 3.5 厘米的通气管，然后通入二氧化碳或其他废气，5～10分钟水貂可全部死亡。此种方法通常用于大量屠宰标准色型的水貂。

处死的貂，必须平放在清洁的麻袋上或铺有0.3～0.5厘米的稻草上待剥皮。

对于小型养殖户来说，前三种方法简单易行，因此被普遍采用。

三、剥皮方法

水貂的剥皮是十分细致的工作，剥皮要求下刀准确，动作轻，切忌划伤、划破皮板。目前，水貂的剥皮方法主要有圆筒式、袜筒式和片状式三种，实际生产中多采用圆筒式剥皮法。

（一）圆筒式剥皮法

1. 前处理 处死之后，应在尸体尚有一定温度时进行剥皮。因尸体放久了会变冷僵硬，剥皮时皮肉不易分离，给剥皮造成困难。剥皮之前用无脂锯末或粉碎的玉米芯，把处死水貂的毛皮洗净。一般采用杨树和柞树锯末等无脂锯末，如果采用有脂锯末，就会污染毛皮，使毛皮带有异味。

2. 挑裆 先固定后腿，用挑刀或者剪刀从一侧后腿爪掌中心挑开，沿大腿内侧和背腹部长短毛分界线，通过肛门前缘（往头的方向，离肛门2～3厘米）挑至另一侧后腿爪掌中心处，然后从肛门后缘（往尾的方向）沿尾的中线挑至尾长的1/3处，最后再从肛门后缘分别向两后肢方向剪断毛皮。这样就完成了挑裆，在肛门上留下了一小块三角形的毛皮。挑裆时，必须严格从长短毛分界线挑开，否则会影响皮张长度和美观。在距肛门左右侧1厘米处向肛门后缘挑开时，挑刀应紧贴毛皮，以免挑破肛门腺污染毛皮。

3. 抽尾骨 用挑刀将尾中部的皮与骨剔开，然后用手或者钳将尾骨抽出。

4. 剪除前肢脚掌 用骨钳从腕关节处剪掉两前肢掌。

5. 剥皮 挑裆后，先用锯末洗净挑开处的污血。剥皮先从后腿和臀部开始，先用手指插入后腿的皮和肉之间，小心地分离皮与肉。将两后腿剥离完后，将一侧的大腿固定在剥皮案板上，接着两手抓住皮张，向头部方向翻剥，使之成筒状。剥至掌骨处，用左手用力往下拉皮，右手用剪刀割开皮和肉的连接处。当露出最末一节趾骨时，用剪刀剪断趾骨，使后肢皮完整、带爪。剥至生殖器官时，将阴茎或者阴道剪断，以免撕坏毛皮。剥至头部时，用剪刀紧贴头骨先后将耳根、眼睑、嘴角、鼻皮剪断，使耳、眼、口唇、鼻完整无损地保留在毛皮上，切勿割大。为避免油脂、残血污染毛被，剥皮时手和皮板上要撒锯末或麸皮。

（二）袜筒式剥皮法 袜筒式剥皮法是从头部向尾部剥离毛皮的方法，此法可完整保留头、腿、尾和爪。操作时，用钩子钩住口腔上部，挂在较高处，用刀沿着唇齿处切开，使皮肉分离，逐渐由头部向臀部翻剥。眼、耳根、前肢、阴茎和阴道部处理参照圆筒式剥皮法。四肢也采用退套法往下脱，当脱剥至爪处，将最后一节趾骨剪断，使爪连于皮上。最后，割断肛门与直肠的连接处。抽出尾骨，将尾从肛门翻出，即剥成毛朝里、板朝外（尾部毛朝外）的圆筒板。袜筒剥皮法一般适用于个体较小且经济价值较高的毛皮动物。

第二节　鲜皮的初步加工

剥下来的鲜皮常残留一些物质，这些物质对毛皮的干燥和贮藏有不利影响，而且也不符合鲜皮商品规定要求，必须适时、正确地进行初步加工。鲜皮初步加工有以下四个步骤。

一、刮　　油

刮油就是为了除去鲜皮皮板上附着的血迹、脂肪和残肉等，达到毛皮出售的商品标准。刮油分为机器刮油和手工刮油两种方法。

（一）机器刮油　将筒状毛皮套在刮油机的木制辊轴上，拉紧后用铁夹固定两后肢和尾部。右手握刀柄，接通电源，机械刮油刀即开始旋转。刮油时，先从头部起刀，使刀轻轻接触皮板，同时向后推刀到尾部，依此推刮。使用刮油机时，起刀速度不能过慢，更不能让刀具停留在一处旋转；否则，由于刀具旋转摩擦发热，易损害皮板，造成严重脱毛。皮板上残留的肌肉、脂肪和组织用剪刀修刮干净。此法劳动效率高，但投入较高，适合于大型的饲养场。

（二）手工刮油　把筒状毛皮固定于直径 8～10 厘米的胶制或者木制的钝锥形毛皮撑子上。刮油时，一手持电工刀或者竹刀等刮油用具，另一手固定住皮张后部，使毛皮平展无皱褶，适当用力刮去附着于毛皮上的脂肪和残肉。

无论机器刮油和手工刮油，操作人员都应避免因透毛、刮破、刀洞等伤残而降低皮张等级质量。因此，必须注意以下几点：

（1）为了刮油顺利，应在皮板干燥以前进行，干皮需经充分水浸后方可刮油。

（2）刮油的工具一般采用竹刀或钝铲，也可用刮油刀或电工刀。

（3）刮油的方向应从尾根部向头部刮，而不能由头部朝尾臀部反刮，否则会损伤毛皮。

（4）刮油时必须将皮板平铺在木楦上或套在胶皮管上，勿使皮有皱折。

（5）头部和边缘不易刮净可用剪刀剪去，千万不要撕拉，否则易造成真皮层受损而脱毛。

（6）刮油时持刀一定平稳，用力均匀，不要过猛，尤其在刮乳房或者阴茎等皮板较薄部位时，用力要稍轻，以免刮破毛皮。

（7）为了防止油脂污染毛被，应边刮油边撒锯末或麦麸，搓洗皮板和手指。刮油不净易造成皮板变黄，重者油脂浸入毛髓影响毛皮色泽，同时有油脂的部位在存放期容易霉烂掉毛。大型饲养场可用刮油机刮油。

二、洗　　皮

刮油后的毛皮仍带有一些油污，洗除油污可使毛绒洁净而恢复原来的光泽。因此，洗皮也是毛皮加工中不可缺少的步骤。

方法是用小米粒大小的硬质锯末或粉碎的玉米芯反复多次搓洗皮张上的浮油。先搓洗皮板上的油脂，直到皮板不粘锯末为止。再翻转皮板，使毛朝外、板朝里，用干净的无脂锯末洗被毛，以除去皮板和毛被上的浮油、血污及灰尘等污物。先顺毛搓洗，再逆毛搓洗，洗至毛不粘锯末、一抖即掉为止。洗好的毛皮毛绒清洁、柔和、有光泽。严禁用麸皮或有树脂以及过细的锯末洗皮。洗皮用的锯末一律要过筛，除去其中过细的锯末，因为过细的锯末会粘在绒毛内而不易除去。麸皮中含面粉，容易残留在毛皮上，也不容易除去。

大量洗皮时，多采用转笼和转鼓。将皮板朝外放进装有适量无油脂锯末的转鼓里。转鼓直径 1.5 米，以 18～20 转/分的速度旋转，使锯末充分与毛皮接触，摩擦、旋转 10～15 分钟，停止旋转并打开转鼓取出毛皮，翻皮筒，使毛朝外，再次放进转鼓里洗皮。为了抖掉锯末和尘屑，再将洗完后的毛皮放进转笼里旋转，仍以 18～20 转/分的速度旋转，使被毛清洁、光亮、无杂物附着。

三、上　　楦

洗皮后，要及时上楦和干燥。其目的是使原料皮按商品规格要求整形，防止干燥时因收缩和折叠而造成发霉、压折、掉毛和裂痕等损伤毛皮。

在进行洗皮的同时，将楦板（表 8－1）缠上干燥的旧报纸。其方法是，把报纸裁成一定宽度的纸条，以一定的角度缠绕在楦板上，把整个楦板全部包上。皮张一经洗完，就要尽快上楦。上楦前做好打尺板，板上划好公、母皮张各档号的长度尺寸，公、母皮要分别用公、母皮楦板。上楦时，要严格按要求操作。

具体步骤如下：

（一）套皮 将洗好的皮毛朝外套在缠好纸的楦板上，将头部及两前肢拉正，下颌翻入内侧，再将两前腿翻入里侧，使露出的腿口和全身毛面平齐。

（二）固定背面 将两耳拉平，尽量拉长头部（可拉长约1厘米），再拉臀部，尽量使皮拉长到接近的档级刻度（但不要过分，以免毛稀板薄）。然后，用图钉在尾基部和臀边缘处固定。拉皮时，严禁拉皮张的躯干部，不许用手摸毛面。

（三）固定尾部 两手按住尾部，从尾根开始横向抻展尾部皮板，将其折成许多小皱褶，直至尾尖部，使尾长缩短为原长的2/3～1/2，然后用纸板压住，再用图钉固定。

（四）固定腹面 将腹部拉平，使之与背面长度平齐，展宽两后肢板面，使两腿平直紧靠，用图钉固定。通常 3 人配合，流水作业，比 1 个人完成整个工序的效率要高得多。

楦板多用红松或者椴木板制作，表面光滑带槽。

表 8－1 貂楦板规格描述

公貂楦板结构	母貂楦板结构
板长 110 厘米，厚 1.1 厘米	板长 90 厘米，厚 1 厘米
距板尖 2 厘米处，宽 3.6 厘米	距板尖 3 厘米处，宽 2 厘米
距板尖 13 厘米处，宽 5.8 厘米	距板尖 11 厘米，宽 5 厘米
距板尖 90 厘米处，宽 11.5 厘米	距板尖 71 厘米处，宽 7.2 厘米

（续）

公貂楦板结构	母貂楦板结构
距板尖13厘米处，在板面中间开一个长71厘米、宽0.5厘米的中透槽	距板尖13厘米处，在板中间开一个长70厘米、宽0.5厘米的中透槽
在中槽两侧各开一个长84厘米、宽2厘米的半槽	在中槽两侧各开一个长70厘米、宽1.5厘米的半槽
从楦板尖起，在板的两侧正中央开一个槽沟；距板尖14厘米处，在两侧正中开一个长14厘米的透槽与中槽相通	由楦板尖到13厘米处的中间开一个槽沟；距板尖13厘米处，在板两侧侧面中间开一个两侧对称、长13厘米与中槽相通的透槽

四、干　　燥

鲜皮含水量很大，易腐烂或闷板，必须采取一定方法进行干燥处理。水貂皮干燥方法有烘干和风干两种，以风干法最简便、效率高、加工质量好。

（一）烘干法　将上好楦的皮张放在晾皮架上，室温最好维持恒定（18～25℃），湿度为55%左右。要有专人看管，在烘干过程中要不断倒换皮张方向和位置，以便尽快干燥。24小时后，毛皮中的大部分水分将会散发掉，因公貂楦板吸收水分较多，所以，此时必须更换干燥的楦板和纸，然后放回晾皮架上进一步干燥。母貂皮应干燥到36～38小时，而公貂皮更换楦板后还需再干燥48～60小时。所以，公貂皮到最后下楦板总共需要大约3天的干燥时间。

（二）风干法　将上好楦的貂皮插放在风干机的风嘴上，使风嘴管经貂嘴进入楦板和纸中间，以便干风自由穿过纸套并从楦板底部排出。干燥室的温度为20～25℃，湿度55%～65%，每分钟每个气嘴的出气量为0.29～0.36米^3，24小时左右即可风干。小型场或专业户可采取提高室温、通风的自然干燥法。

干燥好的貂皮应感到轻柔，抖动时发出“劈啪”的响声。如有的皮张发软（特别是颈部），应将其重新上到干燥的楦板上再风干 24 小时。一般未风干好的皮张用手触摸会感到重、硬、僵挺。

干燥皮张时，严禁在火炉或者火炕上高温（超过 28℃）烘烤，也不能在强烈日光下照射，以免皮板胶化或者褪色而影响毛皮的质量造成经济损失。

五、下　　楦

干燥好的皮张要及时下楦。先去掉图钉等固定物，然后将鼻尖挂在固定的钉子上，捏住楦板后端，将楦板抽出。如果皮张太干，可将鼻尖部沾水回潮后再下楦，防止拉破皮。可通过用手触摸的方法，来判断水貂皮张是否干燥好。耳部、前腿内侧是干燥最慢的部位。如果干燥过快，皮板会变得过硬而失去弹性；如果干燥过慢，皮板就会发霉，甚至出现脱毛。

下楦后的皮张易出现皱褶，被毛不平，影响毛皮的美观，因此下楦后需要用锯末再次洗皮，然后用转笼除尘，也可以用小木条抽打除尘。然后梳毛，使毛绒蓬松、灵活、美观，可用密齿小铁梳轻轻将小范围缠结的毛梳开。梳毛时动作一定要轻柔，用力会将针毛梳掉，最后用毛刷或干净毛巾擦净。

六、贮　　存

下楦后的毛皮还要在风干室内至少再吊挂 24 小时，使其继续干燥。干燥好的皮张要在暗光房间内后贮 5～7 天，然后出售。后贮条件：温度 5～10℃，相对湿度为 65%～70%，后贮室每小时通风 2～5 次。然后将彻底干燥好的皮张放入仓库内。

仓库要坚固，屋顶不能漏雨，无鼠洞和蚁洞，墙壁隔热防潮，通风良好。库内温度要求不低于 5℃、不高于 25℃，相对湿度 60%～70%。

为了防止原料皮张在仓库内贮存时发霉和发生虫害，入库前要进行严格的检查。严禁湿皮和生虫的原料皮进入库内，如果发现湿皮，要及时晾晒，生虫皮须经药物处理后方能入库。

对入库的皮张还要进行分类堆放。将同一种类、同一尺寸的皮张放在一堆。堆与堆、堆与墙、堆与地面之间应保持一定距离，以利于通风、散热、防潮和检查。堆与堆之间至少留出 30 厘米的距离，堆与地面的距离为 15 厘米。库内要放防虫、防鼠药物。对库内的皮张要经常检查，检查皮张是否返潮、发霉，这样的皮张表现为皮板和毛被上产生白色或绿色的霉菌，并带有霉味。因此，库房内应有通风、防潮设备。

干燥好的皮张就可以装箱了，装箱时要求平展，不得折叠，忌摩擦、挤压和撕扯。要毛对毛、板对板地堆码，并在箱中放一定量的防腐剂。最后在包装箱上标明品种、等级、数量。箱内要衬垫馕纸和塑料薄膜，按等级、尺码装在箱内。

第三节　水貂皮张的收购规格

目前，我国没有统一的皮张收购规格，皮张的收购以个体及厂商为主，多采用人工估测的方法进行交易，部分毛皮拍卖行、交易中心及收购厂商会将毛皮的长度、皮板、丰厚度、光泽等指标综合起来，从而给出一个合理的价格。

一、加工要求

按季屠宰，剥皮适当，皮形完整，头、耳、须、尾、腿齐全，去掉前爪，抽出尾骨、腿骨，除尽油脂，开后裆，毛朝外，圆筒形，按标准撑楦晾干。

二、鉴别商品貂皮的依据

（一）等级规格（标准色水貂皮）

一等：毛色呈黑褐色，光亮，毛绒灵活，背、腹毛绒平齐，毛色基本相似，皮板乳白色，无伤残。

二等：皮毛色呈黑褐色，较光亮，毛绒较空疏，两侧缺针，毛绒灵活，皮板的次要部位稍带夏毛或有轻微塌脊者。

等外皮：毛色呈褐色，无光泽，严重缺针，有伤残，皮板发硬，板面颜色呈黑青色等。

（二）等级尺码　等级比差为一等皮为 100%；二等皮为 75%；等外皮在 50%以下。

公貂皮：长 77 厘米的为 130%；71～76 厘米的为 120%；65～70 厘米的为 110%；59～64 厘米的为 100%；58 厘米的为 90%。

母貂皮：长 65～75 厘米的为 130%；59～64 厘米的为 120%；53～58 厘米的为 110%；47～52 厘米的为 100%；小于 46 厘米以下的为 80%。公母貂皮的比差以公貂皮定为 100%时，母貂皮为 80%。

（三）几点说明

（1）从鼻尖至尾根的长度为定级尺码。

（2）长度每档交叉时就下不就上。

（3）以上各等级尺码规定系指国家统一规定的楦板而言。

若不符或母貂皮上公貂皮楦板及公貂皮上母貂皮楦板，一律降等处理。

（4）缺尾不超过 1/2；腹部有垂直白线，宽度不超过 0.5 厘米；后裆秃针不超过 5 厘米^2；皮身有少数分散白针；有孔洞一处，但不超过 0.5 厘米^2 不降等。

(5) 自咬伤、擦伤和小创伤不超过 2 厘米²；流针飞绒轻微，有白毛峰集中一处，但面积不超过 1 厘米²，按乙级皮对待，严重者属等外皮。

(6) 受焖脱毛、开片皮、焦板皮、白底绒、灰白底绒、花色毛污染、塌脖、塌脊和毛峰勾曲较重者，毛绒空疏，按等外皮处理。

(7) 后裆开剥不正，缺腿，缺鼻，撑拉过大，毛绒空疏，春季淘汰皮，非季节死亡皮及刀伤破洞和有缠结毛等，要酌情定级。

(8) 彩貂皮也适于此规格，但要求毛色符合本色型标准，不带老毛，对不具备彩皮标准的所谓彩皮按次皮收购，对杂花色皮按等外皮收购。

第四节　影响毛皮质量的因素

毛皮的品质，是决定水貂养殖经济效益的主要因素。影响毛皮品质的因素及其提高毛皮质量的相应技术措施，对提高水貂养殖效益具有重要意义。

一、种貂品质对毛皮质量的影响

人工饲养的水貂为野生驯养而来，但经过人为的育种工作，其种貂的品质均已明显超过野生的品质。人工饲养水貂的皮张质量首先取决于种貂的品质，这是其固有的遗传基础所决定的。与毛皮质量直接相关的种貂品质，主要表现在如下几个方面：

(一) 毛色　要求有本品种或类型固有的典型毛色和光泽，人工培育的新色型要求新颖而靓丽。

黑褐色貂宜向深而亮、全身毛色均匀一致的方向选育；彩色貂应向毛色纯正、群体一致的方向选育。

（二）毛质 毛质即毛被的质地，是由针、绒的长度、密度、细度等性状所综合决定。人工养殖的水貂无论大毛细皮、小毛细皮，均要求针、绒毛向短平齐的方向选育，针、绒毛长度比适宜，背腹毛长度比趋于一致；针、绒毛的密度则应向高的方向选育，毛粗度宜向细而挺直的方向选育。

（三）毛皮张幅 毛皮张幅是按标准值及上楦后的皮长尺码来衡量的。决定皮张尺码的大小因素主要是皮貂的体长及其鲜皮的延伸率。体长及鲜皮延伸率越大，其皮张尺码亦越高。因此，种貂的选育宜向大体型和疏松型体质的方向选育。

二、地理位置对毛皮质量的影响

珍贵毛皮动物水貂为季节性换毛的动物，其对日照的明显变化有很大的依赖性。这是自然选择条件下其野生分布长期局限在高纬度地区的结果，因此，越是高纬度地区，其毛皮品质也越好。人工饲养条件下也不例外，我国越往北方地区毛皮品质越好。

人工养殖水貂一定要在适宜的地理纬度内，即北纬 30°以北区域，同时应择优在饲料条件好的地区集中养殖，以生产质量一致的优质毛皮。

三、局部饲养环境对毛皮质量的影响

局部饲养环境主要指人工提供的棚舍、笼箱、场地等小气候条件。有棚舍、笼箱条件的皮貂比无棚舍、笼箱条件的毛皮质量要优良；暗环境饲养的皮貂较明亮环境下的毛皮质量优良；较湿润的环境比干燥和潮湿条件下的毛皮品质优良。人工饲养应充分给皮貂创造有利于毛皮品质提高的局部环境条件。

四、季节对毛皮质量的影响

（一）冬皮 毛绒紧密，光泽柔润，峰毛高齐，皮板白，已达成熟期，产季稍早的毛绒已达冬毛程度，但皮板后臂部呈灰暗色。

（二）晚秋皮 毛绒较短，光泽好，峰毛平齐，接近成熟期，皮板臂部呈青灰色。

（三）秋皮 毛绒粗短而稀，光泽较暗，峰毛短平，产季较早，皮板背部呈黑色。

（四）早春皮 毛绒长而底绒略毡乱，光泽较暗，产季较晚，皮板呈黄红色。

（五）春皮 毛绒长，底绒空薄，光泽暗淡，产季已晚，皮板发黄而且脆弱。

五、饲养管理对毛皮质量的影响

饲养管理对毛皮质量的影响，主要体现在饲料与营养、冬毛生长期皮貂的管理和疾病防治三个方面。

（一）饲料与营养 水貂的优良毛皮品质是遗传决定的，但这些优良性状必须在后天的生长发育中，通过科学的饲料与营养供给，才能很好地表现和发挥出来。仅有良种但缺乏科学的饲养，也生产不出优质的皮张。毛被的生长发育主要依赖于动物性蛋白质，故饲料和营养应保证蛋白质尤其是皮貂冬毛生长期蛋白质的需要。

（二）冬毛生长期皮貂的管理 主要是创造有利于冬毛生长的环境条件，增强短日照刺激，减少毛绒的污损，遇有换毛不佳或毛绒缠结，应及早活体梳毛处理等。

（三）疾病防治 疾病有损皮貂健康和生长发育，间接影响毛皮的品质；某些疾病还会直接造成皮肤、毛被损伤而降低毛皮质量。加强疾病防治，尤其是代谢病和寄生虫病的防治，也是提高毛皮质量的重要措施。

六、加工质量对毛皮质量的影响

毛皮初加工和深加工对其质量亦有很大的影响。初加工中尤其应注意下列几个问题：

（一）毛皮成熟鉴定和适时取皮 应准确进行皮用动物个体的毛绒成熟鉴定，成熟一只取一只，成熟一批取一批。尤其埋植褪黑激素的皮用动物更要注意，过早取皮易使皮张等级降低，过晚取皮则影响毛绒的灵活和光泽。

（二）开裆要正 否则影响皮形的规范，也降低皮张尺码。

（三）刮油要净 尤其颈部要刮净，否则影响皮张的延伸率或干燥后出现塌脖的缺陷。

（四）上楦要使用标准楦板 上规范的商品皮型。

（五）干燥的温、湿度适宜 最好采用吹风干燥，其他用热源干燥时温度和湿度均勿超高；否则，闷板而掉毛将严重降低皮张的质量。

（六）伤残痕迹

1. 刺脖 水貂生有很厚的毛绒，但它经常缩脖休息，显示怕冷，久而久之会造成脖处毛绒短矮次弱，底绒稀落黏乱。

2. 癞貂 由于小室湿，易引起皮肤病，导致体质衰弱，从毛皮表面上看，峰毛稀疏、枯燥无光，底绒黏乱，皮板表面有癞痂。

3. 油烧板 因水貂皮油性大，脂肪刮得不干净，使皮板受到油的侵蚀而造成烧板。

4. 贴板 鲜的皮板未能及时上楦晾干，而使皮板贴在一起者，在加工时贴板处会掉毛。

5. 流沙和掉毛 皮板受热或受闷，使针毛脱落者为流沙，毛绒整片脱落者为掉毛。

6. 拉沙 即毛峰磨损，轻者峰毛尖被擦秃，重者伤及绒毛，降低皮张等级。人工饲养的水貂由于小室出口狭小，有时会出现这种情况。

伤残痕迹影响毛皮质量的等级划分，而直接影响到养殖场的经济效益。

（七）正确的整理和包装 干燥好的皮张及时下楦、洗皮、整理和包装。洗皮不仅可除去毛绒上的尘埃污物，而且可明显增加美观度。整理包装时切勿折叠和乱放，保持皮张呈舒展状，勿用软袋类包装。

综上所述，影响毛皮质量的因素很多，人工养殖场必须采取选种、育种，加强饲养管理，创造适宜的环境条件和提高毛皮加工质量等综合性技术措施，来努力提高毛皮质量。

七、残次毛皮

（一）皮张僵挺 发生的原因有以下四点：

（1）刮油不彻底（特别是颈部的周围）。

（2）皮张插在风干机风嘴上的方式不对、风嘴管内部被异物堵塞、不正确的上楦阻碍了风的流动、下楦板过早或者鼓风机皮带松脱等因素影响，致使皮张干燥太慢。

（3）干燥间湿度太大。

（4）健壮的老公貂皮肤较硬，3 月末的种公貂皮也趋于僵挺，这可能是由于适时取皮期已过，不易刮净脂肪所致。

（二）自然伤残

1. 疹皮 皮板上有疹痕，重疹皮板患处有紫红色或灰黑色疹痕。毛面有伤痂或刚长出的短毛。

2. 疮皮 皮板上有生疮痕。轻疮皮皮板有皱纹形，也有牙印形，毛面无毛绒；重疮皮板呈凹凸形状或有较大的皱纹形状，毛绒脱落。

3. 缠结毛 轻者能梳开，不飞绒；重者毛绒基部大块缠结，梳后毛空疏，损伤针毛。视轻重和面积的大小斟酌定级。

4. 白毛 集中一处不超过 1 厘米^2，按乙级皮收购。有少数分散白针的不按缺陷论处。

5. 毛峰勾曲（勾针） 毛峰呈现勾曲形毛尖，勾曲较重者按等外皮处理。

6. 白底绒 底绒呈白色。白底绒的，按 50%或 50%以下论价；灰白底绒的降一级。

7. 缺针 摩擦毛针，形成一块缺毛峰的状态。根据磨折毛峰的面积大小酌情降级。

8. 秃裆 有尿湿症或笼舍潮湿，致使腹部、后裆部缺针毛，底绒也稀薄，超过 5 厘米^2 时，视其面积大小酌情定级。

9. 塌脖、塌脊 颈部毛绒短稀，呈出沟形；背脊部正中毛绒短稀，呈现凹陷。程度轻微的降一级。

10. 食毛伤 轻者将身上部分毛绒吃秃，重者将全身大部分毛绒吃秃，呈现一片片秃毛状。秃毛不超过 2 厘米^2 的按二级皮收购，超过的以质论价。

11. 夏毛 毛皮为一级皮质量，但眼、鼻周围稍带夏毛的，按二级皮收购。

（三）人为伤残

1. 刀伤破洞 如只有刀伤一处，破洞不超过 0.5 厘米^2 的，不以缺点论；超过 2 厘米^2，则根据破洞大小以质论价。

2. 开裆不正 开裆时下刀不正，皮形不完整（后裆割偏），要酌情降级。

3. 脱针飞绒 刮油时，刮破皮板或因受焖损伤，毛囊遭到破坏，有飞绒。根据轻重以质论价。

4. 缺尾、缺腿、缺鼻 无尾的降一级；断尾不超过 1/2 的，不以缺点论；缺腿的降一级；缺鼻的按皮形不完整处理。毛绒空疏，按等外的50%或30%处理。

(四) 非季节皮 除了冬皮（季节皮）以外都属于非季节皮。不同季节皮各有它的特点。

1. 早春皮 剥于配种期。毛色有所减退，灵活度降低，颈部皮板增厚并呈粉红色，应降一级，如毛绒品质或光泽很差，则降二级。

2. 晚春皮 剥于冬毛脱落夏毛生长时。绒毛黏乱干枯，颜色和光泽很差，全身出现浮绒和脱针，皮板厚硬，色深黑。一般按等外皮的10%计价，脱毛严重的按2%计价。

3. 夏毛 毛绒空疏，毛色暗而无光，皮板灰白，无油性，毛绒品质最低。按等外皮2%计价。

4. 初秋皮 冬毛开始生长，夏毛尚未完全脱落，背部皮板增厚呈暗黑色。毛皮品质低劣，一般按等外皮2%～10%论价。

5. 晚秋皮 毛绒已接近成熟，色泽与冬毛相似，仅背、臀部皮板呈暗灰色。按等外皮30%～50%计价。

第五节 水貂的副产品开发

水貂除了皮张珍贵外，取皮后的副产品也有很高的经济价值。

一、肉

水貂肉细嫩鲜美，营养价值高，自古以来就是滋补佳品。根据对其营养成分的测定结果显示，貂肉中蛋白质含量高，而且含有8种人类必需的氨基酸，其他氨基酸的含量与猪、牛、羊无差别，是滋补佳品。

二、脂　　肪

水貂每年屠宰取皮时，可获得大量的脂肪。一只公貂身上能取下 650～700 克脂肪（包括皮下脂肪和内脏周围的脂肪），占活体重的 35.3%左右；母貂身上能获得 300～350 克脂肪，占体重的 32.2%左右。

水貂的油脂浸透力很强，易乳化，含有多价不饱和脂肪酸。在常温下比较稳定，熔点低，无黏附性，无毒、无臭，没有刺激性。在高级化妆品中添加水貂的油脂，能够在皮肤或头发的表面上留下一层薄膜，不仅使皮肤柔软，而且可使头发具有光泽。因此，貂油是制作高级化妆品的上等原料。此外，它对皮肤病（湿疹、皮肤过敏等）的治疗及预防均有良好效果，特别是对干燥鳞状的皮肤炎效果更为明显。

三、貂心、貂肝、貂鞭

貂的肝重（包括胆囊）公貂 55.3 克，母貂 35.3 克，公、母貂心重分别为 12 克和 7.5 克。取皮 100 只貂，可获得 0.4～1.20 千克的貂心和 3.5～5.5 千克的貂肝。以貂心为主要配料以及其他中草药制成的利心丸，治疗风湿性心脏病和充血性心力衰竭疗效显著。貂肝治疗夜盲症具有良好的效果。

四、粪　　便

貂的粪便是高效优质有机肥料，并有一定的灭虫作用。用此粪便作基肥或追肥时，农作物可显著增产。用处理后貂粪代替部分精料喂猪，效果良好。鱼塘里施上貂粪，可提高水的肥力，增加饵料产量。

第九章　水貂疾病的防治措施

第一节　疾病的分类

根据疾病性质可把疾病分为以下三大类。

一、传 染 病

其传染病的病原包括病毒、细菌、立克次氏体、衣原体、支原体和真菌等微生物，其特点是：

（一）每一种传染病都由一种特定的微生物所引起　如犬瘟热是由犬瘟热病毒感染引起的，病毒性肠炎是由细小病毒感染引起的，巴氏杆菌病是由多杀性巴氏杆菌感染引起的。

（二）具有传染性和流行性　病原微生物能通过直接接触（舐、咬、交配等）、间接接触（空气、饮水、饲料、土壤等）、死物媒介（貂舍用具、污染的手术器械等）、活体媒介（节肢动物、啮齿动物、飞禽、人类等）从受感染的动物传给健康动物，并能引起同样的临床症状。当条件适宜时，在一定时间、某一范围内或某一地区水貂群被感染，致使大面积的传播和蔓延而形成流行。

（三）具有特征性的临床表现　多数传染病都具有该病特征性的综合症状及一定的潜伏期和病程经过。如水貂犬瘟热的眼、鼻变化及双相热型。

（四）能产生免疫生物学反应　这种反应是由于机体在病原微生物的抗原刺激下，机体发生免疫反应而产生抵抗该种病原的特异性抗体，人类可借此创造各种方法来进行传染病的诊断、治疗和预防。

（五）耐过水貂能获得特异性免疫 水貂耐过传染病后，一般均能产生特异性免疫，使机体在一定时期内或终生不再感染该种传染病。

二、寄生虫病

寄生虫主要包括原虫、蠕虫和节肢动物三大类。前两者多为体内寄生虫，后者绝大多数为体外寄生虫。寄生虫多有较长的发育期和较复杂的生活史，有的需要在一种，甚至几种中间宿主体内完成其发育，多数寄生虫都有其固定的终末宿主。它们可以通过直接接触（如疥螨）吞入含感染性虫卵、幼虫或卵囊等的土壤、饮水或饲料（例如球虫），或以蜱、虻等吸血昆虫作媒介（例如血液原虫）而传播。

三、普通病

主要包括内科、外科和产科疾病三类。

1. 内科疾病有消化、呼吸、泌尿、神经、皮肤等系统以及营养代谢、中毒、遗传、免疫、幼年动物疾病等，其病因和表现多种多样。

2. 外科疾病主要有外伤、四肢病、蹄病、眼病等。

3. 产科疾病可根据其发生时期，分为怀孕期疾病（流产、死胎等）、分娩期疾病（难产）、产后期疾病以及乳房疾病和新生仔貂疾病等。

上述分类不是绝对的，分类只是为了便于叙述和应用，并无严格的界限。有些原虫所致的疾病如球虫病、弓形虫病等，由于传播、流行和表现方式与传染病非常相似，有些学者也将其归入传染病。如水貂疥螨病，既是一种寄生虫病，又属于皮肤病。

第二节　疾病的诊断

常用的诊断技术包括基本诊断方法、一般检查方法和系统检查方法。

一、基本诊断方法

水貂疾病的基本诊断方法包括问诊、视诊、触诊、叩诊、嗅诊、特殊诊断，因为听诊和叩诊在水貂身上很难实施，所以在这里不作介绍。

（一）问诊　现场人员应全面掌握病貂的发病时间、发病数量、发病特点，发病的是老年动物多，还是幼年动物多；是公的多还是母的多；是体质健壮的多还是瘦弱的多；是集中还是散发；是急性还是慢性；疫苗免疫如何，都注射了何种疫苗，是否进行了定期免疫；治疗是否有效，采用什么方法治疗的，疗程多少天；饲料的质量如何，营养是否全价，是否突然更换饲料，种貂的质量如何，是否从外地新购进种貂，购进种貂后是否进行过详细观察，是否隔离饲养，购进的种貂是否注射过疫苗，进场后是否再次进行过疫苗注射。

（二）视诊　视诊是用肉眼直接观察患病水貂的整体状况或局部变化，以发现病变的部位、性质及大小等的临床检查方法。应观察水貂的精神面貌、营养状况、被毛体表等方面，主要内容包括以下几个方面。

1. 整体状态　主要观察体格大小、发育程度、营养状况及体质的强弱等。

2. 精神状态　健康水貂，活泼好动，两眼炯炯有神；当检查者用声音刺激（如击掌、叫喊）时，健康动物立即表现出竖耳或耳壳转动；患病水貂，则表现出双眼无神或半睁半闭，嗜眠喜卧，对声音或光刺激反应迟钝，甚至没有反应。精神异常的另一种表现是兴奋不安、无目的地走动、冲撞、转圈、乱咬东西或出现反常的攻击行为。

3. 体表变化 主要检查皮毛、皮肤和黏膜的颜色及特征；体表的创伤、溃疡及肿物等病变的大小、位置、形状及特点；有无疥癣、外寄生虫感染等。

4. 检查口腔、鼻腔、咽喉和阴道等 注意观察其黏膜的颜色及完整性情况，并确定其分泌物、渗出物的数量、性质及其混有物。

（三）触诊 利用手触摸病貂身体的各部分组织和器官，从中发现其异常变化，即为触诊。对水貂的触诊必须在人工捕捉后方能进行，在发病期，捕捉将增加紧张度，使病情加剧，因此要求具有丰富临床经验的工作者快而准确地掌握其触诊要点。

1. 体表触诊 通过触诊，检查病貂体表状态。如皮肤表面的温度、湿度，皮肤及皮下组织的质地、弹性、硬度；表在淋巴结及局部病变的位置、大小、形状、硬度和疼痛反应；表在动脉的频率、性状及节律；心脏搏动的强度、频率及节律；肌肉、骨及关节的异常变化等。

2. 深部触诊 通过触诊，检查病貂深部某些组织、器官，感知其病理变化。本法主要用于检查内脏器官。对软腹部进行触诊，可感知腹腔状态（如腹水），胃及肠道内容物的性状，肝、脾脏边缘的硬度，膀胱内结石的大小、子宫妊娠情况等。

3. 间接触诊 是借助器械（探管或探针）进行触诊，如检查食管等某些管腔。

（四）嗅诊 利用嗅觉辨别患病貂的排泄物、分泌物、呼出气体及口腔气味，以此判断疾病的性质，即为嗅诊。如阴道分泌物的化脓、腐败臭味，可见子宫蓄脓症或胎衣滞留等；犬瘟热病貂发生化脓性结膜炎和鼻炎，可发出特殊的臭味。

（五）特殊诊断方法 包括直肠检查法、食道探子插入法、导尿管插入法、心电图描记法、X射线检查与摄影、超声波探测法、血压测定法、穿刺法、内窥镜检查法及血常规、血液生化检测法等。

二、一般检查方法

（一）体温检查 根据体温变化可以确定疾病性质、程度及判断预后，也就是说，测体温是水貂在检疫和临床诊断时必不可少的检查项目，通常用体温计测直肠温度。一般将体温计插入肛门 3～5 厘米，保留 3～5 分钟即可。水貂体温正常变动范围为 39.4～41.1℃。

体温超过正常生理范围，即为发热。在发热期间伴有热征出现，临床上可见到精神不振、委顿或沉郁，鼻镜干燥，食欲减少或拒食，被毛逆立，脉搏及呼吸数加快，呼出气体及体表有热感，粪干尿黄。临床上根据发热程度又分为微热、中热、高热和最高热。

体温过低是比较少见的现象，但临床上可以见到，其在诊断、愈后上均有重要意义。比正常体温低 1.5～2℃，是虚脱的征兆。

（二）呼吸数测定 通常以胸廓和腹部的起伏运动进行计数，冬季也可以呼出气流次数计算。水貂每分钟的呼吸数为 40～70 次。

呼吸不稳定，常与年龄、性别、体质、营养、妊娠、气候及运动有关。呼吸数增加，常见于热性病、呼吸器官疾病、贫血、某些中毒病等；呼吸数减少，常见于脑炎、脑积水、产后瘫痪、呼吸道狭窄和尿毒症等。

（三）脉搏次数检测 通过检测脉搏次数可以了解心脏活动及血液循环状态，对水貂疾病诊断具有重要意义。临床上常用触诊方法检测脉搏频率。脉搏微弱用手感觉不到时可用听诊器听诊心音频率而计数。检查脉搏的部位有股动脉或桡动脉。脉搏数常因水貂种类、性别、年龄、品种、神经、体质及采食、运动、兴奋、妊娠、气候、疾病等而变动。水貂每分钟脉搏数为 90～120 次。

脉搏数超出或低于正常范围都可视为疾病的反映。脉搏数增加，常见于热性病（炭疽、腹膜炎）、心力衰竭（心肌炎、心内膜炎、心包炎）、呼吸器官疾病、贫血、失血、疼痛性疾病等。脉搏数减少，常见于中毒、脑水肿、脑瘤等，并且大多预后不良。

（四）可视黏膜的检查 可视黏膜包括眼结膜、鼻黏膜、口腔黏膜、肛门黏膜及阴道黏膜等。临床上主要观察眼结膜的颜色，正常可视黏膜为粉红色。如可视黏膜苍白，是贫血的特征，主要见于结核、阿留申病、大失血、肝胆破裂等；可视黏膜潮红，是充血和出血的征兆，常见于局部炎症或各种热性病及某些器官、系统的广泛性炎症过程；可视黏膜黄染常见于肝炎、胆结石、黄脂肪病、钩端螺旋体病、二氧化碳中毒等；可视黏膜发绀常见于心脏疾患、血管运动中枢麻痹、某些中毒病及传染病、各种肺炎、胸膜炎、胃肠臌气等；黏膜肿胀是黏膜或黏膜下浆液性浸润的结果，犬瘟热患貂常在眼结膜、鼻黏膜及肛门黏膜发生肿胀，出现浆液性或化脓性结膜炎。

（五）淋巴结检查 淋巴结检查主要采用视诊或触诊的方法。水貂的淋巴结比较小，且位于组织深部，不易摸到。触摸淋巴结时，要特别注意淋巴结的位置、大小、形状、硬度、温热感、敏感性及活动性。淋巴结的病理变化主要表现为炎性肿胀、化脓及增生变化。

三、系统检查方法

（一）消化系统检查

1. 食欲及饮欲观察 应注意观察动物的采食量、饮水量以及速度，特别注意咀嚼、吞咽等情况。食欲减退，多见于消化不良、胃肠炎、热性病及肝病等；食欲废绝，多见于胃扩张及各种重剧疾病；出现异食癖，多见于佝偻病、维生素或矿物质缺乏症等；食欲亢进，多见于肠道寄生虫患病动物；采食、咀嚼困难，多见于口腔及牙齿疾病；吞咽困难，见于咽炎及食道梗塞等；中毒性疾病，有些水貂呈现呕吐现象；饮欲增加，多见于热性病、代谢性疾病和腹泻等；饮水量减少，见于疝痛或中枢神经系统疾病；饮欲废绝，见于严重脑病或重病后期。

2. 口腔及食道检查

（1）口腔检查　保定好动物后，用开口器打开动物口腔，观察唇颊黏膜、齿龈、牙齿等有无异常，同时检查口腔内的温度和湿度。口腔闭合不全或不能闭口，见于舌撕裂、狂犬病、颌骨骨折等；口腔温度升高，见于热性病、口炎、唇炎、胃肠炎等；口腔温度降低，见于虚脱病或是濒死前症状；口腔干燥，多见于热性病和严重腹泻；口腔湿润或口中流涎，多见于口炎、食道梗塞、中毒病及某些传染病。

（2）食道、咽部检查　检查时多采用视诊、触诊或 X 射线及探诊方法。动物保定后，用手摸咽部及食道外部，若动物疼痛反抗，多提示食道炎、咽炎等。

3. 腹部检查　多采用视诊、触诊和听诊结合进行检查，必要时可用腹部穿刺法检查其内容物；腹壁局部肿胀或突出，见于腹部皮下水肿及血肿等；腹壁缩小，见于营养不良、慢性胃肠疾病、阿留申病、结核病等；腹壁紧张，触诊敏感、疼痛，见于腹膜炎；肠音高亢、蠕动次数增多，多见于腹泻、中毒病、痉挛疝、饮大量冷水或受凉等。

4. 排粪姿势及粪便性状检查　排粪姿势异常主要表现为大便干燥或便秘，见于胃积食、肠阻塞、热性病等；腹泻或下痢见于肠炎、副伤寒、肠结核及副结核等；失禁自痢见于荐部脊髓损伤、脑部疾病、顽固性腹泻等。粪便性状检查应注意其数量、硬度、开头颜色、气味及其混杂物，如黏液、脓汁及血液、伪膜等。此外，还应注意寄生虫及其节片和虫卵的显微镜检查。

（二）呼吸系统检查

1. 呼吸类型的观察　一般情况下，健康水貂的呼吸类型属胸腹式呼吸（混合型呼吸）。当发生疾病时，则有胸式呼吸或腹式呼吸之分。胸式呼吸，见于膈肌病、腹膜炎、腹水等；腹式呼吸，见于气胸、胸膜炎、肋损伤等。

2. 鼻及鼻液的观察　水貂的鼻端稍显湿润、较凉，如果鼻镜发干、温热，多见于热性病。健康动物一般无鼻液或仅有少量浆性鼻液。

病理性鼻液有以下三种：

（1）浆液性鼻液，无色透明，稀薄如水，见于感冒、鼻炎、气管炎及支气管肺炎初期。

（2）黏液性鼻液，鼻液黏稠、不透明、呈灰白色，见于鼻炎、气管炎中后期。

（3）脓性鼻液，鼻液黏稠，呈黄白色或黄绿色，见于犬瘟热等。另外，鼻液，混有血丝、血块时，常见于上呼吸道损伤、鼻疽、炭疽等；鼻液铁锈色，为大叶性肺炎；鼻液混有饲料残渣，多为咽炎、食道梗塞。

3. 喉及气管的检查　触诊喉部，若肿胀、疼痛，见于咽喉炎。用手指压迫第一、二气管环，以诱发患病动物咳嗽，借以判断疾病：强咳，见于气管炎、喉头炎等；弱咳，见于胸膜炎、肺炎等；干咳，见于慢性支气管炎、胸膜肺炎等；湿咳，见于支气管炎的中后期。

4. 胸廓及肺的检查　触诊胸壁，若疼痛反抗，见于胸膜炎。肺部叩诊区扩大，见于急性肺泡气肿或气胸肺部叩诊区缩小，见于急性胃扩张、肠臌气、腹腔大量积液；肺泡呼吸音减弱或消失，常见于肺小叶实质性病变、胸腔积水或气胸等；干性音，常见于慢性肺结核等；湿性音，常见于异物性肺炎、肺脓肿、肺坏疽、肺结核等；捻发音，常见于大叶性肺炎、肺水肿等；拍水管音，常见于渗出性胸膜炎、胸水及脓气胸等；摩擦音，常见于纤维性胸膜炎、大叶性肺炎、肺结核等。

（三）循环系统检查 主要听诊心音。根据心音的频率、强度、性质、杂音及节律来判定心脏的病理变化。病理性杂音有：心音增强，常见于某些心脏病初期、剧烈性疾病、发热性疾病初期、轻度贫血或失血等；心音减弱，常见于渗出性心包炎、渗出性胸膜炎、胸腔积水等。心脏杂音、心脏瓣膜疾病，可听到收缩期和舒张期杂音；心肌炎、心肌变性及心力衰竭，可听到心音混浊或模糊不清：心律不齐及心动过速，常见于心脏机能障碍及重度疾病后期；复杂的心律不齐可用心电图描记法分析。

（四）泌尿、生殖系统检查 主要包括排尿姿势观察、肾脏检查、膀胱及尿道检查、外生殖器官检查。

1. 排尿观察 主要观察水貂的排尿次数、尿量、颜色及疼痛性等。如排尿次数、排尿量增加，见于慢性肾炎；尿频而排尿量不增加，见于膀胱炎、尿道炎；排尿次数及排尿量均减少，见于脱水、高热病；排尿失禁，见于脊髓挫伤、膀胱括约肌松弛；尿液排不出，见于膀胱结石；排尿姿势改变、有痛感，见于尿道结石、尿道炎等；尿液颜色变深而浓稠，见于高热病、剧烈腹泻等。

2. 肾脏检查 水貂可进行腹侧部触诊。如肾区敏感，见于急性肾炎、化脓性肾炎；如触诊肾区有波动感，见于肾积水或肾盂肾炎；如肾脏体积增大，见于急性肾炎或肾水肿；如肾脏体积缩小，见于间质性肾炎、慢性阿留申病。

3. 膀胱及尿道检查 采用外部触诊，完全可以触及水貂的膀胱。当膀胱麻痹或尿道结石时，膀胱充满尿液，触之有波动感；患膀胱炎时，触之敏感性增高，有压痛反应；严重尿结石时，可触摸到结石块。尿道检查，可用外部触诊或用导尿管探诊。尿道的病理状态，最常见的是尿道炎、尿道结石、尿道损伤、尿道狭窄和尿道被脓块、血块或渗出物阻塞。

4. 外生殖器官检查　雄性水貂应注意阴囊、睾丸及阴茎检查。如阴囊肿大，局部有热痛反应，睾丸实质肿胀、硬固，则为睾丸炎或睾丸周围炎；如单侧阴囊肿大，触之柔软，听诊有肠音，见于阴囊疝，阴茎脱垂见于神经麻痹或意识障碍；同时注意阴茎外伤及肿瘤。雌性水貂应注意阴道黏膜、分泌物及乳房的检查。如阴道分泌物增加，见于阴道炎及子宫炎；化脓性子宫炎及胎衣停滞，常从阴道流出恶臭的脓性分泌物；阴道黏膜红肿，甚至溃疡，见于阴道炎；外阴道有脱垂的阴道和子宫，则是阴道脱或子宫脱；乳房潮红、肿胀、硬固、灼热而敏感，则是乳房炎；乳汁含有血液、脓汁，多为细菌性乳房炎。

（五）神经系统检查

1. 中枢神经机能检查　主要注意观察水貂的精神状态及行为表现。如精神兴奋，见于脑出血、脑膜炎、日射病、热射病、中毒病等；如精神沉郁、嗜睡、昏迷，见于多种热性病、脑水肿、脑损伤、多头蚴病、产后瘫痪、低血糖中毒及肝脏疾病等。

2. 运动机能检查　主要检查肌肉的紧张状态、运动的协调性、运动麻痹及不随意运动等。如肌肉的张力减退，见于末梢神经麻痹、小脑疾病等；肌肉的张力亢进，见于重度传染病、某些中毒病、难产及部分营养代谢病；肌肉呈现强直性收缩，见于破伤风、中毒病、癫痫、脑炎等。

四、病理解剖学诊断

在缺乏实验室诊断的情况下，现场往往就是通过临床症状和尸体剖检进行初步定性的。尸体解剖检查首先要保证动物尸体新鲜，最好死后立即剖检，如放置过久，特别是在夏季尸体放久就会发生腐败，而影响其真实病变。在解剖时，还应特别注意选好合适的地点，防止污染，解剖后要进行深埋、焚烧、消毒等彻底处理，以免发生传染扩散。

（一）剖检 剖检时，要做好各种记录，如貂的种类、编号、性别、年龄、死亡时间、临床诊断、剖检时间以及各个器官的病理变化等。

剖检的顺序是：

1. 进行外检。检查尸体营养状况，消瘦可能是慢性疾病；营养良好、肥度适中，多见于急性病；口腔、鼻孔、肛门等天然孔出血，可能怀疑是炭疽病；皮肤发炎、增厚、有结节，可能是犬瘟热；因窒息死亡的水貂肌肉呈暗红色，肌肉变性时呈苍白色，无光泽。因败血型传染病或中毒死亡的，可见肌肉上有斑状或点状瘀血出血点。

2. 腹腔检查。将腹腔打开，若腹腔内有积水，多因慢性肾炎和黄脂肪和钩端螺旋体病引起；如化学药物中毒，常嗅到一些特殊气味；腹腔内有出血是中毒和传染病的表现；腹腔内有粪渣多是胃肠破裂。腹腔内下列脏器也要逐一检查：

（1）脾脏 观察其大小、颜色，有无出血、梗死、坏死及结节。一般细菌传染则脾脏增大 2～3 倍或更大些。

（2）肝脏 检查有无肿胀、出血、结节、坏死，颜色是否正常。肝脏疾病常使肝脏黄染。急性传染病和中毒性疾病导致肝柔软、肿大，实质脆弱，切面外翻不平整，肝小叶模糊不清。

（3）肾脏 注意其色泽、质度、大小、表面有无出血，注意肾脏被膜的紧张和剥离程度，如肾表面凹凸不平，呈淡黄色多是慢性阿留申病。

（4）胃肠 看胃黏膜是否完整，有无出血，黏膜有无肿胀，内容物的数量、气味，有无寄生虫、异物等；检查肠先注意其外观的病变，肠系膜淋巴结的大小、色泽、出血等变化，再切开肠管，注意肠黏膜有无出血、肿胀，肠壁的厚度，内容物的色泽、性状。如是肠道传染病、副伤寒、大肠杆菌病、病毒性肠炎等，则胃肠黏膜出血，肠壁变薄。

（5）膀胱　重点观察其充盈度、尿液的颜色，查尿液蓄积情况，黏膜有无出血。如尿结石，可发现膀胱内有米粒大或豆大的结石颗粒。

3. 胸腔检查。主要检查心脏和肺。

（1）检查心脏　先观察心外膜、冠状沟、心脏纵沟、冠状脂肪、心耳等有无出血。心肌是否弛缓，切开时观察心内膜有无出血，心室是否扩张。心肌表现为煮肉色，是某些传染病或中毒症状。

（2）检查肺　先注意胸腔液的数量、性质、色泽、气味、胸膜有无粘连，注意肺的颜色、出血性质及程度，表面有无结节，切开气管和支气管，看其表面有无炎症。如有胸水，多是心脏或肾脏机能发生问题。肺脏检查可将肺切开，用病变部分做浮游试验。气肿肺漂于水面，正常肺半沉入水中；水肿肺或瘀血肺在水下或沉入水中；肺炎肺或无气肿肺沉入水底。

4. 对临床上神经症状较突出的病例，打开颅腔，检查脑膜有无充血、瘀血或出血，脑室内有无积水。

（二）病料送检及注意事项　水貂的很多疾病在临床上都难以确诊，因此，最后定性还需要进行实验室诊断，这就涉及如何采集病料、保存及送检。如果发病时能及时和科研院所联系，让专业人员采样当然更好，但有时受条件所限；当水貂发生疑似传染病，用抗生素等治疗无效或作用不明显时，应立即采集病料送检诊断定性。

1. 直接送检完整的尸体　如果是短途送检，将已死亡或处于濒死期的水貂装到纸箱中，内放置用塑料袋封好的冰块，再将箱封严送检，时间不要超过 12 小时，若为长途送检，必须对新死亡的尸体预冻，然后装在保温箱中，再冰镇后送检。

2. 采集病料送检　一般情况下应全面采集，但必须在水貂死后立即采集或迫杀濒死期水貂采集病料。采集病料使用的剪子、镊子及刀等必须经消毒处理。盛病料的器具可用灭菌的三角烧瓶或一次性方便袋均可。

（1）实质性脏器　肝脏、肺脏、脾脏、心脏、肾脏、淋巴结等，最好采集整个脏器。

（2）肠管　选择病变明显的一段肠管两端用线绳结扎后放容器中送检。

（3）流产胎儿　将整个胎儿放塑料袋中送检。

（4）血液　静脉或趾爪采血 2～3 毫升，用试管收集全血，加塞盖严后送检。

（5）脑组织　开颅后取出大脑和小脑，纵切两半，一半放 50％甘油生理盐水瓶中供微生物检验用，另一半放 10％的戊二醛溶液内供组织学检查和电镜检查用。

（6）皮肤　用锋利的外科刀刮取病变部皮肤组织放容器中送检。

3. 保存病料　一般要求供细菌学检查的脏器病料放 30％的甘油生理盐水中保存，供病毒检查的材料放 50％的甘油生理盐水中保存，供组织学和电镜检查的病料放 10％的戊二醛溶液中保存。

但对很多养殖户或养殖场，都不容易达到要求。因此，通常要求将新鲜病料采集后放容器或一次性方便袋中，封严后放入保温瓶或保温箱中，内加足量的冰块后立即送检，如途中不超过 24 小时，一般对检验结果无影响。

如送检多个水貂病料，不要将同类脏器放一块，一定要每个脏器分别用单独的容器或方便袋装置，并要标明水貂号，以免混淆。

以甘油生理盐水或戊二醛保存的病料常温下送检即可。

禁止送检死亡过久或腐败变质的病料，这种病料对诊断毫无意义，并且拖延了诊断时间，对疾病的及时有效控制极为不利。

要求送检人员对水貂的整个发病情况应十分了解或有翔实的记录，最好是现场技术人员亲自送检，这样能提供水貂发病过程的全部信息，这对实验室诊断工作者来说是十分必要的，可有目的地进行检验，既节省时间，结果又可靠。

五、微生物学诊断

主要包括以下方法：

（一）显微镜检查 主要用于对细菌、寄生虫引起的疾病检查，但对大多数疾病来说，仅供参考依据。

（二）分离培养 从待检的病料中分离病原体，进行形态学、培养特性、生化特性等检查，并结合镜检、血清学检查及动物试验等作出鉴定。

（三）动物试验 根据对敏感实验动物的致病性、症状、病理变化等作出诊断。动物接种试验应按微生物分离鉴定的要求取材，用灭菌生理盐水或灭菌蒸馏水制成1∶10悬液，然后选择适当的途径接种于易感动物如小鼠、家兔、豚鼠等，必要时也可采用同种动物。如果是检查病毒时，可在病料悬液中，按每毫升加入青霉素、链霉素各500～1 000单位，置冰箱中作用1～4小时，以抑制病料中的杂菌，然后接种易感动物。也可将病料悬液经细菌滤器滤过取其滤液接种。接种后的动物应仔细观察病理过程，隔离饲养，设对照组。实验动物死亡后或经过一定时间扑杀，立即进行病理学检查、镜检和分离培养检查。

六、免疫学诊断

免疫学诊断是特异快速的实验室诊断技术，常用的方法有凝集试验、沉淀试验、补体结合试验、荧光抗体试验、琼脂扩散及变态反应试验。随着分子生物学技术的发展，基因诊断技术也被应用到毛皮动物疾病诊断当中。

第三节　疾病的综合防制措施

水貂对疾病的抵抗能力较强，只要饲养合理、管理得当、卫生等条件较好，则会减少疾病发生。但由于家养貂群的迅速扩大，人为提供的条件不一，目前也有不少疾病感染或发生。按照水貂的特点及疾病发生流行的规律，从水貂生产的实际状况出发，在加强饲养管理、注意兽医卫生监督的基础上，切实做好水貂的检疫、免疫预防接种、消毒、杀虫灭鼠等常规性的工作，采取综合性防治措施，以达到防止疾病发生、流行的目的。

一、把好饲养关

调整饲料营养，添加足够量的维生素和微量元素，并保证饲料品质，防止营养缺乏病、寄生虫病或中毒病的发生。

动物性饲料不得来源于传染病区，特别要注意对炭疽、布鲁氏菌病、李氏杆菌病、钩端螺旋体病和犬瘟热等进行检查；剔除有毒的、腐败的部分，并将饲喂、加工后剩余的饲料冷藏保存，并在当天或隔日用完，而食盆中的剩料应弃之不用。脂肪含量高的动物性饲料应进行酸度、过氧化物值、醛含量等检查，以防水貂发生黄脂肪病。牛、羊、猪胚胎不能生喂，以防止布鲁氏菌感染。鱼的头、骨架和内脏等用作饲料时，应经高压煮熟后饲喂。

植物性饲料同样需要进行兽医卫生检查和监督，剔除霉烂的部分，清除杂质、异物，挑出霉变的，以防引起中毒。

饮水要符合卫生标准，以免引起胃肠疾病的发生。

二、加强兽医管理制度，做好卫生消毒工作

(1) 经常对饲料加工及饲喂用具消毒，用清水冲洗干净，然后用5%碳酸钠溶液浸泡30分钟，然后用清水洗净。

(2) 毛皮动物场内不准随意参观，非生产人员严禁入内。生产区门口应设有消毒槽，以便进行鞋底消毒。每年在配种前、产仔前和取皮后，进行3次全场性预防消毒。

(3) 死尸和剖检场地的消毒。死亡的动物尸体应在专用的室内剖检，剖检后在焚尸炉内焚烧处理。剖检场地和用具每次使用后，应彻底清扫消毒，污物用柴油焚烧深埋，场地彻底喷洒消毒。

(4) 严防猫、犬等动物进入饲养场。在场内饲养的护卫犬必须严格检疫并进行防疫。

(5) 定期检疫。如水貂阿留申病，每年应做两次免病电泳试验，一次在选定种用动物时，一次在配种前。将阳性患病动物隔离饲养，到打皮期淘汰，只有双亲都呈阴性的幼貂才能作种用，引进种用动物时应长期隔离观察，阴性者方可合群。

三、把好引种关

不要在传染病疫区引种，对新调入场的毛皮动物应隔离观察2周以上，观察体温、精神状态、粪便、饮食情况是否正常；特别要检查布鲁氏菌病、水貂阿留申病，确认阴性后方可进入饲养场或进行配种。

四、做好免疫、预防工作

(一) 预防接种 是在健康水貂群中为防止某些传染病的发

生，定期有计划地给健康动物进行的免疫接种。预防接种通常采用疫苗、类毒素等生物制剂，使水貂自动产生免疫力。免疫后的水貂可获得数月至一年以上的免疫力。各养殖场根据本场水貂群往年发病情况及周围疫情，制订本年度的防疫计划。一些危害较大的传染病如犬瘟热、病毒性肠炎、巴氏杆菌病等都应年年进行免疫。此外，还有临时性预防接种，例如调进调出水貂时，为避免运输途中或到达目的地后暴发流行某些传染病，可进行免疫预防。下面着重介绍一下疫苗的使用：

1. 水貂常用疫苗在运输和保存时的注意事项 目前我国水貂常用疫苗包括以下几种：犬瘟热疫苗、细小病毒肠炎疫苗、水貂绿脓杆菌疫苗、水貂巴氏杆菌疫苗等。这些疫苗当中，有的是湿冻苗，有的是普通温度保存苗。对湿冻疫苗，运输时必须有保温装置，严格封闭后运输，运输过程中严禁打盖检查等。运输时间夏季不能超过 48 小时，冬季不能超过 72 小时。到达运输地点后，立即将疫苗取出放冷库或冰柜中贮藏，温度最好在－15℃以下；对普通温度保存苗可在常温下运输，途中在夏季最好不超过15 天，如在 25℃以上温度运输，最好也将疫苗放在保温箱中，内加冰块，在较低温度下运输，到达运输地点后，放 2～8℃或4～10℃冰箱中保存或包装封闭好放在干燥、避光、清洁的地方保存。

2. 给水貂接种疫苗预防免疫时的注意事项 对湿冻疫苗事先用冷水令其快速融化，如水貂犬瘟热疫苗。注射器与针头煮沸消毒，一只水貂一个针头，注射部位最好先用 2％的碘酊擦拭，再以 75％的酒精棉球脱碘。大群注射时，也可直接以酒精棉球消毒，注射前必须将疫苗充分振荡均匀，并要仔细检查疫苗瓶有无裂缝、瓶盖是否松动、性状是否有所改变，凡确定有异常的都不能使用或与疫苗生产者联系征求意见。不论是湿冻苗还是常温保存的苗，每瓶启用后应一次用完。

注射前详细阅读说明书，严格按说明操作。某些疫苗注射后水貂可能发生暂时性的微热反应及食欲减退、精神不振等，属正常反应。个别水貂（1%～2%）可能出现呕吐、肌肉震颤等过敏反应，应及时用肾上腺素或地塞米松抢救。

3. 联合疫苗（联苗）和单苗比较 联苗具备一针多能的优点，省时省力，减少对水貂的捕捉次数，降低应激反应。但从免疫效果看，联苗不如单苗可靠，联苗要想达到每个单苗的免疫效力较困难，这不仅是由于制造时联苗中的每种单苗的浓度问题，而且从理论上讲，特别是病毒联苗，还存在着较突出的抗原竞争和免疫干扰现象。通常认为，机体对一种抗原（也称疫苗）的反应较强，产生抗体多，对另种抗原的免疫反应可能就会受到某种程度的抑制。

4. 用常规疫苗免疫失败的原因 在我国各地饲养的水貂，虽然人们每年都按常规接种疫苗，但某些传染病几乎每年在全国范围内都有散发，分析和总结有以下原因：

（1）疫苗效价低，免疫后不能产生有效保护，这是疫苗生产者在检验时不能严把质量关所致。

（2）疫苗在运输和保存过程中出现问题，如湿冻苗在运输时保温不好、封闭不严或在贮存时温度偏高都能造成效价折损。

（3）免疫剂量不足，如没有详细阅读说明书或记错免疫剂量，注射时急于操作看错针管刻度或漏注。

（4）免疫程序不当，没有按疫苗的免疫程序去做，疫苗免疫注射过早或过晚。

（5）疫苗融化后放置时间过长，特别湿冻的病毒疫苗融化后必须在6小时内注射完，如在夏季，融化后长时间放置，病毒将失活，造成免疫失败。

（6）同步接种产生的后果，这主要发生在夏季，有些养水貂场或户，对仔貂同步接种，结果早生下来的水貂已断乳超过15天以上，甚至达到25～30天，此时可能已潜伏感染，即使接种疫苗也会出现疫病。

（7）疫苗接种过早，指的是在断乳后15天内接种疫苗，由于母源抗体的干扰，接种疫苗后，母源抗体中和了疫苗部分抗原，其实质相当于免疫剂量不足而导致免疫失败。

（二）药物预防和驱虫 药物预防也是预防和控制疫病的有效措施之一，如使用一些高效的抗菌药物可以有效地预防巴氏杆菌病、大肠杆菌病等细菌性传染病。许多国家已通过使用药物饲料添加剂或其他化学与生物物质添加剂来预防某些特定传染病和寄生虫病的发生与流行，而且还可获得增重和增产的效果。目前常用的药物添加剂有杆菌肽、金霉素、红霉素、林可霉素、新霉素、新生霉素、制霉菌素、竹桃霉素、土霉素、青霉素、泰乐霉素和黄霉素、胺苯亚胂酸和卡巴胂等。在使用药物添加剂作动物群体预防时，应严格掌握药物剂量、使用时间和方法。

对于寄生虫病，一定要定期预防性驱虫，一般在春、秋各进行一次驱虫。

五、发生疾病时做好隔离、消毒和治疗工作

（一）隔离与封锁

1. 隔离 当水貂场发生疫病时，将患病水貂、可疑水貂和健康水貂隔离饲养，以便清除传染源，切断传播途径。对于临床症状明显的水貂，应在彻底消毒情况下移入隔离区，这类水貂是最危险的传染源。对这些水貂要有专人饲养，严加护理和治疗，不许越出隔离场所。对于可疑水貂（指无临床症状，但与病水貂或其污染的环境有过明显接触的水貂），应在消毒后另地看管，认真观察。这类水貂可能处于潜伏期，出现症状的则按病水貂处理。此期间可采取免疫接种或药物治疗，1～2 周后不发病者，可取消其限制。对于假定健康群，应与前两者分开饲养，同时立即进行紧急接种。

2. 封锁 当暴发某些传染病时，除严格隔离患病水貂外，

还应划区封锁。采取“早、快、严、小”的原则，亦即执行封锁应在流行早期，行动要果断迅速，封锁要严密，范围不宜过大。①在封锁区边缘设立明显标志，禁止易感动物通过封锁线。在必要的交通口设立检疫消毒站，对必需进出的车辆、人和非易感动物进行消毒。②在封锁区内做好以下工作。对病水貂进行治疗、扑杀等处理；彻底消毒污染的饲料、场地、笼舍、用具及粪便等；病死的尸体应深埋、焚烧；禁止从疫区输出动物和物品；对疫区和受威胁区内易感动物及时做预防接种，建立防疫带；在最后一只病水貂痊愈、急宰和扑杀后，经过一定封锁期，再无疫病发生时，经全面的终末消毒后解除封锁。

（二）消毒 消毒的目的是消灭被传染源散布于外界环境中的病原体，切断传播途径，阻止疫病继续蔓延，是综合性防疫措施中的重要一环。常用以下消毒方法：

1. 化学消毒 貂场通常使用下列常用化学消毒剂：地面消毒以生石灰最佳，持续时间长，效果可靠。场地临时消毒也可使用3%～5%石炭酸，5%～10%煤酚皂；饮食器具消毒选用0.1%高锰酸钾；笼子、产箱消毒选用2%～4%氢氧化钠或1%～2%碳酸钠；貂笼消毒选用百毒杀喷雾效果较好。貂场饲养人员及器具消毒选用0.1%新洁尔灭；貂外伤感染处理常使用3%过氧化氢（又名双氧水）；手术消毒如剖腹产等常使用0.1%新洁尔灭、75%酒精、2%碘酊；阴道炎和子宫内膜炎冲洗时，常用0.1%高锰酸钾、0.05%新洁尔灭。

2. 物理消毒 貂场常用物理消毒方法有：

（1）紫外线消毒 如利用更衣室的紫外灯照射工作服，将垫草放强光下晾晒等。

（2）煮沸消毒 如食盒，饮具，饲养人员的衣服、手套等都可使用煮沸的方法消毒。

（3）火焰消毒 如用酒精、汽油喷灯或煤气火焰对笼舍进行消毒，尸体焚烧也属于火焰消毒范畴。

（4）机械性清除　如清扫粪便、洗刷、通风等。

（三）紧急接种　紧急接种是为了迅速扑灭疫病的流行而对尚未发病的水貂群进行的临时性免疫接种。紧急接种是在已确定感染病原基础上用疫苗进行特异免疫，在机体产生特异抗体后，即能清除和中和病原，一般疫苗于接种后5～7天即能产生抗体，其体内抗体浓度逐渐上升，当其抗体水平达到一定高度时，即可形成免疫保护。通常在紧急接种10～15天后，新病例不再出现，流行停止。如为灭活疫苗，不仅能保护健康水貂，对病水貂也有一定程度的保护，如病毒性肠炎疫苗、巴氏杆菌疫苗等；如为弱毒活疫苗，则仅能保护健康水貂，对有症状水貂或已带毒但未出现症状的潜伏期感染水貂则促进症状加重或出现症状，这是活疫苗紧急接种时必然出现的结果，属于正常反应。但总体上还是保护了大多数健康水貂。如水貂发生犬瘟热或病毒性肠炎时，用化学药物无法控制，必须进行紧急接种，否则流行程度将逐渐上升，最后出现无法控制的局面。

（四）治疗　养貂场发生疫情后，应采取适当的治疗方法。一般情况下，一些细菌性疾病、寄生虫病可通过有效的药物治愈。病毒性疾病无特效药，发病时用药主要是防止患病动物的继发感染。是否对患病动物进行药物治疗还要取决于其经济价值，若经济价值不大，则无治疗价值。

1. 治疗水貂消化系统疾病常用药物

（1）抗菌消炎药　如庆大霉素、卡那霉素、黄连素、诺氟沙星、环丙沙星、磺胺类药物等。

（2）助消化药　如维生素B_1、乳酶生、胃蛋白酶、人工盐等。

（3）收敛止泻药　如药用炭、鞣酸蛋白、次硝酸铋等。

（4）消化道止血药　如止血敏、仙鹤草素、维生素K_3等。

（5）制酵药　如鱼石脂、大蒜酊。

（6）消沫药　如松节油、植物油。

（7）止吐药　如胃复安、胃得灵、呕必停等。

（8）驱虫药　如伊维菌素、左旋咪唑、驱蛔灵、肠虫清及阿维菌素等。

2. 治疗水貂呼吸系统疾病常用药物　青霉素、红霉素、庆大霉素、氨苄青霉素、麦迪霉素、乳酸环丙沙星、氧氟沙星、磺胺嘧啶、板蓝根、大青叶等。

3. 治疗水貂泌尿系统疾病常用药物　青霉素、庆大霉素、阿莫西林、诺氟沙星、环丙沙星、小诺霉素等。

特异性治疗指水貂发生传染病时，使用与该病原相对应的抗血清治疗。这种抗血清通常都是用异种动物如犬、羊等高度免疫制备成的，给水貂注射后，能与病原直接中和达到治疗目的。

第十章　水貂的主要传染病

第一节　病毒性传染病

一、水貂犬瘟热

水貂犬瘟热也称貂瘟热，是由副黏病毒科麻疹病毒属犬瘟热病毒引起的急性、热性、传染性极强的高度接触性传染病，是水貂养殖业的主要传染病之一。

（一）病原　犬瘟热病毒，属副黏病毒科麻疹病毒属，又称麻疹犬瘟热群。病毒形态呈多形性，但大多数病毒粒子为球形，呈螺旋形结构，核酸型为 RNA。

该病毒对低温干燥有较强的抵抗力。－70℃冻干毒，可保存毒力一年以上；－10～－4℃可存活 6～12 个月；4～7℃，可保存 2 个月；室温条件下，仅活 7～8 天，55℃存活 30 分钟；100℃条件下 1 分钟失去活力。

对 0.1%福尔马林、3%氢氧化钠、5%石炭酸溶液均较敏感，对乙醚、氯仿等敏感。最适 pH7.0～8.0。

病貂的鼻液、唾液、眼分泌物、血液、脑脊液、脑、淋巴结、肝、脾、心包液和胸腹水、尿液中，都可检测到病毒。

本病毒过去认为没有型的差异，新的观点认为存在血清型的问题，各种动物的犬瘟热病毒，均可互相感染。例如，犬的犬瘟热病可以引起貉、水貂、狐的犬瘟热；反之，这些动物的犬瘟热也可以传染给犬或其他种易感动物。

（二）流行病学

1. 易感动物　自然条件下犬科动物、鼬科动物、浣熊科中的很多动物都可感染。断奶前后幼貂和育成貂最敏感，发病率高、病死率高。

2. 传染源 带毒犬和黄鼠狼是主要传染源。我国发生犬瘟热的野生经济动物饲养场，多数是由病犬窜入或被病犬污染的工具和垫草以及其他物品而被感染，个别的因带毒的黄鼠狼窜入而暴发本病。研究表明，带毒动物带毒期不少于5个月。

3. 传播途径 通过带毒动物的眼、鼻分泌物，唾液，尿，粪便排出病毒，污染饲料、水源和用具等，经消化道传染。也可通过飞沫、空气，经呼吸传染，还可以通过黏膜、阴道分泌物传染。

4. 流行特点 犬瘟热病的发生没有明显的季节性，一年四季都可发生。病的经过和轻重程度，取决于动物的饲养管理水平、机体的抵抗力、病原体的数量和毒力及防疫措施等方面。

（三）发病机制 病毒通过呼吸道或消化道侵入咽淋巴结和扁桃体。感染后的第3～4天，一直持续到第8～10天，是病毒血症期间。在血流中循环的病毒，损伤血管内皮，引起机体发热及精神沉郁。从感染的第7天开始，病毒在胃肠道、肝脏、脾脏及泌尿生殖器官的上皮细胞中繁殖。也有的病例在皮肤和中枢神经系统中定位繁殖，引起黏膜卡他性炎症。病貂由于继发感染病原菌所致重度并发病，因而重新引起长期发热。此时血液中含多量病毒。在败血症期，病毒侵入神经系统，引起神经紊乱、癫痫性发作、震颤、阵挛性强直等。

（四）临床症状 水貂犬瘟热病由于传染源动物种属不同，其传染速度亦不一样。如果是貂源性传染源，经3～4周即可引起广泛传染，症状典型，病死率高。如果是狐源传染的，则需经2～4个月隐性经过，待毒力逐渐增强后才能造成广泛传播。病貂初期似感冒样，两眼有泪，鼻孔有少量水样鼻液。根据临床表现和经过，水貂犬瘟热病可分为四个类型。

1. 最急性型 也称神经型。常发生于流行病的初期和后期，突然发病，看不到前驱症状。病貂表现神经症状，癫痫性发作，口咬笼网发出刺耳的吱吱叫声，抽搐，口吐白沫，反复发作几次而死。凡是有神经症状的病貂，很少幸免，都以死亡而告终。

2. 急性型 即卡他型。病初似感冒样，眼有泪、鼻有水样鼻液，体温高达40～41℃，触诊脚掌皮温热，肛门或母貂外生殖器官似发情样微肿。食欲减退或拒食、鼻镜干燥，随着病程的进展，眼部出现浆液性、黏液性乃至化脓性眼眵，附着在内眼角或整个眼裂周围，重者将眼睛糊上。口裂和鼻部皮肤增厚，黏着糠麸样或豆腐渣样的干燥物。病貂被毛蓬乱、无光泽，毛丛中有谷糠样皮屑，颈部或腹内侧鼠蹊部皮肤有黄褐色分泌物或皮疹，散发出一种特殊的腥臭味。消化紊乱，下痢初期排出蛋清样粪便，后期粪便呈黄褐色或黑色煤焦油样。病貂不愿活动，喜卧于小室内（产箱）。病程平均3～10天或更多一点，多数转归死亡，很少幸免。

3. 慢性型 又称皮疹型。一般病程为2～4周，病貂虽有急性经过的症状，但眼、耳、口、鼻、脚爪及颈部皮肤病变比较明显。病貂食欲减退，时好时坏，挑食，不活动，多卧于小室内。眼边干燥，似戴眼镜圈样，或上下眼睑被眼眵黏着在一起，看不到眼球，时而睁开，时而又黏在一起，这样反复交替出现，有的病貂反复1～2次后死亡。有的患貂耳边皮肤干燥无毛，鼻镜和上下唇、口角边缘皮肤有干痂物。

病初爪趾间皮肤潮红，而后出现微小的湿疹，皮肤增厚肿胀，变硬，所以有“硬足掌症”之称。有的病貂肛门或外阴肿胀。

4. 隐性感染（钝挫型） 即非典型。病貂仅有轻微一过性的反应，类似感冒，多看不到明显的异常表现就耐过自愈，并获得较强的免疫力。

（五）病理解剖变化 犬瘟热病尸，眼观没有特征性变化；外部视检，被毛污秽不洁，肛门、会阴部皮肤微肿，有少量黏液状或煤焦油样稀便附着。眼、鼻、口肿胀，皮肤增厚，皮肤上有小的湿疹，被毛丛中有谷糠样皮屑，足掌肿大，尸体有特殊的腥臭味。胸腹腔剖开，内脏器官的变化就是一般的炎症。胃肠黏膜呈卡他性炎症，胃内有少量暗红褐色黏稠内容物，慢性病尸胃黏膜有边缘不整、新旧不等的溃疡灶。直肠黏膜多数带状充血、出血，肠系膜淋巴结及肠淋巴滤泡肿胀。气管黏膜有少量黏液，有的肺有小的出血点，脾一般不肿大，个别的由于继发感染而肿大，慢性病例脾萎缩。肝呈暗樱桃红色，充血、瘀血，切开有多量凝固不全的血液流出，肝质脆，有的色黄，胆囊比较充盈，肾被膜下有的有小出血点，切面三界不清即混浊。膀胱黏膜充血，常有点状或条纹状出血。心扩张，心肌弛缓，心外膜下有出血点。脑血管充盈、水肿或无变化。

（六）诊断 水貂犬瘟热病的诊断，根据病史、流行病学资料和典型的犬瘟热症状，可以作出初步诊断。为了确诊，必要时可做动物试验、包含体检查和血清学检查（中和试验、酶标SPA染色）。

1. 包含体检查 犬瘟热病毒在所有易感动物器官的上皮组织、网状内皮系统、大小神经胶质细胞、中枢神经系统的神经细胞和脑室细胞、膀胱、胆囊、胆管、肾和肾盂上皮细胞内，都有嗜酸性包含体形成。犬瘟热病毒包含体具特异性，而且检出率很高。

水貂检出率可达90%，检查膀胱黏膜上皮包含体方法很简单。取清洁脱脂载玻片，滴加一滴生理盐水。用外科圆刃刀刮取膀胱黏膜上皮少许，涂以载玻片上与生理盐水1∶1混合涂片。自然干燥，或甲醇固定3分钟。如果涂片不能立即染色，一定在涂完片后用甲醇固定；否则，以后染色包含体不易着色，影响检查效果。最好刮取后就涂片染色，这样检出率高。如涂片放置1天以上，须在染色前滴加生理盐水，浸渍20分钟后倒去生理盐水，再进行染色。

2. 血清学试验 这一方法，是特异性比较强的诊断方法。

（1）中和试验法 利用已知抗原（犬瘟热病毒）或抗体，检查未知的抗体（被检动物血清）。一般病貂感染后6～7天血清中出现中和抗体，30～40天达到最高峰。

（2）酶标SPA染色法 本法整个操作过程仅需2.5～3小时，即可得出结果。试验证明，染色标本在冷暗、干燥处保存1年仍不褪色。

3. 动物试验 动物接种试验是确定本病的重要依据。为获得准确结果，实验动物的选择十分关键。应选易感断乳15天后的，既未感染过犬瘟热病，也未接种过犬瘟热疫苗的幼龄动物（犬、貉、艾鼬、水貂）。不能用哺乳期的幼龄动物，因为哺乳期的幼龄动物有母源抗体，更不能选用1岁以上的老龄动物，导致动物试验失败。接种材料应选用具有典型犬瘟热症状的，处于濒死期的动物或刚死亡尸体。用3%来苏儿浸泡30分钟，以无菌操作采取脑、肝、脾、淋巴结等组织块，用灭菌的生理盐水研磨制成10倍乳剂。为防止杂菌污染，可向乳剂中加入适量的青霉素、链霉素（即每毫升悬液中各含10万单位），之后放入灭菌的离心管中离心20～30分钟，3 000转/分，取上清液，给实验动物皮下或肌内各注射3～5毫升。接种后实验动物要放在专门的隔离室（舍）内进行观察。一般在接种后4～10天或更长时间，出现食欲减退、体温升高、结膜炎、卡他性下痢等犬瘟热症状。

4. 鉴别诊断 与犬瘟热病相类似的水貂疾病有狂犬病、传染性细小病毒肠炎、B族维生素缺乏等进行鉴别。

（1）狂犬病 有神经症状，攻击人畜，喉头、嚼肌麻痹，在海马角中能检出尼氏小体，但没有皮疹和结膜炎和下痢。

(2) 传染性细小病毒肠炎　临床表现有两个型，即肠炎型和心肌型。犬瘟热不具备这两个型，下痢的排出物中没有管套现象，而肠炎型有典型管套状稀便，肠黏膜除表现出血外，浆膜下也有充血、出血；心肌型的主要变化为肺水肿，左心室肌肉变化明显。病理组织学检查心肌纤维单核细胞浸润，间质纤维化。利用血凝和血凝抑制试验做特异诊断。

(3) 脑脊髓炎　具有与犬瘟热相同的神经症状，都有癫痫性发作。但脑脊髓炎是散发，不存在流行情况，没有特殊腥臭味。

(4) 副伤寒　具有明显的季节性（6～8 月），脾高度肿大，而犬瘟热不具备这个特点。

(5) 巴氏杆菌病　一般突然发生大批发生，有典型的出血性败血症表现，涂片检查多能检出两极浓染的小杆菌，犬瘟热没有。巴氏杆菌病用青霉素或拜有利早期大剂量预防性治疗有效。犬瘟热病用抗生素类治疗无效。

(6) 弓形虫病　患貂食欲减退，呼吸困难，鼻孔及眼内角流黏液，腹泻，带血，体温升高到 41～42℃，很像犬瘟热。但此病没有皮疹和特殊的腥臭味，膀胱黏膜刮取物没有包含体，病原体是弓形虫。

(7) B 族维生素缺乏　病貂嗜睡，不愿活动，有时出现肌肉不自主的痉挛、抽风，但没有眼、口鼻的变化，没有怪味，不发热，用维生素 B_{12} 治疗有效，大群投给维生素 B_2，食欲很快好转，恢复正常。犬瘟热病双峰热，维生素 B_{12} 缺乏不发热。

(七) 治疗　无特异性疗法，用抗生素治疗无效，只能控制继发感染。唯一的办法是早期发现，及时隔离病貂，固定饲养用具，定期消毒，对假定健康貂尽快采取紧急接种犬瘟热疫苗。

为了防止继发感染，应对症治疗。可用磺胺类药物和抗生素等药物控制由于细菌引起的并发症，延缓病程，促进痊愈。眼、鼻可用青霉素水、氯霉素等眼药水，点眼和滴鼻。

出现胃肠炎时，可投给土霉素混入饲料中吃下，每天早晚各1次，每只剂量为0.03克。

发生肺炎时，可用青霉素、链霉素控制，水貂每天注射15万～20万单位；也可用拜有利注射液，每千克体重注射0.05毫升。

（八）预防措施 为预防和控制本病的发生，必须严格遵守防疫措施，贯彻防重于治的方针。

1. 建立健全严格的卫生防疫制度是预防本病的关键。因为该病的主要传染来源是病犬和带毒动物，所以养貂场应杜绝野犬窜入场内。场内设备一律不能外借，严禁从疫区或发病场调入种貂，貂场工作人员要配备工作服，不准穿回家或带出场外。调入种貂时一定要先打疫苗，观察15天后方可运回，进场后要隔离观察7～15天，才能混入大群正常管理。

2. 搞好卫生，食盆、食碗要定期消毒，粪便要及时清除，进行生物热发酵。

3. 定期接种疫苗。疫苗接种是预防病毒病最有效的方法。

（1）接种时间 预防接种应在仔貂断乳分离15天后（发病场除外），间隔7天2次皮下注射为好，各次注射全量的1/2，这样能产生较高的免疫力。

（2）接种方法 多采用皮下注射或气雾。目前我们国内多采用皮下注射。

（3）疫苗种类 我国目前生产的多种单价犬瘟热弱毒鸡胚苗，有冻结苗和冻干苗两种。冻结苗效价高，使用方便，免疫力好。冻干苗便于运输和保存。

多价联苗有的厂家也生产，但使用起来效果不理想，保护力差，免疫效果不好。

（4）注射犬瘟热疫苗注意事项

①注意消毒 每注射一只动物要换一个消毒好的针头，不能一个针头连用到完，以防接种传播疾病。

②不要漏打、漏注　漏掉一只动物就是危险的易感动物，它可以发病，导致毒力增强，使大群免疫失败。

③加强饲养管理　接种完了疫苗不要以为就万事大吉了，还要加强各方面的管理，因为注苗后产生免疫力还有一个过程。另外，影响疫苗产生免疫力的因素很多，疫苗的质量、使用方法、保存方法，群体的健康水平，饲料的供给情况，防疫情况等都可影响群体的免疫力。

二、水貂阿留申病

水貂阿留申病是由阿留申病毒引起的慢性进行性衰竭病。主要侵害网状内皮系统，以浆细胞弥漫增生、产生多量γ-球蛋白以及持续性病毒血症为特征，并伴有肾小球肾炎、动脉血管内膜、卵巢、睾丸等炎症变化的慢性病毒性传染病。

发生本病后不仅引起一定程度死亡，而且更严重的是导致母貂不发情、空怀、流产、死胎、感染子代，公貂配种能力下降，精液品质不好等变化，无形中造成严重的经济损失，因此本病是当今阻碍养貂业发展的主要传染病。

（一）病原　阿留申病毒，是细小病毒科细小病毒属成员之一，核酸型为DNA。

人工感染试验证明，病毒在阿留申病貂体内复制速度很快，接种后第6～10天，脾、肝、淋巴结内即可检出病毒，最高滴度可达10^{-8}～10^{-9}，且持续时间也较长，甚至在感染后7年，仍可从脾脏分离到病毒。病貂唾液、粪便、尿都可排毒。

阿留申病毒抵抗力很强，它能在pH2.8～10.0内保持活力。80℃存活1小时。在5℃的条件下，置于0.3%福尔马林溶液中，能耐受2周，4周才能灭活。本病毒能在一些动物器官组织原代细胞上生长繁殖（貂睾丸细胞、肾细胞、鼠和鸡胚细胞、猫肾原代细胞）。

（二）流行病学

1. 易感动物 不同年龄和性别的水貂均可感染。尤以具有阿留申基因纯合的蓝宝石水貂最易感。

2. 传染源 本病的主要传染来源是病貂。

3. 传播途径 主要通过病貂的唾液、粪便、尿及分泌物等排泄到外界环境中，通过各种不同方式和途径传播。除病貂与健康貂接触外，在笼养条件下，主要是通过传递物传播，如笼舍、饲料、饮水、食盆、食碗以及饲养员的饲养用具。接种疫苗针头消毒不彻底也可造成本病的传播。

4. 流行特点 本病虽然常年都能发病，但在秋冬季节发病率和病死率大大增加。因为肾脏高度受损，病貂表现渴欲增加，而秋冬季节气温较低，由于冰冻往往不能满足其饮水的需要，致使病情严重，接近衰竭的病貂更易恶化和死亡。

（三）发病机制 关于阿留申病发病机制，多数研究者认为，本病是自身免疫病，是由免疫过程中产生的抗原-抗体复合物长期刺激血管内皮引起的自家免疫缺陷病。

严重的病毒血症并不出现病变，病变产生于高γ-球蛋白血症之后（1～2 周）。感染后在体内出现循环抗体，它与病毒（抗原）相结合，形成微小的免疫复合物。随着免疫复合物在肾小球内沉积，多数病貂死于肾小球肾炎与肾衰竭。

本病与人的类风湿性关节炎、全身性红斑狼疮、多发性骨髓瘤等自身免疫缺陷病相似。

（四）临床症状 潜伏期很长，非经肠接种阿留申病毒的水貂，其血液出现γ-球蛋白增高的时间平均为 21～30 天；直接接触感染时，平均 60～90 天，最长达 7～9 个月，有的持续 1 年或更长的时间仍不出现临床症状。

临床上大体上可分为急性型和慢性型。

1. 急性型 病貂可在 2～3 天内死亡。病貂食欲减退或拒食，精神沉郁，逐渐衰竭，死前痉挛。

2. 慢性型 病貂病程延长至数周，病貂由于肾脏遭到严重损害，水的代谢紊乱，表现高度口渴，几乎整天伏在水槽上暴饮或吃雪、啃冰。病貂渐进性消瘦，生长发育缓慢，食欲反复无常，时好时坏。被毛无光泽，眼球下陷，凝视。精神高度沉郁，步履蹒跚。神经系统受损，伴有抽搐、痉挛、共济失调、后肢不全麻痹或麻痹、贫血、可视黏膜苍白。齿龈、上腭常有出血或溃疡。由于内脏自发性出血，粪便呈煤焦油样。

病貂血液学指标异常，最明显的是血清 γ-球蛋白增高。用电泳法检测，病貂血清中 γ-球蛋白可增多至 40%～50%（健康貂为 15%～20%）；应用定量测定法测定阿留申病貂血清，γ-球蛋白为每 100 毫升 4.5 克（健康貂为每 100 毫升 1 克）。

病貂血氮、血清总氮、麝香草酚兰浊度、谷丙转氨酶、谷草转氨酶及淀粉酶均显著增高，而血清钙、白蛋白和球蛋白之比（A/C）降低。病貂白细胞增多，分类计数表明，淋巴细胞增高，颗粒白细胞减少。

（五）病理变化

1. 剖检变化 尸僵完整，被毛欠光泽，高度消瘦，可视黏膜苍白，有的口腔黏膜溃疡。腹部被毛尿湿，肛门周围有少量煤焦油样粪便附着。脚爪皮肤苍白。

内脏器官有最明显的变化，主要表现在肾脏、脾脏、肝脏、骨髓。急性死亡的肾脏变化：充血、出血，肿大，被膜下有散在出血点或出血斑。慢性病例肾脏呈淡褐色、灰色或淡黄白色，表面出现黄白色小病灶，凸凹不平，被膜多易剥离，切面初期外翻，有少量血液流出，后期切面内收或平齐，色淡，发生变性肾炎；肝初期肿大，暗褐色，后期色淡，不肿大，呈黄褐色或土黄色；脾脏急性经过的病例，有肿大的现象，被膜紧张，折叠困难，慢性经过的脾萎缩，边缘钝，呈红褐色或红棕色，切面白髓明显（脾小梁）；淋巴结肿大，其中以纵隔淋巴、胰淋巴、盆腔淋巴肿大明显，呈髓样肿胀。胸腺萎缩，表面有粟粒大的出血点。

2. 病理组织学变化 浆细胞增生为阿留申病的组织学特征。在显微镜下能看到脾、肾、肝、淋巴结、卵巢、睾丸和骨髓浆细胞增多及动脉炎。在浆细胞中，发现许多 Russe 小体，呈圆形。这些小体本身可能由免疫球蛋白组成。在肾小管、肾盂、膀胱、胆管上皮细胞及神经细胞中，有时也发现这种小体。自然感染病例这种小体检出率为 62%，试验感染病例检出率为 58%。

肾脏浆细胞浸润，见于肾小球囊外膜周围，近曲细尿管最为严重。

在亚急性和慢性病例中，于肾小管内发现颗粒样透明蛋白管和含血管型，为血清蛋白异常的形态表现。肝脏三角区（汇管区）浆细胞和淋巴细胞聚集，浆细胞呈弥散性浸润。慢性经过的病例，浆细胞浸润更为严重。同时还发现胆管上皮肿胀，增生变性。在肾脏和淋巴结内，除有浆细胞浸润外，还有大量增生性网状细胞。在骨髓内，发现有大量排列不规则的未成熟的浆细胞。

阿留申病伴有小血管壁增厚，管腔变小，甚至阻塞。小血管遗留 PAS 阳性物质、外膜疏松，周围淋巴-浆细胞大量聚集，即所谓结节性动脉炎。

（六）诊断 阿留申病诊断研究进展很快，在非特异性诊断基础上，已进入了特异性诊断阶段，并在生产中得到广泛应用。

对流免疫电泳法，在特异性和敏感性上都超过以往的任何方法。在水貂感染阿留申病后 3～6 天即可检出沉淀抗体，并能维持 6 个月以上。故近年来，已为国内外许多国家所采用，收到良好效果。

（七）防治措施 迄今为止，对阿留申病还没有特异的治疗和预防方法。因此，为控制和消灭本病，必须采取综合性的防治措施。

1. 加强饲养管理 建立健全貂场的卫生防疫制度，给予优质、全价新鲜的饲料，提高机体的抗病能力。

2. 建立定期的检疫制度 每年在仔貂分窝以后，利用对流免疫电泳法逐头采血检疫，阳性貂集中管理，到取皮期杀掉，不能留作种用。这样就能防止阿留申病扩散，减少阳性病貂。

3. 预防接种 当前还没有特异性强的疫苗，用阿留申细胞毒灭活苗对阴性貂接种有免疫现象，但还需要进一步研究改进。

三、水貂细小病毒性肠炎

水貂细小病毒性肠炎是由细小病毒（MEV）引起的，以剧烈腹泻为主要特征的急性、接触性传染病，与猫泛白细胞减少症有亲缘关系。特别是幼龄水貂有较高的发病率和病死率，这是世界公认的危害水貂饲养业较严重的病毒性传染病之一。

该病常呈暴发性流行，根据国内外发病貂场的统计，幼貂发病率为50%～60%，成年貂发病率为10%～30%，病死率为25%～30%，有的报道，幼貂病死率可达90%。

(一) 病原 细小病毒为细小病毒科细小病毒属的水貂肠炎病毒，是一种小的无囊膜DNA病毒。该病毒和猫泛白细胞减少症病毒有抗原关系，水貂感染猫泛白细胞减少症，表现出与水貂病毒性肠炎相似的症状。用猫泛白细胞减少症病毒制成的弱毒疫苗，能使水貂获得抵抗细小病毒肠炎的免疫力，但不能抗水貂细小病毒感染，只能保护水貂不发病。

本病毒对外界环境有较强的抵抗力，能耐受66℃，30分钟热处理；病毒在污染的貂笼里能保持一年的毒力；含有病毒的粪便和组织，在冷冻条件下，1年毒力不下降。病毒对胆汁、乙醚、氯仿等有机溶剂和胰蛋白酶有抵抗力；在室温条件下，该病毒在0.5%福尔马林、苛性钠溶液作用下，12小时失去毒力；煮沸可以杀死该病毒。

(二) 流行病学

1. 易感动物 本病目前感染范围较广，在自然条件下，不同品种和不同年龄的貂都可感染。幼龄水貂最易感，发病率为

50%～60%；小鼠、雪貂和田鼠经鼻和皮下接种都不感染。

2. 传染源 主要传染来源是病貂和自然治愈的耐过貂。感染水貂的所有分泌物及排泄物内均含病毒，康复的貂可常年排毒，成为长期存在的传染源。

3. 传播途径 病毒可以随野鸟从污染貂场带到非发病场。此外，蝇类、禽类、鼠类以及饲养人员的手套和使用的工具都是传播此病的媒介。发病貂场如不采取有效的防治措施，会在翌年仔貂分窝前后的幼貂群再次发病，造成大批死亡。

4. 流行特点 本病发生没有明显的季节性，但多发生于夏秋季节。多呈地方性暴发流行，开始传播比较慢，经过一段传染，毒力增强转为快速传染，特别是仔貂分窝以后，大批发病、死亡。

（三）发病机制 病毒从胃肠道随着血液和淋巴循环进入机体的实质脏器。由于本病毒对处于有丝分裂过程中的细胞有亲和力，所以大多数病毒都在增殖旺盛的组织中繁殖，如骨髓的干细胞，淋巴结的淋巴生发中心和肠黏膜。故这些组织和器官受害，充血、出血、坏死、脱落，在肠道内容物中发现有黏液小管。

由于淋巴和骨髓受侵，而迅速发生白细胞减少，骨髓液化，肠系膜淋巴结水肿、出血、坏死，肠黏膜出血、坏死、脱落，分泌亢进，肠蠕动过快，腹泻脱水，自身中毒而死。

（四）临床症状 潜伏期4～9天，11天以上者少见（猫泛白细胞减少症为3～5天，犬细小病毒病为5～12天）。临床上分为最急性型、急性型和慢性型三种。

1. 最急性型 没有典型的临床症状，食欲废绝后12～24小时内死亡。

2. 急性型 患貂高热，体温高达41℃以上，精神沉郁，饮欲增强，食欲减退或拒食，呕吐，腹泻，排出混有血液、黏液样、灰白色或粉红色的蛋清样稀便。一般在病的后期，排出典型的黄褐乳白色或粉红色、混有血液样管状脱落的肠黏膜、管形稀便，即所谓套管样便。病程7～14天，转归死亡。

3. 慢性型 病貂耸肩弯背，被毛蓬乱，无光泽，喜卧于小室内，排便频繁，里急后重，粪便液状，常混有血液，呈粉红色或灰白色，有的排出褐红色胨样管型便。由于下痢脱水，自家中毒，病貂表现极度虚弱、消瘦，常常四肢伸展卧于笼内。用显微镜检查粪便有大量没消化的纤维素、白细胞和脱落的黏膜上皮细胞和血液。白细胞减少，中性粒细胞相对增多，淋巴细胞则相对减少。一般经1～2周后转归死亡，个别的慢性病貂也有耐过，自然治愈，长期带毒，生长发育迟缓。

（五）病理解剖变化 最急性死亡的貂尸，尸体营养良好；慢性经过的尸体消瘦，被毛粗糙无光泽，肛门周围附有少量黏液状粪便；皮下无脂肪，较干燥。

内脏器官主要变化限于肠管和淋巴结。胃空虚，有少量黏液和胆汁色素，黏膜特别是幽门充血，有的有溃疡灶。肠道呈鲜红色，黏膜充血、出血，肠内有少量混有血液和未消化的食糜，呈急性卡他性出血肠炎变化。有些尸体肠管内容物呈黄绿色水样，肠壁有纤维素样坏死灶。一般肠管空虚，肠壁变薄，肠系膜淋巴结肿大，充血、出血、水肿。急性病例肝肿大，质脆呈土黄色，胆囊充盈。肾一般无明显变化。

（六）诊断 根据流行病学、临床症状、病理解剖学变化，可以作出初步诊断。但要作出确切的诊断，排除其他细菌性和病毒性肠炎，必须进行实验室检查。水貂细小病毒肠炎常用的诊断方法有特异荧光抗体染色、单克隆抗体检测病毒的ELISA方法、血凝及血凝抑制、电镜法以及对流免疫电泳。随着分子生物学技术的发展，还可利用核酸探针检测水貂细小病毒性肠炎、PCR方法诊断细小病毒性肠炎。这些方法需要一定的试验条件，在这里不再赘述。

（七）治疗 当前对病毒性传染病没有特效治疗方法，只能在发病的早期，防止细菌继发感染，使用抗生素，降低病死率。免疫血清有较好的治疗效果，但价格比较高，使用不普遍。最好的办法就是及时发现并正确诊断，采取紧急接种，能起到一定的预防和治疗作用。

（八）预防措施

1. 进行预防接种 发生本病的貂场或地区（疫区）一定要做好预防工作，定期做好疫苗接种工作，目前国内外研制使用的疫苗较多，有同源组织灭活苗、细胞培养灭活疫苗、弱毒细胞苗以及猫源病毒（猫泛白细胞减少症）细胞培养灭活疫苗。我国成功地研制出病毒性肠炎同源组织灭活疫苗和细胞培养灭活苗、细胞培养弱毒疫苗以及各种联苗。但要注意国内生产的疫苗由于生产厂家不同，质量、效价不尽一样，使用起来效果也不一样，所以要注意疫苗的质量和使用方法。

疫苗预防接种时期：一般应在仔貂断乳 7～15 天后（即 6 月末 7 月初）进行。发病貂场立即进行紧急疫苗接种。在引进前（种貂售出场）30 天进行疫苗接种，尤其是由未发过病的貂场调入种貂时必须这样做，之后方可混入大群饲养。

2. 严格执行卫生防疫制度

（1）严禁猫、犬和禽类进入貂场；引进种貂，入场后应隔离 15～30 天。

（2）当水貂场有病毒性疾病流行时，应防止动物乱窜。

病貂隔离饲养，隔离饲养的病貂应由专人管理，不得乱窜，对死亡的尸体及污染物等，一律焚烧或深埋。对污染的用具及器皿，要高温消毒（蒸、煮）。病愈后的水貂，一律留在隔离场（棚舍），一直到取皮期淘汰取皮。

发病场的貂皮，应在室温 30～35℃、相对湿度 40％～60％条件下处理 48 小时。

（3）刚发过病（一年以内）的貂场，严禁输出种貂，貂笼要用火焰消毒，产箱（小室）用 2％福尔马林或苛性钠溶液消毒，地面用 5％氢氧化钠溶液或 10％生石灰乳消毒。粪便堆集在距场较远一点地方进行生物热发酵处理。

四、水貂冠状病毒性肠炎
（水貂流行性腹泻）

水貂冠状病毒性肠炎是由冠状病毒引起的，以流行性腹泻为特征的病毒性传染病。

（一）病原 冠状病毒属于 RNA 病毒，其大小因感染的动物不同有些差别外，其遗传物质是 RNA，有三个结构蛋白，属糖蛋白。

该病毒对外界环境的抵抗力较强。病毒在粪便中可存活6～9 天，污染物在水中可保持数天的传染力。对温度很敏感，33℃生长良好，35℃就受到抑制。因此，这种病毒性疫病多在秋冬和早春发生。

（二）流行病学

1. 易感动物 到目前为止，大约有 15 种不同冠状病毒毒株被发现，有些可使人发病，另一些使牛、猪、鼠、猫、犬、鸟类、狐、水貂发病。

2. 传染源 病毒主要存在于感染动物的胃肠内，并随粪便排出体外，污染饲料和环境。

3. 传播途径 主要经消化道感染。

4. 流行季节 本病春秋季多发，发病率高，病死率较低，成年貂和育成貂均可感染发病。该病的发生与水貂品种密切相关，北美貂及其杂种后代易感，我国原有别国品种水貂易感性差。

（三）临床症状 该病的临床症状很难与其他原因引起的胃肠炎区别。病貂常表现精神沉郁，食欲不振，饮水量增加，呕吐，腹泻，排出灰白色、绿色乃至粉黄色黏液状稀便，有的排出黑红色卡他样稀便，没有明显的管套样稀便，精神迟钝，反应不灵敏，两眼无神，鼻镜干燥，被毛欠光泽，消瘦，一般体温不高。腹泻严重的病貂，饮水补液跟不上，脱水自身中毒而死。

（四）病理解剖变化 病死水貂尸体消瘦，口腔黏膜、眼结膜苍白，肛门及会阴部被稀便污染；胃肠道黏膜充血、出血，胃肠内有少量灰白色或暗紫色的黏稠物；有的肠内有血，肠系膜淋巴结肿大；肝脏浊肿，有的轻度黄染；脾肿大，但不明显；肾脏质脆，呈土黄色。

（五）诊断 根据病的临床症状、流行特点，可以诊断为冠状病毒性肠炎。

鉴别诊断：水貂冠状病毒性肠炎和细小病毒性肠炎，都表现腹泻，排泄物很相似，所以在临床上一定要加以区别，以防误诊。

细小病毒性肠炎，水貂腹泻，但稀便中多数都有脱落的肠黏膜，排出呈粉红色或黄粉色的所谓管套状稀便，冠状病毒肠炎无此现象。细小病毒性肠炎发病率高，但病死率也高；可冠状病毒肠炎发病率高，但病死率低。细小病毒性肠炎应用细小病毒肠炎疫苗预防接种或应急接种能将疫情控制住，而冠状病毒肠炎用水貂肠炎（细小病毒）苗控制不住病的流行。

其他细菌性肠炎，能检出细菌，用抗生素和磺胺类、喹诺酮类药物治疗有效。水貂冠状病毒肠炎用抗生素和磺胺类无效。

（六）治疗 目前尚无特效疗法，只能是强心、补液，防止继发感染。

给病貂皮下或腹腔注射5%～10%葡萄糖注射液10～15毫升，皮下分多点注射；也可让病貂自饮葡萄糖甘氨酸溶液，其配制方法为葡萄糖45克、氯化钠9克、甘氨酸0.5克、柠檬酸钾0.2克、无水磷酸钾43克，溶解于2 000毫升常水中。

同时用速灭沙星注射液，每千克体重0.2～0.4毫升，肌内注射，可缓解症状，防止继发感染。

最好是采用典型病死貂实质脏器（心、肝、脾、肾、淋巴结等）做同源组织灭活液（但要用科学的方法研制，灭活要彻底），进行紧急接种或预防接种。

(七) 预防

(1) 要加强饲养管理，提高貂群的抗病能力。

(2) 搞好场内卫生消毒工作，定期每周用百毒杀（按标签说明使用）或0.1%的过氧乙酸溶液喷洒消毒一次。病貂笼要用火焰消毒。

(3) 保证饲料和饮水的卫生，防止野犬和猫进入。

五、轮状病毒性肠炎

轮状病毒病是由轮状病毒引起的以腹泻为特征的人兽共患的病毒性传染病。

(一) 病原 轮状病毒属于呼肠孤病毒科轮状病毒属成员之一，为双链 RNA 病毒。

轮状病毒的抵抗力较强，能耐胃内的酸性环境，对冷冻、超声波稳定，加热50℃可耐受。

(二) 流行病学

1. 易感动物 轮状病毒感染主要发生在幼龄动物。

2. 传染源 病貂及隐性带毒水貂是本病的传染源。

3. 传播途径 病毒主要存在于肠道内，随粪便排出体外。病愈动物至少在3周内仍持续随粪便排毒，污染环境、垫草、饲料和饮水。易感动物主要通过接触被感染动物和污染的饮水、饲料用具和环境，经消化道途径传播。

4. 流行特点 本病的发生无明显季节性，全年均可发生，但有明显的流行高峰。我国东北以10～11月，其他地区为10～12月多发。轮状病毒感染通常以突然发生和迅速传播的方式在貂群中广泛流行，常呈地方流行性。

(三) 临床症状 幼龄动物易发，精神沉郁，食欲减退、剩食，行动缓慢，常于食后呕吐，继而发生腹泻；粪便有时带血或黏膜，多为红褐色或黄绿色，呈水样或糊状。多数呈亚临床表现，病程比较长，病死率比其他传染性肠炎低。

（四）诊断 通常根据临床症状和流行特点，冬季多发，病死率不高，可以作出初步诊断；进一步确诊，需进行电镜法与免疫电镜法或血清学检查。

（五）防治措施 本病无特异性疗法，只能是对症治疗和加强饲养管理，搞好预防。

（1）发现病貂，立即隔离，将其放于清洁干燥、温暖、消毒好的隔离笼舍内，给予易消化的饲料。

（2）对症治疗，防止脱水，投服收敛止泻剂和制菌剂，防止继发感染。病貂自饮补液盐水葡萄糖甘氨酸溶液（葡萄糖22.55克、氯化钠4.75克、甘氨酸3.44克、枸橼酸钾0.04克、无水磷酸钾2.27克，溶于1 000毫升水中）或葡萄糖盐水。

六、伪狂犬病

伪狂犬病又称阿氏病，是多种动物共患的，以侵害中枢神经系统、皮肤瘙痒为特征的急性病毒性传染病。猪多发，呈隐性经过，水貂多由吃了屠宰厂猪的下脚料而引起发病。

（一）病原 伪狂犬病病毒属于疱疹病毒科。本病毒含双股DNA，病毒的直径为100～150纳米，能在兔和豚鼠的睾丸组织中培养繁殖。各种途径都能使鸡胚感染，在绒毛尿囊膜上接种，可产生小点状病灶，一般3～5天鸡胚死亡。

伪狂犬病毒，50％甘油中，0℃条件下，可保存数年。在肺水肿的渗出液中，于冰箱内保存，可存活797天以上；在0.5％盐酸和硫酸液以及苛性钠溶液中，3分钟被杀死；5％石炭酸溶液中，2分钟被杀死；2％福尔马林溶液，20分钟被杀死。加热60℃30分钟，70℃20～30分钟，80℃10分钟被杀死，100℃时，瞬时能被杀死。

（二）流行病学

1. 易感动物 在自然条件下，除牛、羊、猪、马、犬、猫及啮齿类感染本病外，毛皮动物水貂、银黑狐、蓝狐等都易感。鸡、鸭、鹅及人均可感染伪狂犬病。实验动物家兔，豚鼠和小鼠也易感。

2. 传染源 病貂和带毒的肉类饲料是水貂的主要传染来源。猪是本病的主要宿主，多呈隐性经过，没有临床症状，猪自然带毒6个月以上。

3. 传播途径 主要经消化道感染，皮肤外伤也能感染。在试验条件下，水貂食入含有病毒的饲料，特别是当口腔黏膜有外伤时，更易感染本病。

4. 流行特点 发病没有明显的季节性，但以夏、秋季节多见，常呈地方性暴发流行。初期病死率高，当排除污染饲料以后，病势很快停止。

（三）临床症状 水貂自然感染潜伏期为3～6天，水貂感染伪狂犬病，主要表现平衡失调，常仰卧，用前爪掌摩擦鼻镜、颈和腹部，但无皮肤和皮下组织的损伤。表现拒食或食后不久发作。其特征为食后1小时发现多数水貂精神萎靡，瞳孔缩小，呼吸迫促、浅表，鼻镜干燥，体温升高（40.5～41.5℃），狂躁不安，冲撞笼网，兴奋与抑制交替出现，病貂时而站立，时而躺倒抽搐，转圈，头稍昂起，前肢搔抓脸颊、耳朵及腹部。舌面有咬伤，口腔流出多量血样黏液，有的出现呕吐和腹泻。死前发生喉麻痹，胃肠臌气。有的公貂发生阴茎麻痹。眼裂缩小，斜视，下颌不自主地咀嚼或阵挛性收缩，后肢不全麻痹或麻痹，病程1～20小时后死亡。

（四）病理变化

1. 剖检变化 伪狂犬病死亡的尸体，营养良好，鼻和口角有多量粉红色泡沫状液体，舌露出口外，有咬痕。眼、鼻、口和肛门黏膜发绀。腹部膨满，腹壁紧张，叩之鼓音。血凝不全，呈紫黑色。心扩张，冠状动脉血管充盈，心包内有少量渗出液，心肌呈煮肉样。

肺呈暗红色或淡红色，表面凸凹不平，有红色肝样变区和灰色肝样变区交错，切之有多量暗红色凝固不良血样液体流出。气管内有泡沫样黄褐色液体，胸膜有出血点，支气管和纵隔淋巴结充血、瘀血。

特征性变化是胃肠臌气，腹部膨满。胃肠黏膜常覆以煤焦油样内容物，有溃疡灶。小肠黏膜呈急性卡他性炎症，肿胀充血和覆有少量褐色黏液。

肾增大，呈樱桃红色或泥土色，质软，切面多血。脾微肿，呈充血、瘀血状态，白髓明显，被膜下有出血点。

大脑血管充盈，质软。

2. 病理组织学变化 组织学检查发现，许多脏器表现充血、出血，局部血液循环障碍。

（五）诊断 根据流行病学和临床特征性表现瘙痒、眼裂和瞳孔缩小，以及病理解剖和病理组织学变化，可以作出初步诊断。为进一步确诊可用血清学和动物试验来进行最后确诊。

鉴别诊断：

1. 伪狂犬病与狂犬病 伪狂犬病有瘙痒，突然发作、病程短、迅速出现大批死亡，胃肠臌气，不攻击人，不恐水。狂犬病无上述症状，散发，攻击人畜。

2. 神经型犬瘟热与伪狂犬病 犬瘟热病虽有神经症状，但没有瘙痒和胃肠臌胀，犬瘟热病有特殊的腥臭味和黏膜的炎症。

3. 水貂的伪狂犬病与肉毒梭菌中毒 肉毒梭菌中毒，主要是由肉毒梭菌毒素引起，来势凶猛，群发，主要表现后躯麻痹，丧失活动能力，肌肉高度松弛；病貂后肢下垂，瞳孔散大，闪闪发光。伪狂犬病，与之相反，瞳孔缩小，有瘙痒、皮肤有擦伤或撕裂痕。

4. 伪狂犬病与巴氏杆菌病 巴氏杆菌病无瘙痒和抓伤，幼龄动物多发，细菌学检查能查到巴氏杆菌。伪狂犬病则查不到细菌，因为它是病毒引起的疾病。

(六) 治疗 尚无好的特效疗法，抗血清治疗有一定的效果，但经济上不划算。发现本病，应立即停喂受伪狂犬病病毒污染的肉类饲料，更换新鲜、易消化、适口性强、营养全价的饲料。病貂用抗生素控制细菌继发感染。

(七) 预防措施 预防本病的发生应采取综合防治措施。

(1) 对肉类饲料加强管理，对来源不清楚的饲料最好不买、不用。特别是利用屠宰厂猪的下脚料一定要高温处理后熟喂。凡认为可疑的肉类饲料都应无害处理后再喂。

(2) 貂场内严防猫、犬窜入，更不允许鸡、鸭、鹅、犬、猪和水貂混养。

(3) 伪狂犬病多发的饲养场和地区，或以猪源为主的肉类饲料的饲养场，可用伪狂犬病疫苗预防接种。目前国内有家畜用伪狂犬病疫苗生产，可用于水貂接种。

第二节 细菌性传染病

一、巴氏杆菌病

水貂巴氏杆菌病也称出血性败血症，是由多杀性巴氏杆菌引起的以出血为主要特征的急性传染病。

(一) 病原 本病病原菌为巴氏杆菌科巴氏杆菌属中的多杀性巴氏杆菌（*Pasteurella multocida*），革兰氏染色阴性。组织压片或体液涂片，用瑞氏、姬姆萨法或美蓝染色镜检，菌体多呈两级浓染的小杆菌。用培养物做的细菌涂片，两极着色不明显。用印度墨汁等染料染色时，可看到清晰的荚膜。

本菌存在于病貂全身各组织、体液、分泌物及排泄物中；只有少数慢性病例，仅存在于肺脏的小病灶里；健康动物的上呼吸道，也可能带菌。

本菌对物理和化学因素的抵抗力比较差。在自然干燥的情况下，很快死亡。日光对本菌有强烈的杀菌作用，薄菌层暴露阳光下 10 分钟即死。热对本菌的杀菌力很强，马丁肉汤 24 小时培养物加热 60℃1 分钟即死。在 37℃温度下，保存在血液、猪肉及肝、脾中的巴氏杆菌分别于 6 个月、7 天及 15 天死亡。但 10%克辽林 1 小时不能杀死本菌，所以临床上不宜采用克辽林杀灭本菌。

（二）流行病学

1. 易感动物 多杀性巴氏杆菌对许多动物和人均有致病性。家畜中以牛（黄牛、牦牛、水牛）和猪发病较多，家禽、兔和水貂等野生经济动物也易感。

2. 传染源 主要传染来源是患病畜、禽、兔等肉类饲料，以及肉联厂的副产品。尤以兔、禽类副产品最危险。带菌的鸡、鸭、鹅、犬、猪等也都是传染源。

3. 传播途径

（1）内源性感染 巴氏杆菌为条件性致病菌，在通风不良、阴雨连绵、营养缺乏、饲料突变、过度疲劳、长途运输、寄生虫病等诱因作用下，动物抵抗力降低，病菌可乘机侵入体内，经淋巴液而进入血液，发生内源性传染。

（2）外源性感染 病菌污染饲料、饮水、用具和外界环境，经消化道而传染于健康动物；或由咳嗽、喷嚏排出病菌，通过飞沫经呼吸道传染；或通过吸血昆虫叮咬或皮肤黏膜的外伤，也可发生外源性感染。

4. 流行特点 本病发生一般无明显的季节性。但以冷热交替、气候剧变、闷热、潮湿、多雨的时期发病较多。水貂对多杀性巴氏杆菌比较敏感，多呈地方性暴发流行，且多为群发，病死率很高。

（三）临床症状 本病流行初期多为最急性经过，幼貂突然死亡，即看不到异常症状，晚食吃光，第二天早饲发现死亡。或者以神经症状开始，病貂癫痫式抽搐尖叫，虚脱出汗，休克而死。该病流行一定程度时，发病死亡出现高峰。

病貂类似感冒，不愿活动，两眼睁得不圆，鼻镜干燥，体温升高，触诊脚掌比较热，食欲减退或废绝，渴欲增高。

胸型的以呼吸系统病变为主，出现呼吸频数、心跳加快，幼貂鼻孔有少量血样分泌物，有的出现头、颈水肿，乃至眼球突出等异常现象，一般2～3天死亡。

肠型病貂以消化道变化为主，食欲减退或废绝，下痢，稀便中混有血液，眼球塌陷，卧在小室内不活动，通常在昏迷或痉挛中死去。

慢性经过的病貂精神不振，食欲减退或废绝、呕吐，常卧于小室内，不活动。被毛欠光泽、消瘦、鼻镜干燥、腹泻、肛门附近沾有少量稀便或黏液。如不及时治疗，3～5天或更长时间死亡。

（四）病理解剖变化

（1）最急性死亡的貂尸营养状态良好，病变不明显。皮肤剥开，皮下脂良好，只表现充血、瘀血，色暗，紫红色；可视黏膜充血、瘀血。

（2）亚急性死亡的病貂病理变化比较明显，有的头部、鼠蹊部、颈部皮下水肿，轻度黄染，末梢血管充盈；浅表淋巴结肿大；胸腔有少量淡黄红色黏稠的渗出液；心肌弛缓，心包膜和心内外膜有出血点，乳头肌呈条状出血。膈肌充血、出血，大网膜、肠系膜充血、出血；脾肿大，折叠困难，边缘钝；肝脏肿大，充血、瘀血，切开有多量褐红色血液流出，质脆，有的黄染，呈土黄色；肾脏皮质充血、出血，三界不清，肾包膜下有出血点；肠系膜淋巴结和甲状腺肿大。

（五）诊断 根据流行特点、病理解剖变化和细菌涂片可以作出初步诊断。进一步确诊需进行细菌学检查和动物试验，同时要做好鉴别诊断，要和副伤寒、犬瘟热、伪狂犬病（阿氏病）、钩端螺旋体等传染病加以区别。

细菌学检查：从病尸心血、肝被膜和脾脏等压片、涂片，革兰氏染色，镜检，能检出两极浓染的革兰氏阴性小杆菌，细菌培养阳性，动物试验有毒力，方可最后确诊为巴氏杆菌病。

（六）治疗 改善饲养管理，排除可疑饲料及污染物，隔离病貂，食具煮沸消毒后，固定给每只动物，不要乱窜以防互相传染。

因为巴氏杆菌病最急性和亚急性经过的比较多，特别是流行的初期不易被发现，所以在临床实践中多采取全群预防治疗，即对可疑貂群，每天用大剂量的青霉素20万～40万单位肌内注射，每天3次；或用拜有利（德国进口）肌内注射，每天1次，每次注射0.1～0.2毫升；也可用环丙沙星注射液，每千克体重2.5～5毫克，肌内注射，每天3次。

此外，大群可以投给恩诺沙星、氟哌酸、复方新诺明、增效磺胺等。剂量和使用方法请按药品说明书使用。

也可以注射巴氏杆菌高免血清，但由于这些血清都是异种蛋白，易产生过敏现象，所以在大群注射之前，要做小群试验。

（七）预防

1. 加强饲养场的卫生防疫工作 改善饲养管理，喂兔、犊牛、仔猪、羔羊和禽类加工厂的下杂物，要高温无害处理后再喂水貂。在阴雨连绵或秋冬季节交替、气温多变的时期，一定要加强管理，注意食具和产箱的卫生，垫草的补给。水貂不能和兔、鸡、鸭、鹅、犬、猪等混养在一个场里，以防相互传染造成损失。

2. 特异性预防 定期注射巴氏杆菌疫苗（毛皮动物专用），能起到预防本病的效果。但到目前为止，国内外生产的巴氏杆菌疫苗，免疫期比较短，所以一年要多次接种。

二、大肠杆菌病

水貂大肠杆菌病是由大肠杆菌引起的伴有严重腹泻，以败血性经过为主要特征的传染病，幼龄水貂多发，成年貂及老貂很少发病。

（一）病原 本病的病原是大肠杆菌，为革兰氏阴性杆菌。根据血清型分为200多个变种，常对人、畜无致病性，而对毛皮动物则有致病性。水貂大肠杆菌致病血清型为O8（约占53.8%）、O141（约占23.08%）、O81（约占15.38%）、O101（约占7.7%）。

大肠杆菌抵抗力不强，一般的消毒药都能将其杀死，如石炭酸、升汞、甲醛等5分钟即可将其杀死，55℃经过1小时、60℃经过15～30分钟，该菌死亡。

（二）流行病学

1. 易感动物 多发生于断奶前后的幼貂，1月龄的仔貂和当年幼貂最易感。

2. 传染源 带菌的动物和污染的饲料、饮水是本病的传染源。

3. 传播途径 在正常的动物体内就有大肠杆菌，当机体抵抗力下降时，毒力增强，在大肠内大量繁殖，破坏肠道而进入血液循环，引起发病。

4. 流行特点 病的流行有一定的季节性，北方多见于8～10月，南方多见于6～9月，多呈暴发流行。饲养管理不良、卫生环境不好及母貂泌乳不足等，都可导致本病流行。

（三）临床症状 潜伏期1～3天，发病急，多呈急性经过。病貂精神沉郁，食欲废绝，鼻镜干燥，呼吸迫促，体温升高到41℃以上；腹泻，粪便初为灰白色带有黏液和泡沫，或水样腹泻，尔后便中带血，呈煤焦油样，有的伴发呕吐。病的后期弓腰蜷腹，消瘦、虚弱；有的出现角弓反张、抽搐、痉挛及后肢麻痹等神经症状，常于2～3天死亡。

（四）病理解剖变化 尸体消瘦、胃肠呈卡他性或出血性炎症变化，尤以大肠明显，肠壁变薄，黏膜脱落，内充满气体，肠内容物混有血液，肠系膜淋巴结肿大、出血；肝脏肿大、有出血点，脾脏肿大2～3倍，肾脏充血、质软，心肌变性。

（五）诊断 根据临床症状和病理解剖变化，可以作出初步诊断，但要确诊，需进行细菌学检查。

细菌学检查，应取未经抗生素治疗病例的材料。可从心血、实质脏器及脑进行分离培养，同时，必须做动物试验。

（六）治疗 发生本病后，应迅速使用大剂量的磺胺类等抗生素类药物进行治疗或预防，一般能很快控制住疫情的发展，但应注意大肠杆菌易产生抗药性，所以有条件的饲养场，应先做药敏试验或几种抗生素联用。可以选择恩诺沙星或环丙沙星注射剂，每千克体重2.5～5毫克，肌内注射，每天2次；也可用拜有利注射液每千克体重0.05毫升，肌内注射，每天1次，连用3～5天。

水貂大肠杆菌病还可用菌丝霉素4 000～10 000单位，溶解于0.5%奴夫卡因溶液中或高免血清中进行注射；同时皮下注射20%葡萄糖10毫升，或复合维生素B生理盐水注射液20～40毫升，分多点皮下注射。

（七）预防

1. 加强饲养管理 认真搞好卫生，特别是仔貂，要经常检查，及时除掉蓄积在小室内的饲料，以防仔貂吃后得胃肠炎。仔貂断奶后，要给优质的肉类饲料，稠度要稀一点，适当加一些抗生素类的药物，控制本病的发生。在饲料中加入苹果，对预防大肠杆菌病有特殊意义。

2. 生态防治 利用有益的生态细菌群防治细菌性腹泻是近几年发展的新技术，其效果已在多种动物应用后得到证实。它无毒性、无副作用、无残留，长期使用不产生抗性，使用方便，促进消化吸收和生长发育。通过各种生态效应来调节肠道细菌的平衡，改变肠道内在环境，使腹泻得以治愈。

三、沙门氏菌病

沙门氏菌病又称副伤寒，是由沙门氏杆菌属的多种细菌引起的以发热、下痢、败血症及母貂流产为特征的传染病。

（一）病原 最常见的沙门氏菌有肠炎沙门氏杆菌、猪霍乱沙门氏杆菌和鼠伤寒沙门氏杆菌。另外，在水貂中还发现有雏白痢沙门氏菌、都柏林沙门氏菌、蒙秦维提尔沙门氏菌、婴儿沙门氏菌等。本菌为革兰氏阴性粗短杆菌。

本菌抵抗力较强，60℃经1小时，70℃经20分钟，75℃经5分钟死亡。对低温也有较强的抵抗力，在琼脂培养基上于－10℃经115天尚能生存，在干燥的沙土中可生存2～3个月，在干燥的排泄物中可存活4年之久。在含20％食盐腌肉中，在6～12℃的条件下，可存活4～8个月。本菌在1∶1 000升汞、1∶500福尔马林、3％石炭酸溶液中15～20分钟可杀死。

（二）流行病学

1. 易感动物 在自然条件下，毛皮动物中银黑狐、北极狐、海狸鼠等易感；而水貂、紫貂等抵抗力较强。

2. 传染源 被沙门氏菌污染的饲料是主要传染来源。

3. 传播途径 在自然条件下，经消化道可感染沙门氏菌病，也可通过接触和子宫内感染，饲养管理不当、气候突变、感冒、饲料变质、防疫制度不严等，都能促使本病的发生和发展。另外，仔貂换牙期、断乳期饲料质量不良，机体抵抗力下降，都可能成为发病的诱因。

4. 流行特点 本病流行有明显的季节性，一般发生在6～8月份，常呈地方性流行，具有较高的病死率，一般可达40％～

65%。主要侵害1～2个月龄的仔貂，成年貂对本病有一定的抵抗力。

（三）临床症状 自然感染潜伏期为3～20天，平均为14天，人工感染，潜伏期为2～5天。

根据机体抵抗力和病原的毒力，本病在临床上的表现是多种多样的，大致可区分为急性、亚急性和慢性三种。

1. 急性经过 病貂拒食，先兴奋，后沉郁，体温升高到41～42℃，轻微波动于整个病期，只有在死亡前不久才下降。大多数病貂躺卧于小室内，走动时背弓起、两眼流泪，在笼内缓慢移动。发生下痢、呕吐，在昏迷状态下死亡。一般经5～10小时或延至2～3天死亡。

2. 亚急性经过 病貂主要表现胃肠机能高度紊乱，体温升高到40～41℃，精神沉郁，呼吸频数，食欲丧失。病貂被毛蓬乱无光、眼睛下陷无神。有时出现化脓性结膜炎。少数病例有黏液性化脓性鼻漏或咳嗽。病貂很快消瘦、下痢，个别有呕吐。粪便变为液体状或水样，混有大量胶体状黏液，个别混有血液。四肢软弱无力，特别是后肢不全麻痹。在高度衰竭情况下，7～14天死亡。

3. 慢性经过 病貂消化机能紊乱，食欲减退，下痢、类便混有黏液，进行性消瘦。贫血，眼球塌陷，有的出现化脓性结膜炎。被毛蓬乱、黏结、无光泽。病貂卧于小室内，很少运动。走动时步履不稳，行动缓慢，在高度衰竭的情况下，经3～4周死亡。在配种和妊娠期流行本病时，造成大批空怀和流产，空怀率达14%～20%。

仔貂10日龄以内病死率高达20%～22%。多数病貂在妊娠中后期发生流产。

哺乳期仔貂患病时，表现虚弱，不活动，吮乳无力，无集群能力，在窝内呈散乱状态，叫声嘶哑无力，发育滞后。病程为2～3天，个别的病程长达7天，多数以死亡告终。

（四）病理解剖变化 病死貂血凝不良，实质器官颜色变淡，膀胱积尿，黏膜、皮下脂肪、浆膜见轻微黄疸。肝、脾、肾肿大、黄染、质脆，切面多汁，特别是脾脏显著肿大，3～8倍或以上。胃肠空虚，胃、肠黏膜均有不同程度的肿胀、出血或坏死。妊娠期死亡母貂子宫肿大，内膜覆有纤维素性污秽物。

（五）诊断 根据流行病学、临床症状及病理变化，可以作出初步诊断，最终确诊还得做细菌学检查。可以从死亡的脏器和血液中分离细菌进行培养，进行生物学检查。用无菌方法采血，接种于3～4支琼脂斜面或肉汤培养基内，在37～38℃温箱中培养，经6～8小时便有该菌生长，将其培养物和已知沙门氏菌阳性血清做凝集反应，即可确诊。

（六）治疗 本病治疗原则抗炎、解热、镇痛，一般用新霉素和氧氟沙星等抗生素治疗。为保持心脏功能，可皮下注射20％樟脑油（药品使用剂量、方法参照说明书）。

镇痛解热药：安痛定注射液，为了保持体内电解质平衡，防止脱水，有条件的可以静脉补液5％葡萄糖生理盐水。

（七）预防

1. 加强饲养管理 及时更换饲料、饮水，不使用患沙门氏菌病的畜禽肉及被污染的饲料饲喂水貂，对笼箱、小室、食具等经常消毒。加强母貂妊娠期、哺乳期和仔貂断奶期的饲养管理，提高其抗病能力。

2. 药物预防 在本病高发季节6～8月份，饲料中加入预防性的药物如抗生素或磺胺类药物。

四、魏氏梭菌病

魏氏梭菌病又称肠毒血症，是由魏氏梭菌引起的家畜和毛皮动物急性中毒性传染病。

（一）病原 病原菌为梭状芽孢杆菌，属产气荚膜杆菌科。

根据抗原和产生的毒素的不同分为A、B、C、D、E、F六个型。该菌广泛地存在于自然界，在土壤、污水、人和动物肠道及其粪便中。在厌氧条件下，当温度30～43℃时，于富含蛋白质和碳水化合物的培养基上很好地生长，并产生大量毒素和气体。遇不良条件形成芽孢，具有较强的抵抗力，煮沸15～30分钟内死亡，A和F型菌的芽孢能忍受煮沸1～6小时。这些细菌的毒素，煮沸30分钟被破坏。

（二）流行病学

1. 易感动物 水貂、狐、海狸鼠、毛丝鼠等动物均易感，幼龄动物最易感。

2. 传染源 水貂吞食本菌污染的肉类饲料或饮水而被污染，用细菌学检查这些饲料可以得到证实。曾从这些饲料中分离出魏氏梭菌，有些病例从鱼和鱼肝中分离到本菌。

3. 传播途径 主要经消化道感染。病原菌随着粪便排出体外，毒力不断增强，传染不断扩散。1～2个月或更短的时间内，罹患大批动物。

4. 流行特点 该病流行初期，个别散发流行，出现死亡。双层笼饲养或一笼多只饲养，以及卫生条件不好，能促进本病发生和发展。

（三）临床症状 潜伏期12～24小时，流行初期一般无任何临床症状而突然死亡。病貂食欲减退或废绝，很少活动，久卧于小室内，步态蹒跚，呕吐。粪便为液状，呈绿色混有血液。常发生肢体不全麻痹或麻痹。头震颤呈昏迷状态，病死率约90%。

（四）病理解剖变化 皮下组织水肿，胸腔内混有血样渗出液，膈和肋膜有出血点或出血斑。甲状腺增大有点状出血，肝脏肿大，呈黄褐色或土黄色。

胃、肠黏膜肿胀充血、出血，幽门部有小溃疡灶，黏膜下有出血；肠系膜淋巴结增大，切面多汁，有出血点；肠内容物呈暗褐色，混有黏液或血液。

（五）诊断 根据流行病学、临床症状、剖检变化和细菌学检查可以确诊。

1. 细菌学检查 采取新鲜病料接种于肝片肉汤培养基中，发育迅速，在5～8小时即混浊，并产生大量气体，气体穿过干酪蛋白凝块，使之变成多空样海绵状，这种现象称为“暴烈发酵”，可应用于本病的快速诊断。

2. 动物试验 取本菌培养物0.1～1.0毫升，接种于豚鼠皮下，局部迅速发生严重的气性坏疽，皮肤呈绿色或黄褐色，湿润，脱毛，易破裂，局部肌肉不洁，呈灰褐色的煮肉样，易断裂，并有大量的水肿液和气泡。通常在接种后12～24小时死亡。用培养物喂幼兔，可引起出血性肠炎而死亡。

3. 毒素测定 取病死动物回肠内容物，以生理盐水稀释2倍，用每分钟3 000转离心15分钟，取上清液用EK滤板过滤，取滤液0.1～0.3毫升，给小鼠尾部静脉注射（或腹腔注射），小鼠在24小时内死亡，证明含有毒素。

（六）治疗 由于水貂野性比较强，患病不易被发现，体小灵活、不易保定，所以治疗比较困难，效果也不理想。一般采用抗生素如磺胺类药物肌内注射或预防性投药，用新霉素、土霉素、黄连素、喹乙醇、氟哌酸等药物，每千克体重按10毫克投于饲料中喂给，早晚各一次，连用4～5天；或肌内注射庆大霉素1～2毫升或甲硝唑4～5毫升。为了促进食欲，每天还可肌内注射维生素B_1或复合维生素B注射液和维生素C注射液各1～2毫升，重症可皮下或腹腔补液。注射5%葡萄糖盐水10～20毫升，背侧皮下多点注射。也可腹腔一次注入（但液体不能太凉）。

（七）预防 为预防本病的发生，主要是不喂腐败变质的饲料。当发生本病时，应将病貂和可疑病貂及时隔离饲养和治疗。对病貂污染的笼舍，应用1%～2%氢氧化钠溶液或火焰消毒；对粪便和污物，应将其堆放至指定地点进行生物热发酵。地面用10%～20%新鲜的漂白粉溶液喷洒后，挖去表土，换上新土。

五、李氏杆菌病

水貂李氏杆菌病是一种主要以败血症经过，伴有内脏器官（心内膜炎、心肌炎）和中枢神经（脑膜脑炎）系统发病，单核细胞增多为特征的急性细菌性传染病。

（一）病原 病原体是单核细胞增多李氏杆菌，根据抗原构造的特点可分为 7 个血清型和 12 个亚型。革兰氏阳性，但在老龄培养物上易脱色。

李氏杆菌具有较强的抵抗力，秋冬时期，在土壤中能存活 5 个月以上，在冰块内存活 5～31 个月，在潮湿的土壤中能存活 11.5 个月，在干土中存活 2 年以上，70℃可存活 30 分钟，－20℃存活 2 年，对盐和碱的耐受能力较大，在 20%食盐水中经久不死，在牛乳中经巴氏消毒后仍能存活，饲料内能保存 10 个月，骨肉粉内能存活 4～7 个月，在皮张内存活 62～90 天，在尸体内存活 45 天到 4 个月不失去活力。

李氏杆菌对高温抵抗力比较强，100℃经 15～30 分钟、70℃ 30 分钟死亡。用琼脂培养物制成的菌液，在 60～70℃经 5～10 分钟、55℃1 小时死亡。但对消毒药抵抗力不强，2.5%石炭酸溶液 5 分钟、2.5%氢氧化钠溶液 20 分钟、2.5%福尔马林溶液内 20 分钟、75%酒精 75 分钟被杀死。

（二）流行病学

1. 易感动物 本病感染范围很广，畜、禽、啮齿类（鼠、兔）和野生经济动物等都能感染，兔最易感，狐、貂、毛丝鼠、海狸鼠、犬、猫均有感染性。实验动物豚鼠、小鼠、大鼠易感，但对鸽子无致病性。

2. 传染源 主要传染来源是病貂，感染动物通过粪尿、乳汁、流产胎儿、子宫分泌物、精液、眼鼻分泌物排菌。

3. 传播途径 传染途径主要是经消化道进入机体，被污染的饲料和饮水，以及直接饲喂带有李氏杆菌病的畜、禽、肉类饲料（副产品）等，都能使水貂感染发病。另外，在饲养场内栖居的老鼠和野鸟对本病的传播也有很大的危险性。

4. 流行特点 本病虽然没有明显的季节性，但多发生于春、夏季。

（三）临床症状 幼貂发生李氏杆菌病时，表现精神沉郁与兴奋交替进行、食欲减退或拒食。兴奋时表现共济失调、后躯摇摆和后肢不全麻痹。咀嚼肌、颈部及枕部肌肉震颤，呈痉挛性收缩，颈部弯曲、有时向前伸展或转向一侧或仰头。部分出现转圈运动，此时病貂到处乱撞，采食饲料时出现腭、颈的痉挛性收缩，从口中流出黏稠的液体，常出现结膜炎、角膜炎、下痢和呕吐。在粪便中发现淡灰色黏液血液。成年水貂除有上述症状外、还伴有咳嗽、呼吸困难，呈腹式呼吸。仔貂病程从出现症状起7～28天死亡。妊娠水貂患李氏杆菌病，突然拒食，躲于小室内，运动障碍，共济失调。后肢不全麻痹，病程6～10小时死亡。

（四）病理解剖变化 水貂死后剖检，心外膜有出血点；肝脏脂肪变性（脂肪性营养不良）、呈土黄色或暗黄红色，被膜下有出血点和出血斑；脾脏增大3～5倍，有出血点和出血斑；肠黏膜卡他性炎症；脑软化，水肿。

（五）诊断 根据流行病学、临床症状、病理解剖变化和细菌检查可以确诊。要注意与巴氏杆菌病、脑脊髓炎及犬瘟热的区别。

（六）治疗 治疗李氏杆菌病目前尚无特效疗法。各种抗生素均有良好的治疗效果，尤其早期大剂量使用疗效更显著。

链霉素每只5万～10万单位肌内注射，每天2～3次。青霉素10万～20万单位肌内注射，每天2～3次。新霉素每只1万单位混于饲料中喂下，每天3次，可取得较好的效果。庆大霉素每只25万单位肌内注射每天2次。也可应用磺胺二甲基嘧啶和长效磺胺，每只0.1～0.2克内服，每天3次。

在应用抗生素治疗的同时，也要注意对症治疗。强心、补液，注射复合维生素 B 或维生素 B_1 注射液每次 1～2 毫升，镇静可肌内注射盐酸氯丙嗪，每只 0.2～0.5 毫升，每天 2 次。

（七）预防 加强卫生防疫，特别是李氏杆菌病，也属条件性传染病，病原在土壤中滋生，所以要经常消毒，搞好环境卫生，灭鼠。特别是阴雨连绵的季节要加强防疫，饲料要加强管理。

六、水貂出血性肺炎

出血性肺炎又称水貂假单胞菌病，是由绿脓杆菌引起的人兽共患的一种急性传染病。

（一）病原 本病病原为假单胞菌科假单胞菌属中的铜绿假单胞菌（也称绿脓杆菌），革兰氏阴性菌。

绿脓杆菌对紫外线抵抗力强，对外界环境的抵抗力比一般革兰氏阴性菌强。55℃1 小时才被杀死。在干燥的环境下，可以生存 9 天。对一般的消毒药敏感，0.25％福尔马林、2％石炭酸、1％～2％来苏儿、5％～10％石灰水，均可迅速被杀死。因该菌有广泛的酶系统，能合成自身生长所需的蛋白质，不易受各种药物的影响，所以该菌对常用的抗生素大都不敏感。

绿脓杆菌本身能产生一种抗生素，即绿脓杆菌素。此种抗生素对各种革兰氏阳性菌（某些葡萄球菌、白喉杆菌、布鲁氏菌）具有抑菌和杀菌作用。

（二）流行病学

1. 易感动物 幼貂、毛丝鼠和北极狐对假单胞菌易感。幼貂最易感，其发病率高达 90％以上，老龄貂发病率低。最好的实验动物是家兔、豚鼠、大鼠、小鼠。

2. 传染源 污染绿脓杆菌的肉类饲料和患病动物的粪便、尿、分泌物、污染的水源和环境，都是本病的传染源。

3. 传播途径 感染的主要途径是经口腔和鼻。常由被污染的尘埃和绒毛，通过呼吸道感染本病。

4. 流行特点 该病没有明显的季节性，呈地方性流行。病菌侵入后，任何季节都能引起暴发。东北地区 9～10 月，其他地区 10～11 月份，气温多变，冷热不均，尤其是低温潮湿，使机体抵抗力下降，为绿脓杆菌病发生的诱因。

（三）临床症状 自然感染时，潜伏期 19～48 小时，最长的 4～5 天，一般为最急性或急性经过。死前看不到症状，或死前出现食欲废绝、体温升高、鼻镜干燥、行动迟钝、流泪、流鼻液、呼吸困难。多数动物出现腹式呼吸，并伴有异常的尖叫声。有些病例咯血或鼻出血，鼻孔周围有血液附着。此种病貂自发病后 1～2 天很快死亡。

（四）病理剖检变化 特征性变化是出血性肺炎，肺充血、出血和水肿，外观呈暗红色，切面流出大量血样液体，严重的呈大理石样变，肺门淋巴结肿大、出血，胸腔积液，胸膜有纤维素性渗出物，胸腺（幼龄动物）布满大小不等的出血点，呈暗红色。心肌弛缓，冠状动脉沟有出血点。胃和小肠前段内有血样内容物，黏膜充血、出血。脾肿大。

（五）诊断 根据流行病学、临床症状和病理剖检变化，可以作出初步诊断。最后确诊需要进行细菌学检查。利用肝、肾、脾、脑和骨髓等实质器官进行细菌学培养，经 24～48 小时，在肉汤培养基表面形成绿色后，变成淡褐色的薄膜。在琼脂平板上，长出边缘整齐的波状大菌落。上面染成青绿色，并发出特殊的芳香气味。接种小鼠、家兔、豚鼠后，常在 24 小时内死亡。

此外，凝集试验、酶联免疫吸附试验（ELISA）等免疫学方法，也可用于本病诊断。

（六）治疗 由于不同的绿脓杆菌对不同的抗生素药物的敏感性不一致，所以很多学者认为，在临床实践中用单一的特效药是没用的，几种抗生素或与其他抗菌药并用效果较好。如给病貂用多黏菌素、新霉素、庆大霉素、卡那霉素等各1 000～1 500单位，或多黏菌素 2 000 单位和磺胺噻唑以每千克体重 0.2 克混于饲料内喂给，都能收到良好效果。

(七) 预防

(1) 加强饲养管理，提高机体的抵抗力，保持干燥、良好的卫生状况，是预防本病重要措施之一。

(2) 进行免疫接种。有人主张用在疫区分离到的地方株制备福尔马林灭活菌苗作预防接种。日本研制出一种新型绿脓杆菌菌苗、保护力很好，既能用于预防，又可用于治疗。

我国也研制出水貂假单胞菌病脂多糖菌苗，效果很好，可作预防接种用或应急接种用。

七、水貂嗜水气单胞菌病

水貂嗜水气单胞菌病，又称水貂出血性败血症，是一种新发现的由嗜水气单胞菌引起的以出血性败血症及血痢为特征的人兽共患传染病。

(一) 病原 嗜水气单胞菌是弧菌科气单胞菌属，革兰氏染色阴性，嗜水气单胞菌产生多种外毒素，具有溶血性，可引起接种部位皮肤肿胀、坏死及肠毒性作用。毒素对热敏感，56℃加热 10 分钟，即可消除溶血作用、细胞毒性作用和肠毒性。

(二) 流行病学

1. 易感动物 水貂对此菌有较高的易感性，发病率为 66% 左右，致死率为 97%，断乳后的仔貂比成年貂易感，故青年水貂发病率高于成年貂。

2. 传染源 嗜水气单胞菌是水中栖息菌，广泛存在于淡水、海水和含有有机物质的池塘淤泥中，也寄生在鱼类体表，是两栖类（蛙）、爬虫类和鱼类的重要病原菌，所以鱼类和水域是本病的主要传染源。当水貂吃食了发病鱼、蛙或带菌鱼、蛙，就会引起感染；饮用了被嗜水气单胞菌污染的水源也会发病。

3. 传播途径 本病主要由消化道感染，水貂吃了带菌的鱼类饲料和水，极易引起本病暴发流行。

4. 流行特点 本病一年四季都可发生，但多见于夏秋两季。饲养管理不好，动物瘦弱，卫生条件差，可促进本病的发生。本病发病急、病程短，常呈地方性流行。

（三）临床症状 人工感染潜伏期为3～4天，自然感染病貂，潜伏期与饲料的污染程度和水貂体况有关，通常3～5天。急性病例突然发病，抽搐、惊叫，病貂表现食欲减退或废绝，精神萎靡，体温高达40℃以上，有的迅速死亡。亚急性病例主要表现剩食、拒食，精神萎靡，眼睛发炎潮红，流涎、下痢，呼吸困难，最后痉挛昏迷而死。约有20%的病貂出现后肢麻痹。

（四）病理剖检变化 出血性变化是本病特征性的病理解剖学变化。皮肤剥开，皮下组织水肿，胶样浸润。气管和支气管内有淡红色泡沫样液体。气管黏膜充血、出血，有出血点，喉水肿，肺脏有大小不等的出血点或出血斑，部分肺小叶呈肉囊状。肝脏边缘钝性肿大，呈土黄色、质脆，被膜上有出血点。脾肿大，有散在的出血点，偶见坏死灶。肠系膜淋巴结肿大，切面有出血点、多汁。肠黏膜有散在的出血点，有的病例胃黏膜脱落，有些病例脑膜和脑实质可见出血点。

（五）诊断 根据流行病学和临床症状，剖检变化可以作出初步诊断，最终确诊必须做细菌学检查。

1. 镜检 剖开胸、腹腔无菌采取心血、肝、脾、肺等病料进行涂片，干燥固定，进行革兰氏染色，镜检，可以看到革兰氏阴性小杆菌。

2. 细菌分离培养 无菌方法采取心血、肝、脾、肾、淋巴结等组织，分别接种于普通琼脂、绵羊血琼脂和麦康凯氏琼脂培养基中，分别放37℃、10～20℃，10%二氧化碳厌氧条件下培养，可见到典型菌落。

3. 动物试验 以无菌方法采取濒死或刚死不久的新鲜的病貂肝、脾病变组织制成10%的悬液（即1∶10），或纯分离的24小时的细菌培养物，经口或皮下接种没有病的水貂，一般3～7天发病致死，也可以给小鼠腹腔接种，2～4天发病死亡。

（六）治疗 早期应用链霉素、庆大霉素、四环素、卡那霉素，能收到良好的效果。同时也要配合一些辅助疗法如调节食欲、喂给一些适口性强的新鲜的肉蛋类，防止出血注射止血剂；促进食欲加强代谢能力，可肌内注射复合维生素B和维生素C等注射液。

（七）预防措施 加强貂场内卫生防疫工作，管好水源，不要用河水、池塘水喂动物和洗刷饲养用具（如食盆、水槽等）。喂给鱼类饲料（海杂鱼、淡水鱼）前，要彻底冲洗，经蒸煮无害化处理后再喂动物，严禁生喂，并要使用自来水或地下水。冷藏饲料的库房（冷库火热冷藏冰箱）要定期消毒。发现该病要立即更换饲料成分，除去可疑饲料，并在混合料中加喂抗生素药物。食具要煮沸消毒。

八、水貂克雷伯氏菌病

克雷伯氏菌病是由肺炎克雷伯氏菌和臭鼻克雷伯氏菌引起的以脓肿、蜂窝织炎、麻痹和脓毒败血症为特征的细菌性传染病。1947年Morris在美国首次报道，以后在世界各地蔓延。我国于1987年在东南沿海一些省份发现此病。

（一）病原 克雷伯氏菌属于肠杆菌科肺炎克雷伯氏菌属中的肺炎克雷伯氏菌，为革兰氏阴性杆菌。

本菌对0.002 5%升汞、0.2%氯胺具有较高的敏感性。在0.2%石炭酸中2小时失去活性。对卡那霉素等抗菌药敏感。

（二）流行病学

1. 易感动物 克雷伯氏菌对多种哺乳动物和禽类均有较强

的致病性和传染性，毛皮动物中水貂、麝鼠等均易感。

2. 传染源 感染克雷伯氏菌病动物的粪便、被污染的水和被污染的饲料（肉联厂的下脚料，如乳房、脾脏、子宫等）都是本病的传染源。

3. 传播途径 本病可通过污染的饲料、患病动物的粪便和被污染的水传播。但克雷伯氏菌病的传染方式，尚不十分清楚。

4. 流行特点 常呈地方性暴发流行，亦有散发。

（三）临床症状 根据临床表现，可分为四个类型。

1. 脓疱型 病貂精神沉郁，食欲减退，周身出现小脓疡，特别是颈部、肩部出现许多小脓疱，破溃后流出黏稠的白色或淡蓝色的脓汁。大多数形成瘘管，局部淋巴结形成脓肿。

2. 蜂窝织炎型 多在喉部出现蜂窝织炎，并向颈下蔓延，可达肩部，化脓、肿大。

3. 麻痹型 食欲不佳或废绝，后肢麻痹、步态不稳，多数病貂在出现症状后 2～3 天死亡。如果局部出现脓疱，则病程更短。

4. 急性败血型 突然发病，食欲急剧下降或废绝，精神高度沉郁、呼吸困难，在出现症状后很快死亡。

（四）病理解剖变化

1. 脓疱型 体表有脓疱，破溃流出黏稠的灰黄白色脓汁，特别是颌下或颈部淋巴结易出现这种情况。内脏器官变化，肝脏变性呈土黄色（脂肪性营养不良），被膜下有点状或斑状出血；脾肿大 3～5 倍，有出血斑点；心外膜有出血点；脑实质软化、水肿。

2. 蜂窝织炎型 肝脏明显肿大，质硬而脆弱，充血、瘀血，切面有多量凝固不全、暗褐红色的血液流出，切面外翻，被膜紧张，有出血点。胆囊增厚，有针尖大小的黄白色病灶。脾肿大 3～5 倍，充血、瘀血，呈暗紫黑红色，被膜紧张，边缘钝，切面外翻，擦过量多。肾上腺肿大，肺有小脓肿。在颈部或躯体其他部位发生蜂窝织炎时，局部肌肉呈灰褐色或暗红色。

3. 麻痹型 除上述器官变化外，伴有膀胱充满黄红色尿液，膀胱黏膜增厚，肾肿大，脾肿大。

4. 急性败血型 尸体营养状态良好。死前有明显呼吸困难的病貂，呈现化脓性或纤维素性肺炎和心内、外膜炎。脾肿大，肾有出血点或充血性梗死，胸腺有出血斑。

（五）诊断 根据病貂的临床表现，病理解剖变化和细菌学检查情况，方可作出诊断。此病应和链球菌病、结核菌引起的脓肿加以区别。

（六）治疗 当水貂场发现克雷伯氏菌病时，应将病貂和可疑病貂及时隔离。用庆大霉素、卡那霉素、环丙沙星、恩诺沙星、磺胺类药物进行治疗。如果体表发生脓肿。可切开排脓，用双氧水冲洗创腔，撒布消炎粉或其他制菌药物，同时肌内注射庆大霉素。口服环丙沙星，貂每只按 10 毫克，连服 5～7 天。

（七）预防 注意饲料的卫生和管理，垫草不要带刺和有芒的草类，以免发生外伤感染，小室（产箱）要经常打扫消毒，保持干燥。

九、水貂丹毒病

水貂丹毒病是以急性败血症经过、严重呼吸困难及迅速死亡为特征的传染病。

（一）病原 本病的病原为丹毒杆菌属中的红斑丹毒杆菌，革兰氏染色阳性，菌体呈纤细、微弯或平直的小杆菌。无芽孢、无荚膜、无鞭毛，单在、成对或成丛存在。

由于菌体表面有一层蜡样膜覆盖，对外界的抵抗力很强，肉内的细菌经盐腌或熏制后，能存活 3～4 个月，在掩埋的尸体内能活 7 个多月。对消毒药的抵抗力较弱，常用的消毒药如 5%的漂白粉溶液、5%～10%石灰乳、石炭酸等都有较好的消毒效果。

（二）流行病学

1. 易感动物 水貂及其他肉食动物均易感。

2. 传染源 被丹毒菌感染的发病动物和带菌动物是主要传染源。

3. 传播途径 感染的途径有消化道感染，如水貂吃了被污染的饲料和饮水等而引起发病；损伤的皮肤感染，如土壤、环境等污染后，病原菌经水貂损伤的皮肤而感染发病；吸血昆虫感染，如蚊、蝇、虱、蜱等叮咬，可传播本病。

4. 流行特点 本病一年四季均可发生，但夏季多发，病貂不分年龄和性别都可发生本病，但以阿留申貂易感性高，多散发。

（三）临床症状 病貂多呈急性经过，表现为精神沉郁、萎靡不振、食欲减退或废绝。口腔、鼻腔、结膜等黏膜发绀，鼻镜干燥，鼻腔和眼角有黏性分泌物。后肢关节肿大，行走困难，有的呈瘫痪状态。趾掌部水肿，排粪排尿失禁。体温高达 42℃，高热稽留，呼吸困难，呼吸频数。常于发病后 2～8 小时死亡。

（四）病理解剖变化 全身以急性败血症变化为特征，肺充血、水肿；有的心包积水，心肌发炎，心内膜有点状出血；脾脏瘀血、肿大，呈樱桃红色；胃肠充血、出血；肾脏有大小不等的出血点；淋巴结肿大、充血，切面多汁。

（五）诊断 根据临床症状和病理解剖特点，结合细菌学检查可以确诊。

细菌学检查：取新鲜的心血、脾、肾或淋巴结等病料涂片，染色镜检，可见革兰氏阳性，细长的、成对或成丝状的杆菌。

（六）治疗 病貂可用血清及抗生素治疗，抗丹毒血清 3～5 毫升皮下注射，24 小时后重复注射一次，发病初期应用效果很好。青霉素每千克体重 1 万单位，肌内注射，每天 2～3 次。拜有利注射液，每千克体重 0.05 毫升，肌内注射每天 1 次。为促进食欲，可注射复合维生素 B 注射液 1～2 毫升。

（七）预防措施

（1）严防喂给污染的动物性饲料，特别注意鱼类饲料的检查。用屠宰猪的下脚料一定要高温处理后熟喂，而且要严格管理，生熟分开。养貂场要尽量避免接触猪、鼠类、鸽子和兔，以免貂被带菌动物传染。

（2）对笼具要用消毒药定期消毒。

（3）可尝试接种猪丹毒活菌苗和甲醛菌苗，每只皮下注射1毫升。

十、水貂双球菌病

双球菌病又称双球菌败血症，是水貂、狐、貉等毛皮动物的一种急性细菌性传染病。以脓毒败血症为特征，并伴有内脏器官炎症和体腔积液，发病率及病死率很高。

（一）病原 本病原为肺炎双球菌，菌体呈球形或卵圆形，排列成对。革兰氏阴性菌，能形成荚膜。该菌对外界因素的抵抗力很弱，60℃10分钟死亡，一般消毒药可在短时间内杀死，对青霉素、金霉素及磺胺类比较敏感。

（二）流行病学

1. 易感动物 水貂及其他毛皮动物，不分品种、年龄、性别均可感染。

2. 传染源 带菌的毛皮动物，病畜的肉、奶是主要传染源。

3. 传播途径 经消化道感染，也可以通过胎盘感染，也可经呼吸道吸入污染空气感染。

4. 流行特点 病的流行没有季节性，成年水貂多发于妊娠期，幼龄水貂常呈暴发流行。当饲养管理失调、卫生条件不好、饲料不全价以及寒冷等诸多因素都可诱发本病的发生。

（三）临床症状 本病的潜伏期2～6天。新生仔貂发病时常见无特征性临床症状而突然死亡。日龄较大的仔貂表现精神沉郁、拒食、步态摇摆、前肢屈曲、拱背、呻吟、躺卧不起、摇头、呼吸困难、腹式呼吸，从鼻和口腔内流出带血的分泌物，有的下痢。孕貂易发生流产、空怀。

(四) 病理解剖 肺充血、肿大，气管、支气管内有出血性、纤维素性和黏液性渗出物。腹腔、胸腔及心包内有化脓性渗出物。脾脏微肿大；肝肿胀，表面有黄黏土色条纹；淋巴结肿大充血。

(五) 诊断 根据临床症状和病理解剖变化可以怀疑本病，要确诊必须做细菌检查。采取肝、心血、淋巴结及各种渗出物涂片染色，镜检，本菌为革兰氏阳性、成对排列的双球菌。

(六) 治疗 病貂可用抗牛犊或羔羊双球菌病高免血清治疗，每只貂皮下注射3～5毫升，每天1次，连用2～3天，同时配合抗生素及磺胺类药物进行治疗。还应加强对症治疗，强心、缓解呼吸困难，肌内注射樟脑磺酸钠，每只0.3～0.4毫升，为促进食欲，每天肌内注射维生素B_1注射液、维生素C等，每天每只各注射1～1.5毫升。

(七) 预防 对貂群加强饲养管理，清除不良因素，提高动物体的抵抗力。饲料要全价，断奶分窝要及时调整饲料组成和稠度的变化。增加鲜饲料和维生素类的补给，严禁饲喂病畜肉、奶。在饲料内添加一定量的金霉素、新霉素或多黏菌素，可预防本病。

十一、炭 疽 病

炭疽是由炭疽杆菌引起的人兽共患的、急性、热性、败血性传染病，是一种以突然发病，高热，黏膜发绀，天然孔出血，脾脏肿大，皮下和浆膜下结缔组织浆液性、出血性浸润为特征的烈性传染病。

(一) 病原 炭疽杆菌是大型杆菌，在动物体内形成荚膜，单在或2～5个形成短链，菌体与菌体相连的两端平截，相连呈竹节状，游离端呈钝圆为主要特征，具有鉴别意义。在人工培养基上不形成荚膜，呈长链状排列。易为苯胺染料着色，为革兰氏阳性大杆菌。

炭疽杆菌本身抵抗力不强，75℃经1分钟被杀死（一般消毒药亦很快将其杀死），但炭疽杆菌在外界环境不良的条件下能形成芽孢。这种芽孢具有顽强的抵抗力，在土壤和水中保持10年，仍有生命力；在干燥条件下于140℃经3小时，煮沸经10～15分钟，110℃高压下5～10分钟才能被杀死；1%升汞数分钟到数小时，5%石炭酸24小时，才能被杀死。

（二）流行病学

1. 易感动物 在自然条件下，水貂、紫貂、兔和海狸鼠、麝鼠易感；银黑狐、北极狐钝感；貉对炭疽杆菌有较强的抵抗力。在家畜中，牛、羊、骆驼、鹿易感，而犬和猫相对具有较强的抵抗力。实验动物中的小鼠和豚鼠易感。

2. 传染源和传播途径 毛皮动物食入带有炭疽病的动物性饲料而感染。吸血昆虫和野鸟可能成为传染媒介。

3. 流行特点 本病没有季节性，一年四季均可发生，但夏季多见，特别是洪水泛滥以后易流行。如果吃了被炭疽杆菌污染的肉类饲料，可在短期使经济动物大批发病，在2～3天内出现死亡高峰，之后死亡曲线下降。如果不采取扑灭措施，可长期在貂场内有传染性，造成重大经济损失。

（三）临床症状 水貂病程为20～30分钟到2～3小时，呈急性经过。病貂体温升高，呼吸频数、步态蹒跚、渴欲增加、拒食、血尿和腹泻、粪便内混有血块和气泡，常从肛门和鼻孔里流出血样泡沫。咳嗽、呼吸困难、抽搐。一般转归死亡。

（四）病理解剖变化 死于炭疽病的尸体，一般严禁解剖，在特殊情况下需要解剖时，应在严密控制下进行。炭疽特征性病理变化是血液凝固不全，呈酱油样；尸体迅速腐败而膨胀，天然孔流血，皮下及浆膜下出血性胶样浸润；脾肿大，软化如泥；全身淋巴结肿大。

（五）诊断 根据临床症状和病理解剖，可以作出初步诊断，最终确诊还要靠血清学检查和细菌学检查。

采取病料时，一定要严格按法定传染病的规定办，不能马虎。

1. 细菌学检查镜检 急性死亡病貂的新鲜病料中，炭疽杆菌具有特征性的菌体型态和荚膜，对于病的确诊和类症鉴别有重要的诊断意义。取尸体末梢（耳或肢体）血管血液涂片、固定后，用荚膜染色法染色，若涂片中见有短链、两端呈竹节状带有荚膜的大杆菌时，即可确诊。采取病料后局部创口应以碘酊或升汞棉球堵塞并包扎，或烧烙，以防污染周围环境。

2. 血清学检查 即沉淀反应，本法是一种简便、快速、检出率和特异性高的诊断方法。无论是新鲜病料或陈旧腐败的病料，都可用此法诊断。检查时，取病死动物血液5毫升或肝、脾1克左右，于乳钵中研成糊状，再用灭菌生理盐水制成5～10倍悬液，放试管中，于水中煮沸15～30分钟，冷却后过滤。用毛细吸管吸取透明滤液缓缓地沉积于装在细玻璃管中的炭疽沉淀素血清上，于1～5分钟内如两液接触面出现清晰的白色沉淀环时为阳性，即可确诊为炭疽。

（六）治疗 可应用抗炭疽血清进行特异性治疗。水貂及紫貂皮下注射抗炭疽血清，成年貂3～5毫升、幼貂1～3毫升。

药物治疗：青霉素有效，水貂和紫貂每次肌内注射15万～20万单位，每天3次肌内注射。

（七）预防措施

（1）建立卫生防疫制度，严禁采购、饲喂原因不明或自然死亡的动物肉。

（2）预防接种 疫区每年应注射炭疽疫苗，用法用量可按疫苗使用说明书使用。

（3）对可疑病貂进行隔离治疗，死后不得剖检和取皮，一律焚烧或深埋。被病貂污染的笼舍进行火焰消毒。也可用20%漂白粉溶液，或用5%硫酸石炭酸合剂消毒。焚烧被污染的垫草和破损的低值易耗品。地面用漂白粉消毒后，铲除10厘米厚土层。

(4) 饲养人员应严格遵守防护制度，以防感染。

十二、结 核 病

结核病不仅是人兽共患的慢性传染病，而且是脊椎动物都能感染的疫病。多呈慢性经过，引起内脏器官干酪化坏死结节或钙化灶。

(一) 病原 病原体为结核分支杆菌。共分三个型，牛型结核分支杆菌、人型结核分支杆菌和禽型结核分支杆菌。水貂以牛型和禽型结核杆菌最为易感，人型结核分支杆菌次之。

结核分支杆菌染色，主要是抗酸染色，一般苯胺染料不易着色。抗酸染色广泛用于结核菌鉴别染色。

本菌对外界抵抗力强，在自然环境下，对干燥有较强的抵抗力。在痰液和粪便中能存活10个月之久。但本菌对阳光和湿热敏感，在直射阳光下几分钟至几小时死亡；55℃4个小时、60℃1个小时、70℃10分钟、80℃5分钟、90℃2分钟死亡，煮沸立即死亡。5%来苏儿48小时，5%甲醛溶液12小时死亡；而在70%酒精中、10%漂白粉中很快死亡。

本菌对一般的抗生素不敏感，但对链霉素、异烟肼、利福平及氨基水杨酸等，有不同程度的敏感性。

(二) 流行病学

1. 易感动物 在经济动物中，幼龄水貂、银黑狐、貉、海狸鼠、山鸡、鹿科动物等比较敏感。北极狐很少患病。由于水貂色型和抵抗力不同，易感性也有所差异。绿眼浅褐色水貂，白色和具有纯阿留申基因型水貂比较易感；而银蓝色水貂比较少见。

2. 传染源 污染结核菌的肉类饲料和乳品、开放型的病畜和人是主要的传染源，可由痰液、粪尿、乳汁和分泌物排菌和污染周围环境。

3. 传播途径 主要通过呼吸道和消化道传染，其他途径如外伤、子宫内感染都有可能。水貂吞食了未经无害化处理的，患结核病的牛、羊肉和内脏等副产品，易感染本病。

4. 流行特点 本病没有季节性，一年四季都可发生。水貂多见于夏秋两季。特别是笼子比较小和密集饲养，粪便堆积不及时清除，卫生条件不好，饲料质量比较低劣，不全价等，更促使患病动物病情恶化和死亡。

(三) 临床症状 水貂结核病的潜伏期1～2周，病程一般为40～70天。病貂不愿活动，食欲减退，进行性消瘦，易疲乏嗜卧，被毛无光泽，鼻镜湿润程度变化无常。当侵害肺部时，表现干咳，严重者出现呼吸困难。有的病貂鼻、眼有浆液性分泌物，咽后淋巴结受侵害时肿大，易滑动，如榛子大，触之常有波动感，破溃后流出黏稠液体。局部被毛黏结，创面污秽不洁。有的病貂常打喷嚏和响鼻，有的出现化脓性鼻漏。因此，鼻镜上形成淡黄色的痂皮，呼吸频数、浅表。有些病例死前1～2周，出现后肢麻痹。

(四) 病理解剖变化 病貂尸僵完整，消瘦，可视黏膜苍白。病变多发生于肺部，在肺表面或组织深处，有肉眼可见的豌豆大或黄豆大的散在的钙化或没钙化的结核结节。切之有浓稠凝块和灰黄色脓样物。有的侵害气管和支气管，形成空洞。胸腔积有渗出液，纵隔淋巴结肿大，切面干酪样。水貂多见颈浅淋巴结和肠系膜淋巴结脓肿。

在腹壁浆膜上，常见有结核结节。肠管黏膜上，偶有散在如扁豆粒大的溃疡，呈灰白色。大网膜上，也偶见散在干酪样结节。

肾脏常受侵害，在肾包膜下，见有粟粒大或高粱米粒大至黄豆粒大灰黄色结节。慢性病例肾萎缩，结节位于深层。在肾盂附近，结核病灶破溃，其内容物进入肾盂内。

水貂结核病常侵害子宫，在子宫腔内或子宫角内，常发现圆形结核病灶，带有脓样内容物，颌下及耳周围淋巴结增大，有时破溃流脓。卵巢内发现有干酪样坏死灶。

（五）诊断 水貂结核病缺乏特征性临床症状，因此临床诊断困难。可通过病理解剖和细菌学检查建立诊断。病理解剖主要特点是患病器官发生特异性、大小不等的干酪样和钙化结节。病变部位压片或细菌培养物涂片，用萋尔-纳尔逊氏抗酸染色，结核分支杆菌被染成抗酸性红色，即可确诊。

为进一步证实，可将病料（内脏器官）制成乳剂，接种于豚鼠、家兔和鸡，做动物试验，根据上述动物的易感性，可以确定结核菌型。

用结核菌素作变态反应，为毛皮动物结核病的生前诊断。可在眼睑部给水貂注射 0.1 毫升牛型结核菌素，经 48～72 小时，发现流泪和眼睑肿胀，为阳性反应。此时，眼半闭合或完全闭合。眼睑肿胀不明显，为可疑反应，阴性缺乏上述反应。

在水貂耳内侧皮下接种牛型结核菌素，作为水貂结核病的生前诊断。接种剂量为 0.1～0.5 毫升，接种 24 小时、48 小时、72 小时和 96 小时观察。阳性反应接种耳部皮肤明显肿胀充血，有时坏死。轻度肿胀为可疑，阴性无上述变化。阴性和可疑者，于 72 小时后在同一部位用同样剂量再接种一次，接种后 24 小时按上述标准判定。应该指出，病的后期处于衰竭状态的动物，对结核菌素反应弱或不反应。

（六）治疗 对于珍贵毛皮动物，可应用抗结核药物——异烟肼（INH）、链霉素（SM）、利福平（RFP）等进行治疗。一般的水貂没有治疗价值，结合冬季取皮淘汰。

（七）预防

（1）发现病貂和可疑病貂应尽快隔离饲养，维持到取皮期淘汰取皮。

（2）加强兽医卫生防疫制度，杜绝可能带入结核菌的各种途径；进行综合性的防治措施，是防止结核病的好办法。

十三、布鲁氏菌病

水貂布鲁氏菌病是有布鲁氏菌属的羊型、猪型、牛型布鲁氏菌引起的慢性传染病。

（一）病原 布鲁氏菌为无鞭毛、不能运动、不产生芽孢的革兰氏阴性球杆菌。

本菌对外界环境有较强的抵抗力，在体外对干燥和寒冷能保持很长时间，具有传染性。在干燥的土壤中，可存活37天；在水内存活6～150天；在湿润土壤中存活72～100天；在污染的皮张中，可存活3～4个月；在粪便中，存活45天；在尿中，存活46天；在污染的衣服中，能存活15～30天；在咸肉内，存活4个月；在冻肉内，活5个月以上；在乳品内，存活16天。

本菌对湿热特别敏感，55℃时2小时、65℃15分钟、70℃5分钟被杀死。煮沸可立即死亡。对一般的化学药品抵抗力较差。1%～2%石炭酸、克辽林、来苏儿和0.1%～0.2%升汞，1小时内死亡。1%～2%福尔马林（甲醛）溶液，经3小时杀死；5%新石灰乳，经2小时，即可杀死。

（二）流行病学

1. 易感动物 现已查明哺乳动物、爬虫类、鱼类、两栖类、鸟类、啮齿类和昆虫等60多种动物对本菌均有不同程度的易感性，或带菌而成为本菌的天然宿主，即自然疫源保菌者。水貂、紫貂、银狐、蓝狐、貉及其他毛皮动物，都可感染此病。

2. 传染源 该病主要是由饲料感染，特别是生喂牛、羊内脏及下脚料、乳制品等是比较危险的，流产母貂排出的恶露分泌物和胎儿也是最危险的传染源。

3. 传播途径 布鲁氏菌病，除经消化道和接触传染外，通过病貂的精液也可以传染。

4. 流行特点 本病呈散发流行，成年水貂感染率较高，幼貂发病率较低。

（三）临床症状 母貂主要表现流产，体温升高；或产弱仔，食欲下降，个别的出现化脓性结膜炎，空怀率高，公貂配种能力下降等。

（四）病理解剖变化 妊娠中后期死亡的母貂，子宫内膜有炎症，或有糜烂的胎儿，外阴部有恶露附着，淋巴结和脾脏肿大，其他器官充血、瘀血，公貂有的出现睾丸炎。

（五）诊断 水貂布鲁氏菌病诊断比较困难。因为本病缺乏特征性临床症状，病理解剖变化不明显，细菌学和血清学检查具有现实意义。血清凝集反应是诊断此病常用的血清学方法。但凝集反应区别不了免疫接种与自然感染所产生的抗体反应（即区别不了自然抗体和免疫抗体）。近年来，我国研制成功的布鲁氏菌单克隆抗体所做的斑点酶联免疫吸附试验，具有区别这两种抗体的特点。

此外，也可应用补体结合试验、全乳环状试验、变态反应、荧光抗体试验和病原分离方法进行诊断。

鉴别诊断：布鲁氏菌病与副伤寒相类似，但根据细菌学检查即可鉴别。副伤寒病原体，常出现在血液内和脏器中，同时副伤寒固有病理变化比较明显。

水貂布鲁氏菌病与阿留申病相似，但通过血清学检查可得到鉴别，阿留申病血清对流免疫电泳阳性，病理组织学检查，阿留申典型的浆细胞增多，而布鲁氏菌病没有这种变化。

（六）治疗 布鲁氏菌是细胞内寄生菌，目前还没有成功的治疗方法。对病貂可应用抗生素类药物进行治疗，如没有治疗价值，隔离饲养到取皮期，淘汰打皮。

二甲胺四环素，每千克体重 12.5 毫克，口服，2 次/天，14～21天，然后停用3周。

盐酸四环素，每千克体重 10～20 毫克，口服，3 次/天，持续 3 周，然后停用 3 周。

恩诺沙星，每千克体重 10～15 毫克，口服，2 次/天，持续 3 周，然后停用 3 周。

（七）预防 主要还是加强肉类饲料的管理，对可疑的肉类及下脚料（牛、羊）要进行高温处理，且要认真不要走过场。特别是用羔羊一类的肉尸作饲料的一定要注意人兽的安全。

受布鲁氏菌病威胁的养貂场可以用猪型 2 号菌苗（供牛、羊、猪使用）预防接种，具体接种请参考疫苗说明书。

十四、伪结核病

伪结核病是由耶尔森菌属的伪结核杆菌引起的以肠道、淋巴结和内脏器官出现干酪样坏死结节为特征的慢性消耗性传染病。由于此病在肝、脾、肾、淋巴结等实质器官出现肉眼可见的粟粒状结节，形似结核，而其致病菌为不耐酸的革兰氏染色阴性杆菌，故得名为伪结核病。

（一）病原 本菌为球状或杆状的多形性杆菌，本菌易被苯胺染料着色，但着色不均，患病组织中的菌体常呈两端着色。本菌为需氧、厌氧兼性菌。在普通培养基中生长不好，添加血清可促进生长。

伪结核菌对干燥和低温有较强的抵抗力。将含菌的脓汁涂成厚层，于阳光下存放，可存活 10 个月；经 66℃加热 10～15 分钟死亡，2.5％石炭酸 1 分钟，0.25％福尔马林 6 分钟，0.1％～0.2％升汞 4 分钟，即可被杀死。

（二）流行病学

1. 易感动物 水貂、狐、毛丝鼠、海狸鼠都可以感染本病，以幼龄动物最易感。

2. 传染源 患病动物和老鼠是主要带菌者。

3. 传播途径 通过粪便、尿液和分泌物将病菌排出体外，污染饲料、饮水而使本病传播。如果水貂吃了患病家畜的肉尸和副产品也会引起发病。

4. 流行特点 本病常散发，没有明显的季节性。当饲养场管理不善、圈舍卫生条件差、饲料中营养不全或缺乏维生素、感冒、患寄生虫病时，都会使动物体抵抗力降低，促进本病的传播。

（三）临床症状 水貂感染本病时，不愿活动，食欲减退或废绝，被毛蓬乱、无光、迅速消瘦，很快死亡。有的无前驱症状，突然死亡。成年水貂多为慢性经过，食欲不振、消瘦、腹泻，有的出现黄疸。

（四）病理解剖变化 病理变化主要是内脏器官发生结节性病灶。打开腹腔，小肠、盲肠黏膜有大量粟粒大乃至豌豆大的淡黄色结节，病程长者更为明显和严重。肝、脾、肾、淋巴结等器官也有肉眼可见的粟粒状结节，这一点与结核病相似。肠系膜淋巴结及鼠蹊部淋巴结肿大，切面有白色坏死灶。肺部有不同程度的出血，部分肺小叶发生气肿。

（五）诊断 本病临床上无特征性变化，确诊主要靠实验室诊断。

取肠系膜淋巴结或病灶脓汁涂片染色。镜检如为革兰氏染色阴性多形性小杆菌，并且抗酸染色阴性，则可初步确诊为本病。进一步确诊需要将病料接种小鼠或豚鼠，再从死亡的动物体内取脏器病料，分离培养，根据菌体特征、生化反应及血清学反应进行菌株抗原型鉴定。

（六）治疗 对病貂试用链霉素、四环素等治疗。维持到取皮期，淘汰取皮。

（七）预防 隔离病貂，妥善处理污染物，加强卫生和消毒，防止外伤和咬伤。

十五、链球菌病

链球菌病是由链球菌引起的多种动物的传染病，人也可感染。也是幼龄水貂常见的败血型传染病。其临床特征表现多种多样，能引起各种化脓性感染和败血症，有的只发生局限感染。

（一）病原学 病原为β型溶血性链球菌，此菌是家畜和动物常见的病原微生物，种类繁多，根据血清型分类，可将链球菌分为20个血清群，对人类有致病性的链球菌主要是A群，对动物有致病性的主要是B、C、E三群。本菌多呈链状排列，链长短不一，短链2～3个菌体排成一串，长者20～30个菌连在一起，革兰氏阳性菌。

链球菌抵抗力不强，加热50℃30分钟可被杀死；对青霉素、金霉素、四环素、磺胺类、恩诺沙星等广谱抗菌药物都比较敏感，但有时产生抗药性。

（二）流行病学

1. 易感动物 出生后5～6周水貂易感，成年水貂很少发病。

2. 传染源 本菌广泛分布于水、土壤、空气及动物与人的肠、粪便、呼吸道、泌尿生殖道中。β溶血性链球菌的肉类饲料、饮水或病畜肉，下脚料和患病动物是本病的传染源。

3. 传播途径 一般经消化道、呼吸道及各种外伤而感染。

4. 流行特点 无明显的季节性，多散发。

（三）临床症状 最急性的见不到任何症状，前一天晚上吃食正常，次日早晨就已死亡。病程短的仅为半小时至2小时。急性的病貂突然拒食，精神沉郁，不愿活动，步态蹒跚，呼吸急促而浅表，有的病貂流鼻液，眼内有脓性分泌物，后期出现共济失调，肌肉麻痹，尿失禁，有的貂排血便。一般出现症状后，24小时内死亡。亚急性的病貂出现于发病后期，病程在1天以上，经治疗多能痊愈。

（四）病理解剖变化　最急性和急性经过的病尸营养状态良好，体表、胸腹部及四肢内侧皮肤呈蓝紫色，血凝不良呈煤焦油状。食道黏膜充血。胃黏膜呈卡他性炎症。肠内有黑褐色血样物质，肠系膜淋巴结肿胀、有针尖大小的出血点。肝脏肿大，质地脆弱，表面呈弥漫性黄褐色，切面呈红黄色；脾脏肿大3～5倍，呈紫红色，有小米粒大的灰白色化脓灶；肺充血水肿，有的呈点状或弥漫性出血斑；肾充血肿大，呈灰褐色，有针尖大小出血点；心肌柔软，呈暗红色，内有血凝块；脑膜血管充血。妊娠母貂子宫弥漫性充血、出血，胎儿水肿、全身瘀血，均为死胎。幼貂可见膀胱黏膜有出血性化脓性炎症。

（五）诊断　根据流行病学和临床表现可以怀疑本病，最终诊断，还要靠细菌学检查。

1. 直接涂片镜检　用病死貂的肝、脾及淋巴结直接涂片，革兰氏染色镜检，可见有单个、成对排列或呈链状排列革兰氏阳性球菌。

2. 细菌培养　用病死貂肝、脾、淋巴结分别接种于普通营养琼脂和绵羊血琼脂平板，于37℃培养24小时，绵羊血琼脂平板上见有细小、半透明、光滑明亮、圆形、边缘整齐、有溶血环、呈露珠状的菌落；而在普通琼脂上细菌不生长。将培养物涂片，革兰氏染色镜检，可见到大量的多以5～8个长链状排列的革兰氏阳性球菌。

（六）治疗　青霉素、磺胺类药物对治疗本病有良好的效果。每只病貂每次肌内注射10万～20万单位青霉素，每天3次；或用拜有利注射液，每千克体重0.05毫升，每天1次肌内注射。

为了促进食欲，每天注射复合维生素B注射液或维生素B_1注射液0.5～1毫升。

大群可以采取预防性投药，在饲料中加入预防量的土霉素粉或氟哌酸之类的药物，增效磺胺也可以。及时隔离病貂，对笼舍、食具进行消毒，消除小室内垫草，并烧毁或进行生物热发酵。

（七）预防 加强对饲料的管理，防蝇、防鼠，对来源不清或污染的饲料要经高温处理（煮沸）再喂动物。有化脓性病变的动物内脏或肉类应废弃不用。不使用来自污染地区的垫草。有芒或有硬刺的垫草也最好不用，以免发生刺伤，增加感染机会。

十六、水貂仔兽脓疱病

脓疱病是新生仔貂的一种急性、以出现脓疱为特征的皮肤传染病。

（一）病原 病原为黏膜双球菌、化脓性链球菌、金黄色葡萄球菌等。

（二）流行病学 2～5日龄的哺乳仔貂多发，彩色水貂仔兽更易感，特别是蓝宝石水貂多发。主要由于哺乳母貂患有化脓性扁桃体炎而带有葡萄球菌和化脓性链球菌，通过拖拽和梳饰，将病原菌直接传播给仔貂。

4日龄以上的一般能痊愈，1～2日龄仔貂病死率高，如不治疗，死亡率100%。

（三）临床症状 仔貂患病后，精神萎靡，蜷缩，不吮乳，体温升高，发出尖叫声；营养不良，很快消瘦，生长停滞，全身肌肉震颤。在母貂经常叼咬和舐的部位皮肤上有小米粒大、突出的圆形小脓疱，逐渐融合变大，发生破溃，流出黄绿色的脓汁，干涸后形成痂。有的严重时，患部出现红色炎性反应带或呈暗紫色坏死灶。

（四）病理解剖变化 除患部发生脓肿以外，仔貂内脏器官没有特征性变化。

（五）诊断 根据发病日龄和临床变化可以做出诊断，为准确起见可以进行细菌学检查。发现有双球菌、链球菌和葡萄球菌即可确诊。

（六）治疗

1. 局部治疗 用针头刺破脓疱排出脓汁，用双氧水或高锰酸钾水 0.1%清洗创腔，再涂以 5%水杨酸酒精溶液（70%酒精）拭净，涂布少许青霉素粉，送回原窝或代养。

2. 全身治疗 可用金霉素或土霉素 5 万单位、复合维生素 B（注射用）1 毫升、5%葡萄糖溶液 20 毫升，混合后给仔貂经口滴入，每天 3 次。还可用青霉素或新霉素 500～1 000 单位，在炎症病灶皮下分点注射。

在治疗仔貂的同时，必须对母貂用同样的药进行治疗，方能获得满意的效果。

（七）预防

（1）预防本病要注意哺乳母貂的健康状况，发现有口腔、扁桃体的化脓性炎症要及时治疗，并禁止其叼咬仔貂。

（2）对患有化脓创和脓肿的仔貂要及时治疗，并进行淘汰，不能留作种用。

（3）加强对产箱卫生的管理，产前对产箱要做消毒处理，垫草不要太硬和带芒。

第三节　其他疾病

一、皮肤真菌病（脱毛癣）

皮肤真菌病或称表皮真菌病，是由小孢子霉菌属皮肤癣菌侵染表皮及其被毛、爪、角质所引起的真菌病，俗称脱毛癣、钱癣或匐行疹，其病程持久、难以治愈，是人兽共患的真菌性皮肤传染病。

（一）病原 侵染毛皮动物的病原主要是小孢子属的犬小孢子菌，石膏状小孢子菌和须发癣菌。

这些癣菌对外界环境因素有极强的抵抗力，在皮肤鳞屑及毛囊的孢子，于100℃干热中能耐受1小时，110℃加热1小时才被能杀灭。对一般消毒药耐受性也很强。对一般抗生素和磺胺类药物不敏感，而制霉菌素、两性霉素B和灰黄霉素等对本菌有抑制作用。

（二）流行病学

1. 易感动物 本病各种动物都感染，牛、马最易感，其次是犬、猫、毛皮动物（北极狐、银狐、貉、貂、毛丝鼠等）也易感，人也感染，因此本病对畜牧业生产和毛皮动物饲养业以及人的健康带来一定的影响。

2. 传染源 病菌主要附着在毛发、鳞屑、痂皮和患部组织内，并可随落屑、折断的被毛排放到外界环境中，患病动物是本病的传染源。

3. 传播途径 主要通过接触传染，也可通过被污染的用具、笼舍，吸血昆虫等传播。

4. 流行特点 一年四季都发生，潮湿的夏秋两季多发。无年龄、性别之分，但以幼貂较易感。貂舍温度高、潮湿、阴暗、污秽不洁、动物营养不良、被毛不洁皆可促进本病的发生；维生素缺乏，特别是维生素C不足时对本病发生也起一定的作用。

（三）临床症状 病貂面部、耳部及四肢皮肤发生丘疹、水疱，形成圆形、椭圆形、轮状或不规则的癣斑，表面附有石棉板样的鳞屑，被毛脱落。有的癣斑中央部开始痊愈、长毛，而周围继续脱毛，呈现轮状癣斑，严重者病变蔓延至大部分躯体，皮肤发生红斑隆起，有的结痂或化脓，病貂瘙痒不安、食欲减退、逐渐消瘦、贫血、生长发育弛缓。

（四）诊断 根据临床症状和真菌检查可以得到确诊。

真菌检查包括伍兹灯照射、显微镜检查及培养试验。

1. 伍兹灯照射试验 伍兹灯照射能产生波长366纳米的紫外光，在暗室内照射被毛，被感染者发出黄绿色乃至蓝绿色荧光，可作为诊断依据。出现蓝绿色银光为犬小孢子菌，石膏状小孢子菌感染时很少见到荧光，须发癣菌无荧光出现。

2. 显微镜检查 在病貂病灶的边缘采集被毛、鳞屑、痂皮灯病料，置载玻片上，加数滴10%氢氧化钾溶液，徐徐加温，标本透明后，覆盖玻片，镜检，可见分支的菌丝及各种孢子。

3. 真菌染色法 用乳酸石炭酸棉蓝染液，滴于载玻片上，加入病料混合，再盖上盖玻片镜检。染液配方：石炭酸（结晶）20克，乳酸20毫升，甘油40毫升，棉蓝0.05克，蒸馏水20毫升。将乳酸、石炭酸及甘油溶解于蒸馏水中（可加热溶解）再加入棉蓝即可。

患部拔下的毛，用氯仿处置后，若有真菌感染，毛变成粉白色。

4. 培养法 将病料接种于加抗生素的萨氏培养基上，在24～37℃下培养1～4周，将培养出的菌落再进行分离培养，然后对菌种进行鉴定。

5. 动物接种法 常用豚鼠和家兔，用病料作皮肤擦伤感染，经7～8天出现炎症，脱毛或癣痂者，判为阳性。

（五）治疗 发现病貂及时隔离治疗，病貂的笼舍可用2%氢氧化钠溶液（50℃）或5%克辽林热溶液（60℃）消毒。

1. 局部治疗 将病貂局部残存的被毛、鳞屑、痂皮剪除，用肥皂水洗净，涂以克霉唑软膏或益康唑软膏、癣净等药物。

2. 全身治疗 在局部治疗的同时，可内服灰黄霉素，每天每千克体重25～30毫克，连服3～5周，直到痊愈。也可以用内服伊曲康唑治疗，每千克体重10毫克，每天1次，连用3周。

（六）预防 平时加强貂场内和笼舍内的卫生，饲养人员注意自身的防护，防止感染。患皮肤霉菌病的人不要与水貂接触。

二、念珠菌病

念珠菌病是由真菌中的念珠菌引起的一种以皮肤或黏膜上形成乳白色凝乳样病变和炎症的真菌病。

（一）病原学 念珠菌病主要病原体是白色念珠菌，其次是热带念珠菌及克柔念珠菌。

白色念珠菌是一种卵圆形芽生酵母样真菌。在培养物、组织和分泌物中能产生酵母样细胞和假菌丝，革兰氏染色阳性。

（二）流行病学

1. 易感动物 本病为人兽共患传染病，世界各地都流行，毛皮动物以水貂较易感。

2. 传染源 本菌广泛存在于自然界中，通常寄居于健康动物和人皮肤和黏膜上，也常从被粪便污染的土壤、饲料和水中分离到。

3. 传播途径 大多数动物的念珠菌是由内源感染所致，当机体营养不良、维生素缺乏、饲料低劣、长期应用广谱抗生素或皮质类固醇或患其他疾病而使机体抵抗力降低时，均易感染发病。也可通过接触传染。

4. 流行特点 高温潮湿季节多发，幼貂比成年貂发病率高。

（三）临床症状 病变常发生黏膜或爪部折叠处，形成一个或多个小的隆起软斑，表面覆有黄白色假膜。假膜剥脱后，露出溃疡面。有的跖部肿胀，趾间及周围皮肤皱襞处糜烂、有灰白色和灰红色分泌物，有的形成瘘管，后期常有 1～2 个趾甲甚至全爪溃烂脱落，趾部露出鲜嫩肉芽。病原菌侵入肺部时，病貂精神沉郁、食欲减退或拒食、体温升高、咳嗽、呼吸困难。

（四）诊断 根据临床症状可以作出初步诊断，但要确诊应做实验室检查。

1. 镜检法 取病变部位刮取物或痰液、渗出物等做涂片，如果是皮屑、稠痰、假膜等，则需加10%氢氧化钾溶液，在火焰微微加热，助溶，然后以低倍镜观察。用革兰氏染色法或瑞氏染色，可见念珠菌为卵圆形，壁薄，有芽生酵母样细胞，有时可见菌丝及芽生孢子。

2. 真菌培养法 将病料接种于沙氏培养基上，放室温下或37℃中培养，然后检查典型菌落中的细胞和芽生假菌丝。白色念珠菌在玉米培养基上或其他分生孢子增生培养基上，能产生厚垣孢子，这一点是重要的鉴别标志。

3. 动物接种法 将病料制成1%混悬液或纯培养物，对家兔进行静脉注射（接种），剂量为1毫升，经3～5天被接种兔死亡。剖检可见肾脏肿大，在皮质部散布许多小脓肿。如果耳部皮内接种，40～50小时局部形成脓肿。

4. 血清学检查法 免疫扩散试验、乳胶凝集试验和间接荧光抗体试验，对全身性念珠菌病的诊断有一定的价值。

（五）治疗 清除引发本病的诱因，应用制霉菌素（多聚醛制霉菌素钠）片或三苯甲咪唑。同时给予青霉素、链霉素预防继发感染。制霉菌素片（每片50万单位），每次内服一片，每天3次，连用10天以上。

局部病变涂制霉素软膏或5%碘甘油每天2～3次。

（六）预防 加强饲养管理，注意饲料的科学搭配，提高貂群的抵抗力，避免长期使用广谱抗生素和皮质类固醇，搞好环境卫生，定期消毒。

三、隐球菌病

隐球菌病是一种具有世界意义的条件性、全身性真菌感染。本病原发于鼻腔、鼻旁组织或肺，并可扩散至皮肤、眼或中枢神经系统。狐、貉、貂、犬等均易感。

（一）病原 病原菌为新型隐球菌，是一种圆形酵母真菌，在体内外的形态一致。用苏木素伊红及PAS染色时，荚膜不着色；用美蓝染色，菌体呈异染紫色；用阿新兰染色，呈蓝色；用黏蛋白卡红染色时，则呈红色。

鸽子是最重要的新生隐球菌传播媒介。阳光直射或直接暴露于土壤中可杀灭菌体。

菌体通过吸入进鼻，小的菌体可直接进入气管和肺脏，并通过直接扩散或血液传播发生转移，进入机体的其他器官。

（二）症状 本病主要侵害脑神经系统和鼻窦，肺部感染也常见，但因症状不明显而被忽视。

此病临床症状多种多样，常为上呼吸道、皮肤、眼或中枢神经系统症状。一般为神志不清，呕吐不止；有的精神错乱，摇头摇尾，不停旋转；有的行为异常，运动失调；有的感觉过敏，视觉障碍。肺部受侵害时，连声咳嗽，鼻腔流出浆液性、脓性或出血性鼻漏，鼻和鼻窦旁有囊状病灶，呼吸困难，胸部疼痛。病貂还出现弱视，抽搐，甚至意识障碍，少数病例出现隐性肺炎症状。

（三）病理解剖变化 中枢神经系统变化，常见于脑部冠状切面的灰质部分，可有许多小囊状灶，并可见有光泽而增厚的脑膜。如细胞反应明显，则脑膜与皮质黏着，部分病例的脑膜及脑实质出现肿瘤样肉芽肿，蛛网膜下腔有黏液性渗出物。肺部病变可有少量淋巴细胞浸润，肉芽肿形成以至广泛纤维化，在肺纤维性干酪样结节内可见到坏死灶。

（四）诊断 本病除检查临床症状外，主要靠实验室诊断来确诊。

1. 直接涂片镜检 取脑脊液、脓汁、痰、粪、尿、血、胸水和病变组织涂片，加一滴墨汁染色，盖上盖玻片。镜下检查可见圆形壁厚，菌体直径4～12微米。外圈有一透明光厚膜，孢子出芽，孢子有一较大的发光颗粒的真菌，即可确诊。

2. 真菌培养 将病料接种于葡萄糖蛋白琼脂培养基上，在室温或37℃下培养2～5天，即可生长。菌落为酵母型，初为乳白色细菌样菌落，呈不规则圆形，表面有蜡样光泽，以厚菌落增厚，由乳白色奶油色转变为橘黄色，表面逐渐发生皱褶或放射状沟纹。

3. 接种动物 以小鼠最敏感。将病料悬液或培养物接种于小鼠腹腔、尾静脉或颅内，小鼠在2～8周内死亡。从病料取样可检出本菌。

4. 血清学试验 补体结合反应、凝集试验、间接荧光抗体试验，可用于本病诊断。

（五）防治措施 预防本病首先要加强饲养管理，防止发生外伤。发现病貂立即隔离。可选用氟胞嘧啶、克霉唑、酮康唑、益康唑等治疗。体表病灶可用外科的办法彻底根除病变组织，以防复发。侵害大脑、脑脊髓的病例，多以死亡告终。

四、钩端螺旋体病

钩端螺旋体病是由各种致病性钩端螺旋体引起的人兽共患的急性传染病。本病在世界各地均有发生，尤其热带和亚热带地区更为普遍。我国也散发流行此病，沿海地区发生的频度大于内陆地区。

（一）病原 钩端螺旋体在分类上属螺旋体科细螺旋体属。媒染法最清晰，镀银法次之，姬姆萨染色较差。

抵抗力：钩端螺旋体在一般的水域、池塘、沼泽和淤泥中，可生存数月或更长，这在流行病学上有重要意义。生长的最适pH7.0～7.6，对热极为敏感，56℃10分钟、60℃只需10秒即可被杀死；在干燥的环境和直射日光下容易死亡。对酸碱特敏感，0.1%的各种酸类均可在数分钟将其杀死。常用的消毒药，如0.05%升汞、70%酒精、2%盐酸、0.5%石炭酸等，在5分钟内即可将其杀死。对低温有较强的抵抗力，－70℃下速冻的培养物，毒力可保持数年。

（二）流行病学

1. 易感动物　该病不分年龄和性别，但幼龄动物最易感，发病率和病死率也最高，幼貂病死率达80％以上。

2. 传染源　病貂和带菌动物是本病的主要传染源。鼠类和野生动物，可构成自然疫源。家畜和毛皮动物又构成传染链。

3. 传播途径　本病的传播方式多种多样，经消化道感染是主要的感染途径。由于本病病原最终定位于肾脏，所以尿液在本病的蔓延扩散上有重要作用。如尿液接触破伤的皮肤和黏膜就可以感染，如尿液污染了饲料和水源也能造成本病的传播。此外，配种时通过阴道也能感染。

4. 流行特点　本病虽然一年四季都可发生，但以夏秋季节多发，而以7～9月最多发。地面积水是促成本病的流行条件。不同地区常呈现不同的流行形式，如：

（1）稻田型　是我国南方水稻地区的主要流行形式，传染源主要是野栖的鼠类。带菌鼠粪尿污染田水，人、畜接触污染水时最易感染发病。

（2）洪水型　是北方流行的基本形式，传染源主要是猪。多在夏秋季节洪水泛滥后，洪水冲刷带菌的猪粪尿污染水源，人、畜接触污染水，而感染发病。山东省文登县丁家洼大队貂场，就是因喂暴雨后洪水淹没了在水库里脱盐的咸鱼头饲料，而引起貂群暴发流行此病。

（3）雨水型　多发生连日阴雨或降水量集中的低洼地区。南、北方都可发生，猪及犬是主要传染源。雨水将带菌的粪尿扩散而使人、畜感染。

（三）发病机制　钩端螺旋体经消化道或外伤进入机体，通过血液侵入器官组织内繁殖，主要在肝脏积聚和肾脏定位。菌体进入血液、组织，并在其中繁殖，形成菌血症。钩端螺旋体的代谢产物引起动物体温升高，血糖降低，红细胞被破坏崩解等病理过程，临床表现发热、体温升高、贫血、黄疸等。病原体在肝脏增殖，引起肝细胞变性坏死，导致胆红素蓄积，发现黄疸。在肾脏定位增殖造成肾脏细胞变性、坏死、出血，出现血红蛋白尿。

（四）临床症状 急性病例无明显的临床症状，突然发病死亡。

慢性病例主要表现精神沉郁，食欲减退或废绝，渴欲增强、狂饮，体温升高，心跳加快，排黄色稀便。有的出现呕吐、呼吸加快，反应迟钝，两眼睁得不圆，倦怠，后躯不灵活，眼结膜苍白。口腔黏膜亦有此变化或黄染，有的有坏死或溃疡灶。病后期体温不高，贫血明显，可视黏膜黄染、不洁，表现出血性素质。严重的后肢瘫痪，尿湿，排出煤焦油样稀便，转归死亡。

（五）病理解剖变化 尸体可视黏膜苍白，发绀、污秽黄染。内脏器官充血、瘀血，或有出血点，肺脏最为明显，肝脏肿大呈黄土色，皮下组织亦黄染，肾脏肿大、有出血点，胃肠黏膜有卡他性炎症，或出血性肠炎变化。

（六）诊断 单靠临床症状和流行病学资料可以初步诊断，最终确诊必须进行实验室诊断。常用的实验室诊断方法如下：

为了提高检出率，在发病初期应采取血液，无热期或病的后期应采取尿液或脑脊液及腹水，死后采肝、肾等病料。

（1）血液直接镜检 采发病初期（体温升高时期）的血液抗凝，3 000 转/分离心 30 分钟后，吸取沉淀物，制成压滴标本进行暗视野检查，可见到活动的钩端螺旋体。但应注意与血液中的正常丝状体相区别。

（2）脑脊液直接压滴标本检查 在高热期菌血症时脑脊液中有菌体。采取脑脊液可与血液同样方法处理，制成压滴标本，进行暗视野检查。

（3）尿液压滴标本检查 取尿液少许制成压滴标本镜检。如果将尿液离心集菌，其检出率更高。

（4）肝、肾组织悬液直接镜检　取肝、肾组织制成 1∶5～10 悬液，经 1 500 转/分离心 5～10 分钟，取沉淀物制片检查。

①直接镜检时应注意材料采集后，应尽快检查，一般不得超 2 小时。

②集菌处理的材料检出率高。

③中性或弱碱性尿液，阳性检出率高。

④血液和脑脊液仅适用于菌血症时期。

1. 直接培养　凡直接镜检的材料均适用于直接培养，流产胎儿和死胎也适用。直接培养的关键在于严格的无菌操作条件，防止污染。

（1）血液直接培养　在无菌条件下采取发病早期的血液，每管培养者内滴入 2～3 滴，立即摇匀以防凝固，接种后置 38℃温箱中，培养观察 1 个月，每周检查一次。

（2）脑脊液培养　采菌血症时期或发病 14 天内的脑脊液，接种于柯托夫培养基内，摇匀，置 38℃温箱中，培养观察 1 个月。此法检出率高。

（3）尿液直接培养法　无菌取尿液离心集菌取沉淀物，每管培养基内滴入 5～10 滴，培养观察 1 个月。

2. 动物接种

（1）动物　常用的实验动物有 14～18 日龄乳兔体重 250～400 克，幼龄豚鼠体重 150～200 克，20～25 日龄幼犬以及金黄色地鼠等。其中以后者敏感性最高，最常用。通常都要经健康观察测温和称重。

（2）材料　采取发热期的新鲜血液、尿、肝、肾或胎儿等无菌材料。

（3）接种方法　取上述材料制成悬液进行腹腔注射 1～3 毫升。逐日测温，称重，第一周内，应隔日采心血，进行分离培养。如不发病，也可采取血清或宰杀取肝、肾等组织进行凝溶试验及分离培养。

3. 污染水的检查 对水源的卫生检查是确定病性和防治本病的重要一环。疫水的检查方法如下：

（1）动物浸泡法 取体重150～200克的豚鼠，剃去被毛，再用锐器刮红皮肤，然后浸泡在疫水中30分钟。也可用金黄地鼠浸泡。浸泡后饲养观察。

（2）疫水滤过培养法 用EK滤板或3、4号火棉胶膜滤过均可。方法是，将滤板装着在装甲注射器内，经高压灭菌后用。于5毫升培养基内接种滤液1～2毫升，在28℃下培养1周后检查。

4. 血清学诊断 动物感染后，于发病早期血清中即出现特异性抗体，且迅速升高，长期存在。

本病的血清学诊断，既能用于诊断，又能用于检疫或菌型鉴定。常用的有凝集溶解试验、补体结合试验、平板凝集和间接血凝试验等。

（七）治疗 如果发现及时，轻症病例连续治疗2～3天，重症病例5～7天可以痊愈。水貂每天60万单位青霉素或链霉素分3次肌内注射，配合维生素B_1注射液和维生素C注射液，各1～2毫升，分别肌内注射，一天一次。

大群用抗生素预防性投药。

（八）预防

（1）加强卫生防疫制度，场内不能过于潮湿和有积水存在。

（2）做好防鼠工作，老鼠的危害不仅是毁坏谷物饲料，而且更重要的是携带很多疾病和传染病，钩端螺旋体老鼠就是带菌者。

（3）保护水源，不要叫雨水或洪水流进去。

五、附红细胞体病

附红细胞体病是由附红细胞体寄生于脊椎动物红细胞表面或血浆中而引起的一种人兽共患传染病。该病多为隐性感染，在急性发作期出现黄疸、贫血、发热等症状。

(一)病原 附红细胞体属立克氏体目无形体科的附红细胞。附红细胞种类很多，已命名的有13种，常见有兔Elepus牛温氏附红细胞体等。

附红细胞体有很强的运动能力，能主动地前进、后退、扭转、伸屈、滚动和上下沉浮。一旦附着红细胞表面后就停止运动。附红细胞体不能通过细菌滤器，革兰氏染色阴性，姬姆萨氏染色呈紫色和蓝色，马基维罗氏染色呈红色，瑞氏染色为蓝粉色。

附红细胞体不能在人工培养基上生长繁殖，实验室常用敏感动物分离培养。附红细胞体对干燥和化学药品的抵抗力低，消毒药几分钟可将其杀死，但在低温条件下可存活数年。在冰冻凝固的血液中可存活31天，在加15%甘油的血液中－79℃时能保持感染力80天。

(二)流行特点 该病在夏、秋季节多发，因为这个季节蚊、蝇及吸血昆虫猖獗，由于它的叮咬可以造成本病的传播。本病可以单独发生，但多继发于某些传染病或某些应激情况下导致机体抵抗力下降而发病流行。

(三)症状 病原体在病貂的血液中大量繁殖，破坏红细胞，病貂表现发热，体温升高40～41℃以上，食欲不振，拒食，偶有咳嗽，流鼻涕，可视黏膜（眼结膜、口腔黏膜等）苍白、黄染，机体消瘦，有的排血便，最终转归死亡。

(四)病理剖检变化 尸体消瘦，营养不良，被毛蓬乱，可视黏膜苍白、黄染，血液稀薄，肝黄染、质脆，有的肾有出血点。

(五)诊断 水貂出现发热、黄尿、贫血、后肢瘫软无力等症状，可作出初步诊断。采新鲜末梢血管血或心血滴加在载玻片上，加等量的生理盐水，用牙签混匀，加上盖玻片，于高倍油镜下观察，发现红细胞上附着数量不等的附红细胞体，许多红细胞边缘不整而呈轮状、星状及不规则的多边形等，游离血浆中的附红细胞体呈不断变化的星状闪光小体。在血浆中不断地翻滚和摇动，可确诊为水貂附红细胞体病。

血液涂片用姬姆萨氏染色镜检，可见红细胞上的附红细胞体呈蓝紫色有折光性，外围有白环。大小不一，直径为 0.25～0.75 微米。每个红细胞上附着的数目不等，少者几个，多者10～20多个。

（六）治疗 病貂用盐酸土霉素注射液，每千克体重 15 毫克，肌内注射。血虫净每千克体重 3～5 毫克，生理盐水稀释后，深部肌内注射；同时注射四环素剂量每千克体重 5～10 毫克，也可用阿维菌素，辅助治疗，可以注射复合维生素 B、维生素 C 以及铁的制剂。

附红细胞体对庆大霉素、甲硝唑、喹诺酮类等药物也敏感。

（七）预防

（1）搞好卫生，消灭场地周围的杂草和水坑，以防蚊、蝇滋生。

（2）减少不应有的意外刺激，避免应激反应使机体抵抗力下降而引发本病。

（3）大群注射疫苗时，注意针头的消毒，要一貂一针，以防由于注射针头而造成疫病的传播。

（4）鸡、猪、牛及其他动物副产品做饲料时必须熟制后再用。

六、自咬症

自咬症是长尾巴肉食动物多见的急慢性经过的疫病。病貂啃咬自己的尾巴或躯体的某一部位的被毛和肢体。造成皮张破损或死亡。水貂发生此病，多为慢性间歇性发作，一日之内多在喂食前后啃咬自身的尾巴或躯体某一部位的被毛，一年之内多在配种产仔期即性兴奋期发作，自咬加剧，有的母貂将亲生仔貂踩踏死。

（一）病原 本病病原目前尚未研究清楚，主要有以下几种假说：

（1）某种营养缺乏病。

（2）寄生虫病。

（3）肛门腺堵塞。

（4）有人认为是应激反应。

（5）有人认为是慢性传染病。

（6）是一种慢病毒或缺欠病毒引起的病毒性隐性传染病。

它的发作受很多诱因影响，如饲料是否全价，饲料新鲜度好坏，动物性饲料比例高低，场内环境好坏，小气候干湿度如何，有否意外噪音，血缘关系怎样、有否近亲等都左右本病的发生率。

（二）流行病学

1. 易感动物 自然感染病例，紫貂和蓝狐最易感，水貂易感，银狐次之。

2. 传染源 传染来源主要是病貂。

3. 传播途径 传染途径及传播方式目前尚未清楚。

4. 流行特点 水貂自咬症的发生没有明显的季节性，一年四季均有发生，但以春、秋两季为多，特别是秋季换毛期最常见。在2～8月呈不规则发生，9月天气潮冷时，发病率上升，11～12月达最高峰，可延续到翌年1月。其发病率通常表现为母貂明显高于公貂，育成貂高于成年貂，标准貂高于彩貂，仔貂从30～45日龄即可出现感染发病。

（三）临床症状 水貂呈慢性经过，反复发作，很少有死亡。发作时患貂自咬尾巴或躯体的某一部位，多数咬自己的尾巴和后躯，拂晓和喂食前后患貂在笼内或小室内转圈，撵追自己的尾巴，咬住不放，翻身打滚鲜血淋漓，吱吱呻叫，持续3～5分钟或更长时间。听到意外声音刺激或喂食前再发作自咬，一天内多次发作，反复自咬，尾巴背侧血污沾着一些污物形成结痂呈黑紫色。轻者将自身的被毛咬啃得残缺不全或将全身的针毛和柔毛咬断呈暴花颓样，或将尾巴下 1/3 尾毛啃光，呈小拇指头样和棒状。

（四）病理解剖变化 自咬死亡的尸体，一般比较消瘦，后躯被毛污积不洁，自咬部位有外伤，水貂多数是尾巴背侧有新鲜的咬伤，附有血污，陈旧性咬伤尾部背侧附有较厚的血样结痂，很少有化脓现象。有的被毛残缺不全，所谓食毛症。内脏器官变化多数是败血症变化，实质脏器充血、瘀血或出血。慢性自咬死亡的水貂胃黏膜有喷火样的溃疡灶。

（五）诊断 根据自咬症发病特点和临床表现即可作出诊断。但应和伪狂犬病、李氏杆菌病相鉴别。

患伪狂犬病的水貂也有同自咬症类似的表现，发作时病貂奇痒，且尽力舔之，以致造成局部无毛或皮肤破溃，严重时也表现自咬，但其病原为伪狂犬病病毒，是一种以发热、奇痒及脑脊髓炎为主症的急性传染病。

李氏杆菌病发作时往往在夜深人静时发出很凄惨的尖叫声，兴奋、抑制交替进行，出现共济失调，同时出现神经质的自咬行为。而自咬症貂经常是在无人情况下自咬肢体，不分黑夜和白天，均发出尖叫声。

（六）治疗 目前对本病尚无特效治疗方法，一般多采用镇静和外伤处理相结合的方法，效果虽然不太理想，但能控制和避免其反复发作。

（1）带围套。先拔去病貂的犬齿，用纸板做成一个宽约 6 厘米的围套，套在病貂脖子上，使病貂无法回头咬到自己的尾和腿。

（2）镇静。用盐酸氯丙嗪 0.25 克，乳酸钙 0.5 克，复合维生素 B 0.1 克，研磨混匀，平分成 2 份混入饲料中饲喂，每只每次喂 1 份，每天喂 2 次。

（3）对咬伤部位先清理创面，用剪子剪掉伤口周围的毛，用双氧水处理后涂上碘酊。夏季尤其应注意患部的防腐驱蝇，可适当涂些松节油。

（4）肌内注射青霉素20万单位，防止继发感染。

（5）对因螨病引起的自咬症，肌内注射灭虫丁（伊维菌素注射液），体壮者每千克体重0.4毫升，体弱者每千克体重0.2毫升，每隔4天注射1次，3～4次可治愈。

（七）预防 没有特效防疫措施，加强种貂的饲养管理，也能减少自咬症的发生。

（1）饲料要全价、新鲜，并添加足量的维生素和微量元素，在日粮中添加占饲料总量1%～2%的羽毛粉，可降低自咬症发病率。

（2）建立健全卫生防疫制度，创造良好的环境条件，即适宜的温度、湿度、饲养密度和卫生条件。

（3）减少环境噪声和剧烈的外界刺激，禁止外界各种毛皮动物进入圈舍，笼舍定期消毒，特别是对于已发生过自咬症的毛皮动物，其使用过的笼舍要用消毒液彻底消毒，防止交叉感染。

（4）发现病貂早隔离，早治疗，建立种貂登记卡，凡有自咬症的病貂，到取皮期一律取皮，不能留作种用，以避免自咬症的发生。

第十一章 寄生虫病

第一节 原虫病

一、弓形虫病

弓形虫病是由弓形虫引起的人兽共患的多系统性寄生虫病。本病流行甚广，给人兽的健康和水貂养殖业的发展带来很大的威胁。

（一）病原 本病的病原体为粪地弓形虫，属于顶器门的一种组织原虫。世界各地流行的弓形虫都是一种，但有株的差异，弓形虫为细胞内寄生虫，由于发育阶段不同，其形态各异。猫是弓形虫的终末宿主（也为中间宿主）。在肠道内无性繁殖和有性繁殖，最后形成卵囊，随粪便排出体外。卵囊在外界环境中，经过孢子增殖发育为含 2 个孢子囊的感染性卵囊。卵囊呈圆形或椭圆形，两层卵壁，无色、无微孔，大小平均为 10 微米×12 微米。

弓形虫有很强的抵抗力，在外界环境中能存活很长时间。在中间宿主体内，弓形虫可在各组织脏器的有核细胞内进行无性繁殖；急性期形成半月形的速殖子（又称滋养体）及许多虫体聚集在一起的虫体集落（又称假囊）；慢性期虫体呈休眠状态，在宿主脑、眼和心肌中形成圆形的包囊（又称组织囊），囊内含有许多形态与速殖子相似的慢殖子。

弓形虫对中间宿主要求不严格，哺乳动物、鸟类、爬行类、鱼类和人都可以作为它的中间宿主。

水貂吃了被猫类粪便污染的食物或含有弓形虫速殖子或包

囊内的中间宿主的肉、内脏、渗出物、分泌物和乳汁而被感染。速殖子可以通过皮肤、黏膜而感染，也可通过胎盘感染胎儿。

本病没有严格的季节性，但以秋冬和早春发病率最高，可能与寒冷、妊娠等导致机体抵抗力下降有关。猫在7～12月排出卵囊较多。此外，温暖、潮湿地区感染率较高。

（二）症状

急性期：表现不安，眼球突出，急速奔跑，反复出入小室（产箱），尾向背伸展，常在抽搐中倒地，有的上下颌动作不协调，采食困难，不在固定地点排便，常发生结膜炎、鼻炎。

沉郁型：表现精神不振，拒食，运动失调，呼吸困难，有的病貂呆立，用鼻子支在笼壁上，驱赶时旋转，失去方向性，搔扒笼子。

（三）诊断 该病的临床症状和病理变化有一定的诊断价值，但不足为诊断的依据。特别是本病易与神经型犬瘟热病混淆，因此，在流行病学分析、临床症状等综合判定后，还必须依靠实验室检查，方能最后确诊。

1. 病原体的分离 因弓形虫细胞内寄生，用普通人工培养基是不能增殖的，因此必须接种于小鼠。

方法如下：将病料（肺、淋巴结、肝、脾或慢性病例的脑及肌肉组织）用生理盐水10倍稀释（每毫升含1 000单位青霉素和0.5毫克链霉素），各以0.5毫升接种5～10只小鼠的腹腔内（无小鼠，家兔也可以）。则小鼠于接种后2周内发病，此时取小鼠腹水1滴，涂片，镜检，可发现典型的弓形虫。若初代接种的小鼠不发病，可于1个月后采血杀死，检查脑内有无包囊。对包囊检查呈阴性者，可在采血的同时做血清学检查，只有血清学检查也呈阴性时，方可判定为阴性。

2. 弓形虫检查 将病理材料切成数毫米小块，用滤纸除去多余水分，放载玻片上并使其均匀散开和迅速干燥。标本用甲醛固定10分钟，以姬氏液染色40～60分钟后干燥，镜检，可发现半月牙形的弓形虫。

另外，近年来用荧光抗体法检查弓形虫，即在荧光色素中用荧光异硫氰酸盐，被染上的半月形虫体呈荧光的黄绿色。

3. 血清学检查 主要有色素试验、补体结合反应、血球凝集反应及荧光抗体法等。其中色素试验由于抗体出现早、持续时间长、特异性高，适合各种宿主检查，故采用较为广泛。

(四) 治疗 目前对弓形虫病治疗尚缺乏经验。有人介绍用氯嘧啶（杀原虫药）和磺胺二甲氧嘧啶并用，效果显著；或用磺胺苯砜（SDDS），剂量为每天每千克体重5毫克。为了促进病貂食欲，辅以B族维生素和维生素C。

(五) 预防

(1) 发现病貂要及时隔离治疗，病死貂尸体要深埋或火化。

(2) 取皮、解剖、助产及捕捉用具要用高温消毒，或用1.5%～2%氯亚明，5%来苏儿消毒。

(3) 场内要灭鼠，并防止野猫进入。

二、水貂球虫病

水貂球虫病，是由艾美耳科等孢子属球虫引起的寄生虫病。临床上主要表现肠炎。

(一) 病原 病原为等孢子属球虫。其特点是卵囊内形成两个孢子囊，每个孢子囊内含4个孢子。孢子化卵囊具有感染性，水貂吞食后即被感染，球虫通常寄生在动物小肠黏膜细胞内，小的只有5～10微米。水貂采食、饮水时吞食了感染性卵囊，卵囊在十二指肠内受肠液和胰液的作用，子孢子由囊内逸出，变为圆形的滋养体。滋养体的核进行无性复分裂（裂体增殖），所形成多核虫体叫裂殖体。无性裂殖体增殖进行若干代后，便出现有性的配子增殖，形成许多配子（雌性细胞）和小配子（雄性细胞），大、小配子进入肠管内并结合，受精后大配子被覆以双层膜变为卵囊，随宿主粪便排出体外。

卵囊在外界环境中进行孢子增殖，在适宜的温度（25～30℃）和湿度的条件下，在卵囊内形成孢子细胞同样分裂生孢子（生出4个同形孢子虫和2个囊形球虫），此过程一般为3～4天，而在不良的条件下，在卵囊内形成孢子时间会延长。

卵囊对消毒药有较强的抵抗力。但在干燥的空气中几天之内即死。在55℃温度下经15分钟被杀死；在80℃，10秒钟杀死；100℃时，5秒钟即被杀死。

本病是毛皮动物常见病。各种年龄貂均易感染，幼龄更易感染，成年貂临床症状不明显。在环境卫生不良和饲养密度较大的养貂场严重流行，造成幼貂发育缓慢，严重者下痢死亡。病貂和带虫的成年貂是主要的传染源，传染途径是消化道。水貂吞饮污染的食物和水，或吞食带虫卵的苍蝇，鼠类均可发病。

（二）症状 患病貂主要表现腹泻、粪便稀薄，混有黏液，常便中带血。精神沉郁、食欲不振、消化不良、被毛粗乱、无光泽、消瘦、贫血、生长发育停滞，最终严重衰竭而死。

（三）诊断

1. 生前诊断 可用饱和盐水浮集法，显微镜下检查粪便中有无卵囊，并根据卵囊的形态、特征、数量以及病貂临床表现和流行病学进行综合判定。

2. 死后剖检 小肠黏膜卡他性炎症，在小肠黏膜层内发现白色结节，显微镜下检查发现球虫卵囊，即可诊断为此病。

（四）治疗可以选择以下治疗方案

（1）甲氧苄氨嘧啶—磺胺甲异噁唑（磺胺三甲氧苄二氨嘧啶），每次口服每千克体重15毫克，每天1～2次，连续服药5天。

（2）磺胺二甲氧嘧啶，口服每千克体重 50～60 毫克，每天 1 次；然后每次口服每千克体重 25 毫克，每天 1 次，连续服药 5～20天。

（3）安丙嘧吡啶（氨丙啉），口服，每天 1 次，连续服药 5 天，至总剂量 60～100 毫克。

（五）预防

（1）改善饲养管理，增强机体抵抗力。

（2）搞好笼舍、食槽、水槽及场地卫生，定期消毒、驱虫。粪便要堆积好进行生物热发酵，无害化处理。

第二节 蠕 虫 病

一、肾膨结线虫病

肾膨结线虫，属膨结科（Dioctophy matidae）线虫，多寄生于猪、犬的肾脏内，故叫肾虫病。以生喂淡水鱼的水貂中多发，多寄生于水貂右侧腹腔，雌虫很长，感染率很高，使水貂生产受到很大的损失，此病曾在浙江宁波地区发生过。

（一）病原 肾膨结线虫，虫体比较长，呈暗红色，两端略细，圆条状，体壁有四条发达的纵行肌。雄虫长 14～40 厘米，粗 0.3～0.4 厘米；雌虫长 20～60 厘米，粗 0.5～1.2 厘米。口的周围有 2 个环状乳突，每环 6 个乳突。雄虫尾端有一个钟形交合伞，交合伞无幅肋，有一根简单的交合刺，长 5～6 毫米雌虫尾部钝圆，虫卵圆锥形，被有粗厚的卵膜，卵膜表面有压迹，卵长 64～83 微米，宽 40～47 微米。

寄生在肾脏或腹腔的雌虫，性成熟后雌雄交配（尾），其卵随尿液排出于水中（或土壤中），被第一中间宿主蛭蚓科的脚首蟹蛭吞食后，在体内经过两个时期的发育称为幼虫，并形成包囊，被第二中间宿主淡水鱼类（鲤鱼、鲫鱼、泥鳅等）吞食后发育成感染蚴。当水貂、狐、黄鼬等肉食动物，生食感染肾膨结线虫蚴的鱼类饲料而得此病。经消化移行到肾脏，或腹腔，发育成第三、第四期幼虫，最后变成成虫。

（二）临床症状 患病动物消瘦、贫血、可视黏膜苍白，食欲不佳、消化紊乱、呕吐、血尿等。貂群抵抗力下降易继发其他传染病。

（三）病理解剖学变化 尸体消瘦，尸僵完整，口腔黏膜苍白，皮下组织无脂肪沉着。剖开腹腔，有多量淡黄红色腹水，患侧肾区和腹膜有黄红色绒毛状纤维素附着，多在右侧腹腔发现虫体，肝脏受损，患侧肾脏混浊呈灰白色、质硬，有的穿孔或缺损，切面有钙化灶，肾盂内有脓样的混浊液体，有的可见到虫体穿入肾组织中，膀胱内有血尿。

（四）诊断 生前诊断比较困难，可以检查尿中有无虫卵。根据动物的临床表现，和平日饲料的来源及组成，特别以淡水鱼类为主的饲养场，应引起注意，尿检发现虫卵，死后解剖发现虫体，可以确诊貂群中有此病存在。

（五）防治 本病尚无好的治疗方法，可以用灭虫丁或伊维菌素治疗，用药剂量和方法请参照药品说明书。

凡以淡水鱼类饲料为主要饲料的养殖场，从预防本病的角度出发，鱼类饲料都应熟喂，其他饲料也应和未高温处理的生鱼很好的隔开，不要混放在一起。动物的饮用水，也应用井水。特别江南（长江）水乡的养殖场，对此病应重视。泥鳅鱼污染率高达70%。

二、颚口线虫病

颚口线虫病是喂淡水鱼类饲料的饲养场偶见的寄生虫病。本病曾在我国辽宁省营口地区水貂场发生过。

（一）病原 病原体为颚口线虫，虫体长10～30毫米，宽

（粗）2～3 毫米，呈细线状。虫体有 1 个圆形头球，头球有 4 个亚中腔与颈囊收缩，使其头部固着于宿主的组织上，此时头部膨大，头球具有多条横裂的沟，并有大而扁的刺，密生于虫体前 1/3 处，雄虫侧腹，尾部有二枚交合刺。雌虫阴户位于距尾蚴端 4～8 毫米处。虫卵呈椭圆形。

成虫寄生在水貂的食道壁、胃或穿刺心脏内。其卵随粪便排出体外，被水蚤吞食后在体内发育成幼虫，含有幼虫的水蚤，再被淡水鱼吃了，幼虫在鱼体内发育成感染幼虫，水貂吃了这种淡水鱼而发生感染颚口线虫。

寄生在水貂体内的成虫，由于颈囊的收缩，使其头部固定在宿主胃肠及食道内，或穿入心脏，造成一些机械刺激，在移行过程中，产生毒素，影响机体的正常机能，破坏血液循环，吸取机体的营养。

（二）症状 虫体寄生于食道壁，由于机械刺激和咽下困难或呕吐，严重者食道形成憩室，不能进食。虫体寄生于心肺等胸腔器官，引起心脏穿孔，出血，心跳受阻，心脏发炎，肿大，心力衰竭而死。

患病水貂呈慢性经过的，表现出一系列的消化紊乱，呕吐，剩食，消瘦，精神萎靡不振，喜卧小室内，不愿活动，被毛蓬乱，可视黏膜苍白，最后昏迷而死。

（三）病理解剖变化 尸体消瘦，可视黏膜苍白，皮下脂肪缺乏，若虫体寄生在食道，则食道黏膜寄生部位发炎，肿胀，有的形成憩室或肿瘤。食道狭窄，在肿瘤内有时发现虫体。若虫体穿入心脏，可造成心包炎、心包积液增多，呈血样，切开心包膜便发现虫体穿入心肌内。

（四）诊断 根据病貂吃食情况，饲料来源及加工过程，尸体剖检，发现虫体即可确诊。

（五）治疗 病貂可用肠虫清一片进行治疗，也可用三道年片进行治疗。

三、水貂麦地拉龙线虫病

麦地拉龙线虫，通常寄生于人和动物的皮下结缔组织。

（一）病原 麦地拉龙线虫属于龙线科龙线属，雌虫体长超120厘米，最长可达400厘米。但雄虫很小，体长30厘米左右，与雌虫交配后迅速死亡。

虫体呈淡白色，线绳状；体表角质层较厚，有明显的横纹，其厚约0.045毫米，雌虫134厘米，最粗1.575毫米。头钝圆，侧翼发达；口孔被8个环口乳突围绕，口径周围有角质盾片。食道筒状，颈乳突小。整个虫体，几乎全部被包含胚胎幼虫的扩张子宫占据。位于虫体前端的阴门和阴道萎缩。虫体尾端渐细，呈圆锥形并向腹面弯曲。其末端有圆锥状突起。

麦地拉龙线虫是生物源性线虫，其中间宿主是剑水蚤（*Cyclopsspp*）。只有当水貂饮了含有被麦地拉龙线虫幼虫感染的剑水蚤的水、或鱼，才能有感染的机会。该虫寄生在水貂皮下，雌虫在水貂头部皮下呈弯曲状，行至后肢皮下逐渐伸直。

（二）症状 患貂营养状态不良，机体消瘦，被毛粗乱，精神沉郁，食欲减退。

（三）诊断 病貂营养不良，尸体高度消瘦，解剖皮下有虫体寄生，即可作出诊断。

（四）治疗 可用伊维菌素治疗或手术取虫。还可以用5%佳灵三特注射液进行治疗，每千克体重按0.1毫升注射，间隔7天再用药一次。

四、旋毛虫病

旋毛虫病，是人兽共患的寄生虫病。以肉食为主的毛皮动物多发。

（一）病原 旋毛虫是一种很细小的线虫，旋毛虫雌虫长3～4毫米，雄虫长仅1.5毫米，通常寄生于十二指肠及空肠上段肠壁，交配后雌虫潜入黏膜或达肠系膜淋巴结，排出幼虫。后者由淋巴管或血管经肝及肺入体循环散布全身，但仅到达横纹肌者能继续生存。以膈肌、腓肠肌、颊肌、三角肌、二头肌、腰肌最易受累，其次为腹肌、眼肌、胸肌、项肌、臀肌等，亦可波及呼吸肌、舌肌、咀嚼肌、吞咽肌等。于感染后5周，幼虫在纤维间形成0.4毫米×0.25毫米的橄榄形包囊，3个月内发育成熟（为感染性幼虫），6个月至2年内钙化，但因其细小，X射线不易查见。钙化包囊内幼虫可活3年（在猪体内者可活11年）。成熟包囊被动物吞食后，幼虫在小肠上段自包囊内逸出，钻入肠黏膜，经4次脱皮后发育为成虫，感染后1周内开始排出幼虫。成虫与幼虫寄生于同一宿主体内。

旋毛虫对外界的不良因素具有较强的抵抗力，对低温有更强的耐受力。在0℃时，可保存57天不死。但高温可杀死肌肉型旋毛虫，一般70℃时可杀死包囊内的旋毛虫。如果煮沸或高温的时间不够、肉煮的不透、肌肉深层的温度达不到致死温度时，其包囊内的虫体仍可保持活力。

（二）症状 患病水貂食欲不振，慢性消瘦，消化紊乱，呕吐，下痢。呼吸短促，最后由于毒素的刺激，导致动物不愿活动，营养不良，抗病力下降，当天气变化，气温下降出现死亡，或由于高度消瘦失去种用价值。

（三）诊断 生前不易发现，死后剖检，尸体消瘦，皮下无脂肪沉着，筋膜下和背部肌肉里有罂粟粒大的乳白黄色小结节散在。剪取背最长肌有小结节的肌肉组织，或膈肌，剪碎放于载玻片上，压片置于低倍显微镜下观察虫体，呈盘香状蜷曲的虫体，即可确诊。

（四）治疗 可用丙硫咪唑治疗，用量每天按每千克体重25～40毫克，分2～3次口服，5～7天为一疗程。

(五) 预防 加强兽医卫生检疫，用犬肉或犬的副产品一定要采样镜检，或无害高温处理再喂动物，为保证高温处理肌肉深层达到 100℃，应把要高温处理的肉，切割成小块，以便彻底杀灭虫体。饲养人员要做好自身防护，以免被感染。

第三节 节肢动物性外寄生虫病

一、水貂疥螨病

水貂疥螨病是由疥螨引起的一种慢性寄生虫性皮肤病，俗称癞皮病。

(一) 病原 病原属于蛛形纲蜱螨目疥螨亚目疥螨科疥螨属，成虫呈圆形、微黄白色、背部隆起、腹部扁平。雌螨虫长 0.30～0.45 毫米，雄虫长 0.19～0.23 毫米。躯体分两部分，前端称背胸部，有第一和第二对足，后端称背腹部，有第 3 和第 4 对足，体表面有细横纹、锥突、鳞片和刚毛，假头后面有一对短粗的垂直刚毛，背胸部有一块长方形的胸甲，肛门位于背腹部后端的边缘上。虫体腹面有 4 对粗短的足，前后两对足之间的距离较远。在雄虫的第 1、2、4 对足上。雌虫在 12 对足上各有一个吸盘。在雄虫的第 3 对足和雌虫的第 3、4 对足上的末端各有一根长刚毛。卵呈椭圆形，大小平均为 150 微米×100 微米。

疥螨的发育需经过卵、幼虫、若虫和成虫四个阶段。其全部发育过程都在寄生动物身上度过，一般在 1～3 周内完成。疥螨在动物皮肤的表皮上挖凿隧道，雌虫在隧道内产卵，每个雌虫一生可产卵 20～50 个，卵呈椭圆形，黄白色，长约 150 微米，卵经 3～8 天孵出幼虫，幼虫有 3 对足，体长 0.11～0.14 毫米。孵化的幼虫爬到皮肤表面，在皮肤上凿小洞穴，并在穴内蜕化为若虫，若虫钻入皮肤挖凿浅的隧道，并在里面蜕皮成成虫。雌虫的寿命 3～4 周，雄虫在交配后死亡。

疥螨病多发于冬末和春初，主要是靠病健动物直接接触传染，当然也可通过螨虫及卵污染的笼舍、用具等间接传播。

（二）症状 幼龄水貂发病较严重，多先起于头部、鼻梁、眼眶、耳部及胸部，然后发展到躯干和四肢。病初皮肤发红有疹状小结，表面有大量麸皮状皮屑，进而皮肤增厚、被毛脱落、表面覆盖痂皮、龟裂，剧痒，不时用后肢搔抓，摩擦，当有皮肤抓破或痂皮破裂后可出血，有感染时患部可有脓性分泌物，并有臭味。

病貂日见消瘦、营养不良，重者可导致死亡。

（三）诊断 根据临床症状，可作出初步诊断，必要时可从病貂的耳壳内刮取病料，放在黑色纸上，加热至30～40℃，螨虫即爬行出，肉眼可见到活动的小白点，也可用显微镜检查，发现螨虫即可确诊。

在症状不太明显时，取患部皮肤上的痂皮，最好在患部与健部交界处，用锐匙或外科圆刃刀刮取表皮，装入试管内，加入10％苛性钠（或苛性钾）溶液煮沸，待毛、痂皮等圆形物大部分溶解后，静置20分钟，吸取沉渣，滴载玻片上，用低倍显微镜检查可发现幼螨、若螨和虫卵。

（四）治疗

1. 药物疗法 既可用于治疗，也可用于预防。根据场内具体情况选用木桶、旧铁桶、大铁锅、帆布浴池或水泥池等进行药浴。可选用下述药品进行药浴：50％辛硫磷，25％二嗪农（螨净），15％～25％巴胺磷（赛福丁），30％～50％双甲脒，5％溴氢菊酯（倍特）等。大群药浴前应先做小群安全试验。药液温度应保持在36～37℃，最低不能低于30℃。应选择无风晴朗天气或在室温条件下，药浴前应给动物饮足水，动物浸入药液后要停留片刻，以达到浸透，浸没头部，但要露出口鼻，以免误咽，引起中毒。药浴后应注意观察有无中毒现象，若精神不好、口吐白沫，则应及时治疗。药浴的同时要对笼舍消毒。

2. 个体治疗 选择低毒高效的药物：伊维菌素，剂量为每千克体重 0.2 毫升，皮下注射，间隔 15～20 天再注射一次，治疗同时应配合环境消毒，防止来自环境的再感染。严重瘙痒的水貂可用泼尼松每千克体重 0.5 毫克，口服，每天 2 次，连用 2～5 天。

（五）预防

（1）发现患有疥螨病的水貂及时隔离，以防互相传染。

（2）注意环境卫生，保持貂舍清洁干燥，对于貂笼、小室要定期清理消毒。

二、水貂蠕形螨病

水貂蠕形螨病是由蠕形螨引起水貂的一种皮肤寄生虫病。它寄生于动物的皮脂腺和毛囊内。本病又称毛囊虫病或脂螨病，是一种常见而又顽固的皮肤病。

（一）病原 病原体属于蜱螨目恙螨亚目蠕形螨科蠕形螨属。雌虫长 0.25～0.30 毫米，宽 0.045 毫米。雄虫长 0.22～0.25 毫米，宽约 0.045 毫米。虫体外形上可分为头、胸、腹三部分，口器由一对须肢、一对刺状螯肢和一个口下板组成；胸部有 4 对很短的足，腹部细长，表面密布横纹。雄虫的生殖孔开口于背面。雌虫的生殖孔则在腹面。虫卵呈梭形，长 0.07～0.09 毫米。

蠕形螨的全部发育过程都在寄生动物体上进行。雌虫在寄生部位产卵。发育史包括卵、幼虫、若虫、成虫四个阶段。卵在寄生部位孵化出 3 对足的幼虫，然后变成 4 对足的若虫，最后蜕化变成成虫。犬蠕形螨除寄生在毛囊、皮脂腺外，还能生活在淋巴结内，并在那里生长繁殖，转变为内寄生虫。

该病的发生多因接触而感染，也可通过媒介物间接感染。蠕形螨的抵抗力很强，可在外界存活多日。

（二）症状 蠕形螨病症状可分为两型：

1. 鳞屑型 主要是在眼睑及其周围、额部、嘴唇、颈下部、肘部、趾间等处发生脱毛、秃斑，界限明显，并伴有皮肤轻度潮红和麸皮状屑皮，皮肤可有粗糙和龟裂，有的可见有小结节。皮肤可变成灰白色，患部不痒。

2. 脓疱型 感染蠕形螨后，首先多在股内侧下腹部见有红色小丘疹。几天后变为小的脓肿，重者可见有腹下股内侧大面积红白相间的小突起，并散有特有的臭味。病貂可表现不安，并有痒感。大量蠕形螨寄生时，可导致全身皮肤感染，被毛脱落，脓疱破溃后形成溃疡，并可继发细菌感染，出现全身症状，重者可导致死亡。

（三）诊断 取在患部与健部交界处的痂皮，放于载玻片上，滴1滴甘油，盖上盖玻片，显微镜下检查，可以确诊。

（四）治疗

1. 局部治疗 用肥皂水或0.2%温来苏儿洗刷患部皮肤，然后涂15%浓碘酊，每隔1～2天涂擦一次；或使用二甲苯胺脒（用量为每226.8克水中加0.66毫升药液），每天1次，直到痊愈为止。

2. 全身治疗 伊维菌素，每千克体重0.4～0.6毫克，口服，每天1次，连用30天。全身性感染的病例可结合抗生素疗法。

（五）预防

（1）保持水貂场地面、笼舍及用具的清洁卫生，定期在地面撒生石灰或喷撒氢氧化钠溶液，或用喷灯火焰消毒，严防苍蝇在场内大量繁殖、四处乱飞传播病原。

（2）定期在水貂场内外灭鼠，防止老鼠传播螨病。

（3）从外地购入的水貂，运到本场，须隔离饲养一段时间，经观察无病才能融入本场水貂群饲养。

（4）平时要仔细观察所有个体，一旦发现有的个体行为异常，如常用爪挠痒，抓皮肤，出现挠伤、秃斑、流污血、结硬痂等病状，及时采取治疗措施，严防螨病蔓延。

（5）及时处理患病动物所剪下的痂皮、被毛和病尸，必须全部烧毁或深埋。操作现场彻底清扫后，用氢氧化钠溶液消毒。

三、蛆　　病

蛆病也叫蝇蛆病，是由侵入和居留在毛皮动物活体组织和腔洞内蝇的幼虫引起的蛆病。主要发生于草原地区饲养的毛皮动物仔兽中，发病率为10%，甚至引起死亡，造成经济损失。

（一）病原　引起毛皮动物的蝇蛆病主要是麻蝇科吴氏蝇属的*W. Vigil*和*W. Opoca*两种蝇。该蝇的成蝇与家蝇在形态上区别不大。腹部有灰色或黄色被毛。果树园和苜蓿地是其喜居之处，以花蜜为食。

蝇的出生时期与水貂大批产仔时期相一致。因此，成熟的雌蝇常在水貂仔兽面部、颈部、肋部及被毛稀少的皮肤上或天然孔周围产卵，卵孵化成蛆，蛆借助于小沟固着于皮肤上，并分泌强组织分解酶，使蛆逐渐深入皮肤内，有小孔与外界相通，在此以组织为食，继续生长发育；蝇经9～14天发育成熟，便离开皮肤落地，进入蛹期，最后变为蝇。

（二）临床症状　被幼虫（蛆）侵害的仔貂一般营养良好。仔貂表现极度不安和发出尖叫声。常在颈、腰部皮肤，可摸到3～15椭圆形肿块，以后中心硬结，下面有化脓性渗出物。有时在皮肤圆形孔内发现幼虫虫体。发现有个别仔貂皮肤肥厚和脓肿。由于蛆的活动及其分泌物刺激，使病貂不安，食欲下降，消瘦，严重者死亡。

（三）诊断　根据临床特征表现和发现蛆可以作出诊断。

（四）治疗　发现蝇蛆，用外科手术的办法除去蛆和坏死组织，向患部腔内注入双氧水，清理创腔，然后注入少量氯仿或1%敌百虫溶液以驱死的幼虫和防蝇再次产卵，然后用镊子取出蛆体。如果看不到蛆时，可用手指挤压有蛆活动的部位，把蛆排出来，然后创口消毒，还要注意防蝇，以防再次侵入。

（五）预防 加强环境卫生，注意小室内卫生，箱内的剩食要及时清除掉，勤换垫草，特别是仔貂会吃食以后，小室内的卫生更为重要。

四、蚤　病

蚤，俗名跳蚤，饲养的水貂、狐以及其他毛皮动物都可受跳蚤的侵袭。

（一）病原体 寄生于毛皮动物的蚤主要是犬节头蚤，但在水貂身上发现一种特殊的蚤，称为水貂蚤。

蚤是一种无翅的吸血昆虫，身体扁狭，体外有较厚的角质外骨骼，全身各处都有较多的鬃毛和刺。头小与胸部紧密相连。触角短而粗，平卧于触角沟内，口刺宜于穿孔和吸血。胸部小，包括可以活动的三个节，后腿大而粗，善于跳跃。腹部大，有十节。

蚤在毛皮动物毛丛中或在产箱里的垫草中产卵发育，卵光滑，易落入产箱的板缝中或地面上，发育成幼蚤。在土壤中和动物身上再营寄生生活。

（二）症状 当大量跳蚤寄生在水貂身上时，由于刺咬，吸血，引起水貂瘙痒不安，常用脚爪搔扒被侵害的部位，使被毛受到损伤，体况消瘦，严重者可出现贫血和营养不良。

（三）治疗 在室温条件下，用25%溴氢菊酯液，按250～300倍稀释后，喷洒在蚤寄生部位，1小时内可杀死虫体。要注意杀虫药的用量，不要过多，以免中毒。

在用药的同时，小室内垫草要及时处理。

（四）预防 搞好棚舍内卫生，保持干燥，定期用1%～2%敌百虫液喷洒。

第十二章 普 通 病

第一节 消化系统疾病

一、胃 肠 炎

本病为胃黏膜的急性卡他性炎症，以胃肠分泌和蠕动障碍为主要特征的常见多发病。

（一）病因

（1）饲养管理不当。

（2）饲料质量不佳。

（3）采食有害物质（磷、砷、铅）。

（4）病原微生物的侵袭（巴氏杆菌、沙门氏菌、犬瘟热病毒、钩端螺旋体等）。

（二）临床症状 因病因而异，食欲不振、剩食、吃跳食（即有时吃，有时不吃）、呕吐是患病动物最常出现的症状，胃黏膜炎症程度越重，则呕吐次数越多。开始时吐出食糜，后则吐出泡沫样黏液和胃液，病变严重的可吐出混有血液、胆汁的黏膜样碎片。

（三）治疗 如果发病率较高，应改善全群的饲料质量和卫生状况，如果是散发，个别发生，就调整个别水貂的食欲，给一些营养丰富、易消化、适口性强的肉、鱼、蛋等，并投给消炎健胃的药品，增加维生素 C 和 B 族维生素的补给。

二、仔貂消化不良

哺乳仔貂消化不良，多发生于刚睁眼的仔貂，其特征是排黄色稀便，国外称为黄色腹泻，世界各养貂国均有发生。

（一）病因　主要是母貂肠道疾患，或乳腺疾病引起乳质不佳或不足而导致1周龄内仔貂发生下痢。

仔貂消化机能很脆弱，在有害变质的乳汁和不良因素影响下，很容易发生消化机能障碍，如用劣质饲料饲喂泌乳母貂、小室内垫草不足、潮湿不卫生、污染了母貂的乳头。

（二）临床症状　仔貂腹部不饱满，叫声异常，粪便液状、呈灰黄色、含有气泡，肛门污染稀便。仔貂粪便情况应注意观察，否则多数被母貂吃掉，不易观察到。

（三）病理解剖变化　病貂尸体不易得到，多数被母貂吃掉，剖检肠管内有大量黄色液状内容物，胃内有食物残渣或凝乳块，充满气体，肠壁薄，肝脏常常呈黄色。

（四）诊断　根据下痢症状和发病日龄即可作出诊断。

（五）治疗　本病虽然病死率不高，但也应注意护理治疗；否则，也会造成仔貂损失。首先对泌乳母貂，根据病情进行适当的治疗，一般可通过母貂给药，即给泌乳母貂饲料中加入一定量的药物，通过母乳转给仔貂，达到治疗和预防的目的。

（六）预防　加强母貂泌乳期饲养，保证给予优质、全价、易消化的饲料，注意产箱（小室）内的卫生，特别是仔貂开始吃食以后要注意产箱内的卫生和垫草的更换，及时除掉箱内的剩食和粪便。

三、幼貂胃肠炎

幼貂胃肠炎，多发生于刚断乳的幼貂，此期幼貂胃肠机能很弱，由吃母乳改为吃混合料，一旦饲养发生失误，就很容易引起幼貂胃肠炎，发生腹泻，出现大批死亡。

（一）病因

（1）饲料质量不佳，新鲜程度不好。

（2）日粮比例不当、调制方法不合理、应激反应和卫生条件不良等，都可引起肠道菌群失调，导致腹泻。

（二）临床症状 病初粪便不正常，出现腹泻，病貂食欲减退，精神沉郁，可视黏膜苍白贫血，眼球塌陷，被毛焦躁，弓腰蜷腹，肛门及会阴被稀便污染。有的病貂出现呕吐，呈里急后重，严重者可出现脱肛现象。

（三）病理解剖变化 尸体消瘦，可视黏膜苍白。急性经过者，胃肠黏膜有出血点或条状出血。肝脏肿大，质地脆弱，捏之易碎。慢性经过者，肠壁变薄。

（四）诊断 根据临床症状及病理剖检，可以作出诊断。

（五）治疗 水貂群出现腹泻时，应对全群投药预防，选用氟哌酸较好。治疗应选用庆大霉素、卡那霉素、琥珀氯霉素、乳酸环丙沙星、黄连素、磺胺脒等，结合维生素 B_1 或复合维生素B注射液注射或口服。

（六）预防 避免幼貂采食剩食，及时清洗消毒食具，保持水貂舍内良好卫生，定期消毒，防止过食。

生态防治：TM制剂是通过产生蛋白酶、淀粉酶、产酸、生物夺氧及高的存活力在肠道中发挥作用的，调解胃肠道的正常菌群，从而达到预防和治疗胃肠炎的目的。

四、急性胃扩张（胃臌气）

急性胃扩张伴发胃迟缓，臌胀，终因窒息、自家中毒而死。此病多发生于夏季，仔貂断奶以后，由于剩食，或饲料质量不佳、加工方法不当，而造成急性胃扩张。

（一）病因

（1）饲料质量不佳，酸败，饲料加工防腐不当；应该经无害处理（高温煮沸）的没有处理，使轻度变质的饲料进入胃肠内异常发酵，产酸产气造成胃臌胀。

（2）饲料中某种成分应经高温处理而没处理。如生酵母应熟喂，若生喂动物，则易产生异常发酵而造成胃臌胀。

（3）过食，仔貂断乳分窝以后食欲特别旺盛，不管好坏都吃，所以吃入质量不佳的混合料很易在胃内产气，特别是炎热的夏季，最易发生这种病。

（4）继发于传染或普通胃肠炎，水貂伪狂犬病胃扩张最为明显。

（二）临床症状 喂食后几小时之内即出现腹围增大，腹壁紧张性增高，运动减少或运动无力。腹部叩诊明显鼓音，病势进展比较快，患病动物出现呼吸困难，可视黏膜发绀，胃穿刺有多量气体排出。抢救不及时，很易自家中毒，窒息而死或胃破裂而死。

（三）病理解剖变化 病尸营养状态良好，腹围明显增大，可视黏膜发绀，有的从口腔中流出胃内的液体，腹壁紧张；皮下及黏膜充血、瘀血，呈暗紫色；胃壁很薄，切开胃内有大量气体排出，胃内容物酸臭；肺通常充血、水肿；胃破裂时在皮下组织有多量气体蓄积，在腹腔内有胃内容物，污秽不洁，有食物颗粒。

（四）诊断 根据典型临床症状和病理解剖变化，不难确诊。伪狂犬病继发的胃扩张，可通过微生物试验等其他方法加以区别。

（五）治疗 急性胃扩张若抢救不及时很容易死亡。发现该病后，应以最快速度进行抢救，拖延时间可发生胃破裂或窒息而死。

治疗使用鱼石脂酒精加石蜡油（也可用食用油），再加普鲁卡因及稀盐酸胃内注入（鱼石脂 0.5 克，95%酒精 3 毫升，石蜡油 5 毫升，水 7 毫升，普鲁卡因 25 毫升，10%稀盐酸 3 毫升，混合均匀）。注入方法：先用消毒过的 9 号针头穿刺胃内，缓缓放气（不要放得太快，以免休克），待气体排完后将吸有上述药液的注射器于穿刺针头结合好将药液注入胃内。待病貂症状缓解后，应禁食 24 小时之后给予流食，并控制饮水。

(六) 预防

(1) 水貂饲养场要严格执行兽医卫生管理制度，特别是夏季貂群转为一次饲喂时，要注意急性胃扩张的发生，在日粮中不能加入发酵或质量不好的饲料，饲料中的酵母和谷物一定要熟制，不能生喂。

(2) 对笼内、小室、食板、食盆要清洗干净，清除笼内残余的饲料。

(3) 适时单养，一笼多只的养法既不利于观察，又造成吃食不均，强者吃得多，弱者吃不着，浪费饲料。

第二节 呼吸系统疾病

水貂非传染性的呼吸器官疾病比较少见，但也偶有发生。因为水貂抗病力强，驯化程度较差不易接近，一般不容易发现。实际上感冒、鼻炎、气管炎、支气管炎、支气管肺炎、肺充血、肺炎等都有发生，只是诊断比较困难。

一、感　　冒

感冒是机体不均等受寒，引起的病理生理防御适应能力性反应，是全身反应的局部表现，是引起很多疾病的基础。

(一) 病因　气温骤变，使动物机体发生一系列病理生理变化，是感冒的最根本原因。

(二) 临床症状　本病多发生于雨后早春、晚秋，季节交替，气温突变的时候。病貂表现精神不振，食欲减退，两眼湿润有泪，睁得不圆，鼻孔内有少量水样鼻液，皮温升高，足掌有热，鼻镜干燥，剩食，不愿活动，多卧于小室内。

(三) 治疗　解热镇痛，可用安痛定注射液；为促进食欲，可用复合维生素 B 注射液或维生素 B_1 注射液；为防止继发症，可用青霉素等广谱抗生素，剂量根据动物体重换算用量。

由于当今药业发展得很快，新药、变种药很多，老药新名也很多，所以要根据药品说明书用药。

二、急性卡他性鼻炎

急性卡他性鼻炎是水貂鼻黏膜的急性表层炎症，可分为原发性和继发性两种。

（一）病因

1. 原发性急性鼻卡他 是单纯由于感冒引起的疾病。多发生在秋末、冬季和春初，尤其幼弱的动物易得。过敏性鼻炎是由粉尘、烟雾、花粉、真菌、农药、氨气、生石灰等异味刺激引起，机械损伤都能引起此病的发生。

2. 继发性鼻卡他 伴随其他疾病而发生，例如犬瘟热病、鼻疽病、巴氏杆菌性鼻炎等都有鼻黏膜变化。

（二）临床症状 发病初期鼻黏膜充血，水肿，流出浆液、黏液性或脓性鼻液。水貂表现出频发喷嚏、摆头，并以前肢摩擦鼻子，病程一般1～7天症状逐渐消失，减轻，最后完全治愈。

（三）预防

（1）加强貂场的卫生管理，及时除掉粪尿，笼下地面不要有过多的尿液蓄积，以免产生多量的氨气等有害气体。

（2）地面用生石灰粉消毒时，要低撒于地面上，不要扬，以免扬起石灰粉尘对水貂发生危害。

三、气管炎

气管炎多限于支气管、气管和喉头黏膜炎症，属于上呼吸道炎症。

(一) 病因

1. 内因 幼小动物体质不良，营养状况不好，饲养管理不当。

2. 诱因 环境寒冷潮湿、气温突变、浓雾天气的影响，有害气体的刺激，肺部疾患的波及等。

(二) 临床症状 急性气管炎，病貂呼吸困难，喘，高热，精神沉郁，战栗，脉搏频数，食欲减退，频频发咳，开始时干咳痛感，随着病程的发展变为湿性咳嗽。当细支气管受侵时，其咳嗽从开始就呈干性弱咳。鼻孔流出水样液体、黏液或脓性鼻液。

病程一般轻症，经2～3周治疗可以治愈。严重病例，则可致死或转为慢性气管炎。

(三) 治疗 改善饲养管理，喂给新鲜全价易消化的饲料，注意通风，保持安静。

药物治疗：肌内注射青霉素10万～20万单位，每天注射2～3次，同时肌内注射维生素B_1和维生素C注射液1～2毫升，每天1次。分痰多时，可口服氯化铵，0.05～0.1克。

四、肺　炎

肺炎按其炎性渗出物的性质可分为纤维素性肺炎、出血性肺炎、化脓性肺炎、坏疽性肺炎。

按其发展范围，可分为大叶性肺炎、小叶性肺炎和间质性肺炎。

由于疾病的经过不同，可分为急性肺炎、慢性肺炎、良性和恶性肺炎。

(一) 小叶性肺炎 (急性支气管肺炎) 急性支气管肺炎，是肺小叶或小叶群的炎症，临床上以弛张热为主，叩诊岛屿状浊音和听诊啰音以捻发音为特征，各种动物均可发生，而以幼弱及老龄动物多发，早春、晚秋气候多变的季节尤为多发。

1. 病因 多为感冒、支气管炎发展而来，多由呼吸道微生物——肺炎球菌、大肠杆菌、链球菌、葡萄球菌、绿脓杆菌、真菌、病毒等引起。水貂的急性支气管炎与其他动物一样，在机体抵抗力下降或支气管黏膜炎症、血液和淋巴循环紊乱等诱因影响下才会发生。

过度寒冷，小室保温不好，引起幼貂感冒，貂棚内通风不好、潮湿、氨气过大都会促进急性支气管炎的发生发展，不正规的投药误咽引起异物肺炎，犬瘟热病、巴氏杆菌病都继发本病。

饲养管理不当、饲料不全价都可导致动物抵抗力下降，从而引发支气管肺炎。

2. 临床症状 病貂精神沉郁，鼻镜干燥，可视黏膜潮红或发绀，患病貂常卧于小室内，踡曲成团，体温高至 39.5～41℃，弛张热，呼吸困难，呈腹式呼吸，每分钟呼吸达 60～80 次，食欲废绝。

日龄小的仔貂，多半呈急性经过，看不到典型症状，叫声无力，长而尖，吮吸能力差，吃不到奶，腹部不膨满，很快死亡。

成年貂也有此病发生，多数由于不坚持治疗而死亡。病程 8～15 天，治疗不及时病死率很高。

3. 病理解剖变化 急性经过的尸体营养状态良好，口角有分泌物。剖开胸腔可见肺充血、出血，尤以尖叶为最明显；肺小叶之间有散在的肉变区（炎症区），切面暗红色、有血液流出；支气管内有泡沫样黏液；心扩张，心室内有多量血液；器官黏膜有泡沫样黏液。

4. 诊断 听诊和叩诊在水貂身上很难实施，对仔貂诊断更加困难，往往呈急性经过，主要根据剖检变化进行诊断。

5. 治疗 治疗本病的原则是加强饲养管理，抑菌消炎，祛痰止咳及制止渗出和促进渗出物的吸收与排除。

（1）抑菌消炎 应用抗生素和磺胺类药物如青霉素、氨苄青霉素、链霉素、庆大霉素、阿莫西林、复方新诺明、诺氟沙星、环丙沙星、氧氟沙星、磺胺嘧啶等都可以，剂量参照药品使用说明书。

（2）祛痰止咳 可用复方甘草合剂，可待因、氯化铵、远志合剂等。

（3）制止渗出和促进吸收　水貂可静脉注射葡萄糖酸钙 3～5 毫升。

（二）大叶性肺炎　大叶性肺炎指肺脏的一个大叶，一侧肺脏或全部肺脏的急性炎症过程。以支气管及肺泡内充满大量纤维蛋白渗出物为特征，故又称为纤维素性肺炎。临床上以高热稽留、铁锈色鼻液、肺部广泛浊音区及定性经过为特征。本病多见于马、牛、羊、猪等，也见于毛皮动物，只不过是在临床上不易区别，因为这些动物体型太小，野性又强，不好实施听诊、叩诊或其辅助诊断。

1. 病因　本病的病因尚未完全清楚。一般认为有感染性和非感染性两种。感染性的主要由肺炎双球菌、巴氏杆菌及链球菌起重要作用。此外，动物体内源、外源的病原微生物，如绿脓杆菌、大肠杆菌、坏死杆菌、沙门氏菌、支原体、肺炎球菌、葡萄球菌等对本病的发生也起着重要作用。

诱因：受寒感冒、长途运输、通风不良、吸入刺激性气体等应激因素，都诱发本病。

2. 发病机制　病原体侵入，经呼吸道进入血液或淋巴循环，侵入全肺形成大叶性肺炎，在病理尚可分为四期：

（1）炎性充血期　充血期大约持续 1 天，肺内大量流入动脉血，呈深红色并肿胀，往往有大小不等的病灶，用指压有压痕。

（2）红色肝样变期　此期纤维蛋白性渗出物出现和凝固同时开始，大约可持续 2 天。因而肺脏的质量增大，肺组织在水中下沉或肿大变硬，其硬度近似肝脏，色暗红，所以称之为红色肝样变。

（3）灰色肝样变期　渗出物退色而呈灰色，细胞和纤维蛋白溶解、脂肪化，并逐渐被吸收。

（4）溶解期　渗出物液化变为液体，可被吸收或咯出，此期终了时，肺组织即可恢复常态。

3. 临床症状　大叶性肺炎来势急剧，病情严重，高热，稽留不下，呼吸困难，咳嗽短促，痛感而频发，3～4 天有铁锈色鼻液流出。水貂很难诊断，这里不再赘述。

4. 治疗 同支气管肺炎。

（三）出血性肺炎 多由假单孢菌引起（绿脓杆菌），详见传染病出血性肺炎。

第三节 泌尿生殖系统疾病

一、尿湿症

尿湿是水貂等毛皮动物泌尿系统疾病的一个征候，而不是单一的疾病。有很多疾病出现尿湿，如肾炎、膀胱炎、尿结石、阿留申病、黄脂肪病等都可出现尿湿症。

（一）病因 由于饲养管理不当、饲料不佳引起的代谢病和泌尿器官的疾病原发或继发尿湿症。

（二）症状 病貂主要症状是尿湿，公貂下腹部及脐部尿湿，母貂会阴部及股内侧被毛湿漉漉的。严重的尿湿部位脱毛，皮肤出现湿疹、潮红，有的病貂可视黏膜苍白，特别继发于阿留申病和黄脂肪病的病貂有的出现贫血，重者也有全身症状，如食欲减退、精神沉郁等，排尿尿流不直射，淋漓，走路蹒跚，如不及时治疗原发病，逐渐衰竭而死。此病多发生于40～60 日龄幼貂。

（三）诊断 根据临床症状，可以确诊。

（四）治疗 根据原发病进行对症治疗和病因疗法。为防止感染，可以用抗生素类的青霉素、土霉素等。如果有黄脂肪病，可用复合亚硒酸钠维生素 E 注射液，剂量应根据说明书。连用3～7天，为促进食欲每天注射维生素 B_1 注射液 1～2 毫升。局部用 0.1％高锰酸钾溶液冲洗尿渍，并将毛擦干，勤换垫草，保持窝内干燥。

二、流　产

流产是水貂妊娠中、后期妊娠中断的一种表现形式，是水貂繁殖期的常见病，给生产带来一定的损失。

（一）病因

（1）饲养管理原因，如饲料不全价、不新鲜、轻度发霉变质，饲料突然更换，大群拒食，外界环境不安静等诸多因素，都可引起流产。

（2）妊娠中、后期由于胎儿比较大，胎儿死亡，母体不能吸收，就会流产。

（3）某些传染病（如阿留申病）也能引起母貂流产。

（二）症状　水貂多发生隐性流产，看不到流产胎儿，但有时在笼网的地面上能看见残缺的胎儿、恶露。母貂剩食，食欲不好。

（三）治疗　对已发生流产的母貂，要防止子宫内膜炎和自家中毒。可肌内注射青霉素，水貂10万～20万单位，每天2次，连治3～5天；食欲不好的肌内注射复合维生素B或维生素B_1注射液，1～2毫升。对不全流产的母貂，设法防止继续流产和胎儿死亡，常用复合维生素E注射液1～2毫升，1%的孕酮0.1～0.2毫升。

（四）预防　在整个妊娠期饲料要保持恒定，新鲜全价，卫生。貂场内要保持安静，防止意外惊扰及鞭炮声，不要有其他动物窜进。

三、死胎、烂胎、母仔同归

妊娠中后期，由于某种原因引起怀孕母貂妊娠中断，特别是妊娠后期，出现大群剩食或拒食，这是一个危险的信号，因为妊娠前期妊娠中断胎儿很小易被母体吸收，到妊娠后期胎儿死亡，母体吸收不了，一是造成流产，二是烂在母体子宫内造成组胺中毒，母貂自身中毒，因败血症而死亡，即母仔同归。

（一）病因 在整个怀孕期饲料质量不佳，轻度变质，或喂库存时间较长的鱼类饲料，或喂肉联厂含有一些腺体的下脚料如鸡头、兔头等，易引起此病。慢性间接的饲料中毒，特别是棉籽油中棉酚对生殖有危害，有的地区用棉籽饼补充鸡饲料中的蛋白，鸡吃了以后在蛋白中含有棉酚残毒，怀孕母貂长期食用这种鸡蛋后，造成母貂流产、死胎、空怀不产仔。

（二）病状 预产期后延，水貂不活跃，食欲不振，怀孕征候消失，腹围回缩变小，产仔情况不好，产弱仔，仔貂生命力弱，发育不正常，到产仔后期出现母貂死亡，流产胎儿形状不整、糜烂。有的肚大，死胎腐烂在子宫内。

（三）病理解剖变化 剖开母仔同归的母貂腹腔，可见两子宫角内有发育不均等的死胎、烂胎，有的子宫角破溃，胎儿腐败，腹膜糜烂、潮红、出血，其他器官出现败血症现象，充血、瘀血，污秽不洁。

（四）诊断 根据流产情况和死胎以及产仔情况，可以确诊。

（五）治疗 从大群着手调整貂群的饲料，给予适口性强的新鲜饲料，防止再继续发生流产、死胎。为防止败血症的发生，要进行治疗，可肌内注射青霉素 10 万～20 万单位或维生素 B_1 和维生素 C 各 1～2 毫升。阴道有分泌物排出，可以用 0.1％高锰酸钾溶液冲洗。

（六）预防 把握住怀孕期的饲料关，饲料要恒定，新鲜全价，搞好防疫，保持貂群有旺盛的食欲。

四、难　　产

难产是指在无辅助分娩的情况下，分娩过程发生困难，不能将胎儿顺利娩出体外，是水貂产仔期的常发疾病。

(一)病因 雌激素、垂体后叶素及前列腺素分泌失调；怀孕动物过度肥胖或营养不良；产道狭窄、胎儿过大、胎位和胎势异常等都可导致难产。

(二)临床症状 母貂已到预产期并出现了临床症状，时间已超过24小时仍不见产程进展，母貂表现不安，来回走动，呼吸急促，不停地进出产箱，回视腹部、努责、排便，有时发出痛苦的呻吟，后躯活动不灵活，两后肢拖地前进，从阴部流出分泌物，病貂不时地舔舐外阴部，有时钻进产箱内，蜷曲在垫草上不动，甚至昏迷，不见胎儿产出，视为难产。

(三)难产的处理

1. 助产 对于胎位异常的，必须进行人工助产，然后注意给母貂注射葡萄糖、维生素C等补充体液。先用消毒药液做外阴部处理，然后将胎位导正，再用甘油做阴道内润滑剂，将胎儿缓缓拉出。

2. 催产 如果是产仔时间过长，就应该考虑使用催产的药物，如用肌内注射脑垂体后叶素（催产素）0.1～0.2毫升（或肌内注射0.05%麦角固醇0.1～0.5毫升）。

3. 剖腹产 在使用催产素后，产仔仍然不正常的，就只有实施剖腹产手术，以挽救母貂和胎儿生命。

(1) 保定 仰卧或侧卧保定。

(2) 麻醉 全身麻醉配合局部浸润麻醉。全身麻醉可选用水合氯醛直肠灌注如用10%水合氯醛溶液10～20毫升深部直肠灌注或选用龙朋、静松灵、速眠新等药物肌内注射；局部浸润麻醉用0.5%～0.8%盐酸普鲁卡因注射液。

(3) 消毒 术部、手术器械、术者手臂等均应按常规外科手术要求进行严格消毒。术部先剃毛，再用5%碘酊消毒，最后用75%酒精脱碘消毒，然后盖上灭菌的创布并固定。

(4) 手术方法 水貂在髋结节与最后肋骨间切4～5厘米。剪开腹膜，用灭菌纱布保护创口，将妊娠子宫角引到创口外，放到灭菌的创布上，在子宫角大弯处延纵轴做 3～4 厘米长的切口，从切口处由远到近依次压迫子宫壁，使胎儿移向切口并取出胎儿，随时吸干羊水。一侧子宫角取完胎儿，再以同样的方法取出另侧子宫角内的胎儿。用灭菌生理盐水冲洗子宫腔，排尽液体，用灭菌纱布擦净切口，向子宫内放入青霉素粉 40 万～80 万单位。用肠线缝合子宫黏膜，再内翻缝合浆膜和肌层，将子宫还纳回腹腔，并整复。向腹腔内注入青霉素 40 万～80 万单位。用肠线缝合腹膜、肌肉，用缝合线结节缝合皮肤，整复创口涂以碘酊，敷以梅氏绷带。8～10 天后拆线。若术部化脓，应及时处理，并用青霉素水貂 20 万～40 万单位配合 0.25%普鲁卡因局部封闭。

五、乳腺炎

乳腺炎是指母貂泌乳期乳腺的急慢性炎症。

（一）病因　产仔初期发炎是因乳管堵塞或因仔貂生命力弱吸吮能力不强或仔貂死亡，致使乳汁长时间滞留于乳腺中引起乳腺炎，也有因仔貂较多，乳汁不足常咬伤乳头而引起发炎。

（二）症状　患病母貂徘徊不安，拒绝仔貂哺乳，常在产箱外跑来跑去，有时把仔貂叼出产箱。仔貂不发育，腹部不饱满，叫声无力。触诊母貂乳腺，热、痛、硬、肿胀。病情严重的母貂有全身症状，如食欲减退、体温升高等。

（三）诊断　发现初产母貂徘徊、不安，仔貂叫声异常者，应及时检查母貂的泌乳情况和乳房状态，触诊母貂乳房热而硬，并有痛感，说明这只母貂患有乳房炎，应给予治疗。

（四）治疗　初期冷敷，每个乳头结合按摩排乳，在乳腺两侧用 0.25%普鲁卡因稀释青霉素进行封闭，每侧注射 3～5 毫升，全身注射青霉素 30 万～40 万单位。并注射复合维生素 B 和维生素 C 1～2 毫升，仔貂可以代养。

六、产后母貂缺奶

产后母貂缺奶或无乳是当前毛皮动物养殖业繁殖期经常发生的问题，给养殖者造成一定的经济损失。由于母貂产后没奶或缺奶，新生仔貂吃不上奶，逐渐衰竭而死。

（一）病因 主要是妊娠期饲养管理不当，造成初产和老龄母貂营养缺乏或过剩，个别的是与遗传因素、激素分泌紊乱、隐性乳腺炎等有关，特别是新养殖户和饲料匮乏地区饲料不规范，不按标准饲喂，缺乏必要的蛋白和脂肪，造成缺奶或无奶。

（二）治疗 改善饲养管理；在饲料中增加促进泌乳的肉、蛋、奶，稠度要稀一些。给母貂注射催产素 30 微克，一次注射见效，个别的第 2～3 天再注射一次，如果配合地塞米松使用效果更明显。此外，对体瘦弱母貂可口服中药通乳散。

（三）预防 搞好妊娠期的饲料供给，没经过生产考验的饲料不要喂，以免造成不良后果。此外，在繁殖期要舍得投入饲料，但妊娠母貂也不宜养得过肥。

第四节 神经系统疾病

一、日 射 病

日射病是动物头部，特别是延髓或头盖部受烈日照射过久，脑及脑膜充血而引起。

（一）病因 炎热的夏季烈日照射头部和躯体过久，此病多发于夏日中午 12 时至午后 2～3 时，貂棚遮光不完善或没有避光设备。

（二）发病机制 在烈日照射下，水貂体温迅速增高，破坏脑内循环，脑膜和脑血管扩张、充血，发生脑水肿。并常出现脑微血管破裂，引起脑出血，致使神经中枢部分机能遭到破坏，直至危害生命中枢，麻痹而死。

（三）症状 水貂突然发病，精神沉郁，步伐摇摆及晕厥状态，有的发生呕吐，头部震颤，呼吸困难，全身痉挛尖叫，最后在昏迷状态下死亡。

（四）剖检变化 尸体营养状态良好，脑及脑膜血管充盈明显，即高度充血和水肿，脑切开有出血点或出血灶，胸膜腔比较干燥，充血、瘀血，肺充血，心扩张，有的出现肺水肿，肝、脾、肾充血、瘀血，个别的有出血点。

（五）诊断 根据发病的季节和时间及症状可以确诊。

（六）治疗 发现后，马上把病貂放到通风良好阴凉处，对病貂冷敷头部或冷水灌肠，心脏机能不全的水貂可肌内注射维他康 0.2～0.3 毫升，皮下分多点注射 5％葡萄糖盐水 10～20 毫升，为发病地点或貂场降温，往地上浇凉水或往貂笼上喷凉水降温。

（七）预防 进入盛夏貂场内中午要有专人值班，负责降温防暑喷水，受光直射的部位要做好遮光，多饮水。

二、热 射 病

热射病是动物在外温比较高、湿热、空气不流通的环境下，体温散发不出去而蓄积体内乏氧所引起的疾病。临床上以体温升高，循环衰竭，呼吸困难，中枢神经机能紊乱为特征。多发于长途车、船、飞机运输，小气候闷热、空气不流通的笼舍或产箱内。

（一）病因 局部小气候闷热，空气不流通，动物体温散发不出去，过热而死。

（二）临床症状 出现体温升高、循环衰竭及不同程度的中枢神经机能紊乱，乏氧，呼吸困难，大汗淋漓，可视黏膜发绀，流涎，口咬笼网张嘴而死。接近分窝断乳时刻由于产箱（或小室）内湿热，母仔同时死在窝内。

（三）病理解剖变化 多于热射病变化一样。详见日射病病理变化。

（四）诊断 根据发病季节和时间、所处的环境、死亡的状态，可以确诊。

（五）治疗 发现此情况立即把病貂散开，放在通风良好、阴凉处，强心，镇静。

（六）预防 长途运输种貂要有专人押运，及时通风换气。天热时饲养员要经常检查产仔多的笼舍和产箱，必要时把小室盖打开，盖上铁丝网通风换气以防闷死，产箱内垫草要经常打扫更换。炎热的晚上让饲养员把貂赶起来，运动，通风换气。

三、脑 水 肿

脑水肿又称为大头病，常见于新生仔貂。不能治愈，转归死亡。一般情况下，生后死亡被母貂吃掉，不易被发现。

（一）病因 脑水肿是一种遗传病，当这种致死性状的劣性基因巧合配对时，则会导致仔貂发生该病。单方具有此基因者，可以隐性遗传方式传给下一代。

（二）症状 在检查初生仔貂时可以发现典型症状头大，仔细观察后脑头盖骨高，后脑明显突出如鹅头状。触诊肿胀部柔软，有波动感。这种仔貂萎靡不振，日渐消瘦，吸吮能力差，发育落后，很快死亡。

（三）剖检变化 当把脑剖开后，从脑腔中流出大量液体，脑实质受压迫偏向一侧，头盖骨软化，向外弯曲，当液体流出后，脑腔留下很大的空洞。其他器官未见特征性变化。

（四）防制 防止近亲繁殖，产这样仔貂的母貂和公貂一律淘汰，不留种用。

第五节　营养代谢性疾病

一、维生素缺乏病

维生素缺乏病是动物体内维生素缺乏或不足而引起的代谢和功能失调的综合性疾病征候群。

（一）维生素 A 缺乏病

1. 原因　饲料中维生素 A 含量不够或补给不足，达不到动物体的需求量；日粮中维生素 A 遭到破坏、分解、氧化、流失、吸收障碍等，如饲料贮存过久脂肪酸氧化，或调料不当；动物本身患有慢性消化器官疾病，严重影响了营养物质的吸收和利用；混合料中添加了酸败的油脂、油饼、骨肉粉及陈腐的蚕蛹粉等氧化了的饲料，使维生素 A 遭到破坏，导致维生素 A 缺乏。

2. 临床症状　成年貂和幼貂的症状基本相似。水貂维生素 A 缺乏时，除发生神经症状外，表现出干眼病，同时出现消化道、呼吸道和泌尿生殖系统黏膜上皮角化，母貂出现性周期紊乱，发情不正常，发情期拖延，怀孕期发生胚胎吸收，出现死胎、烂胎、仔貂体弱；公貂表现性欲降低，睾丸发育不良，精子形成发育障碍。

3. 诊断　对病貂的血液和死亡水貂肝内维生素 A 的含量测定，同时进行日粮的分析。在可疑的情况下，也可进行治疗性诊断，在饲料中添加鱼肝油，如症状明显好转，则为维生素 A 缺乏病。

4. 治疗　植物性饲料不含维生素 A，所以在平时的日粮中要注意维生素 A 的给量，同时也要看肉类饲料质量，质量不好的要多给一些。治疗量的维生素 A 为预防量的 5～10 倍。水貂每天内服 3 000～5 000 国际单位，同时饲料内要保证有足够量的中性脂肪。如果应用植物盐基的维生素 A 制剂，日粮中补加鲜肝10～20克，见效更快。

5. 预防 预防维生素A缺乏，必须根据水貂不同生物时期的需要量来添加，特别是在配种准备期、妊娠期和哺乳期，在饲料中必须添加鱼肝油或维生素A浓缩剂，每天每千克体重250国际单位以上。向日粮内投给肝及维生素E具有良好作用，后者能防止肠内维生素A的氧化。鱼肝油必须新鲜，酸败的禁用；否则，用后不但不起治疗和预防作用，反而对水貂更有害。

（二）维生素D缺乏病

1. 病因 饲料单一、不新鲜，维生素D添加量不足；饲料中钙、磷比例失调；饲料霉败；动物体受光不足、慢性胃肠炎、寄生虫病等都可导致维生素D吸收不好或缺乏。

先天性维生素D缺乏常由于怀孕母体营养失调或缺乏、阳光照射和运动不足，饲料中缺乏矿物质、维生素D和蛋白质所致。

另外，动物肝、肾有病，使肝细胞线粒体中的维生素D-25-羟化酶催化维生素D_3转化为25-羟胆化固醇的作用受到影响而致病；先天性必需酶类如25-OH-D-1-羟化酶的缺乏可导致本病的发生。

2. 临床症状 缺乏维生素D时，可引起骨质钙化停止，幼貂体质软弱、生长缓慢、异嗜，出现佝偻病，前肢弯曲，疼痛，跛行，甚至不能站立（2～4个月龄时易发生），喜卧不愿活动。成年貂骨质疏松，易发生骨折，四肢关节变形等。在妊娠期，胎儿发育不良，产弱仔，成活率低；泌乳期奶量不足，提前停止泌乳，食欲减退，消瘦。

3. 诊断 根据临床症状，骨骼变形，肋骨与肋软骨之间交界处膨大，呈串珠状，脊柱向上隆起呈弓形弯曲，前肢弯曲，异嗜，跛行等可以确诊。

4. 治疗 对病貂增加维生素D_3的补给，可以注射维丁（D）胶性钙，水貂肌内注射0.5毫升，隔日注射1次，同时在饲料中增加一些鲜肝和蛋类。也可以单一地肌内注射维生素 D_3（骨化醇），按药品说明书使用。

如果大批发生佝偻病，要调节饲料中的钙、磷比，不要单一地补钙，最好用比较好的鲜骨或骨粉；貂场内要适当地调节光照强度，以便于维生素 D 先体的转化。

（三）维生素 E 缺乏病

1. 病因 维生素 E 缺乏病的主要病因：①饲料（日粮）中补给不足或缺乏；②饲料质量不佳引起维生素 E 失去活性或被氧化，如动物性（肉类）饲料冷藏不好，贮存时间过长，使肉类脂肪氧化酸败，特别是喂脂肪含量高的鱼类饲料更易使饲料中维生素 E 遭到破坏。

2. 临床症状 病貂主要表现繁殖障碍，脂肪炎；母貂发情期拖延、不孕、空怀率高；仔貂生命力弱，精神萎靡，虚弱，无吮乳能力，病死率高；公貂表现性机能下降，无配种能力，精液质量不佳；育成貂易出现急性黄脂肪炎，突然死亡。

3. 诊断 根据貂群的繁殖情况分析，可以作出初步诊断。若要进一步确诊，需看饲料的组成和质量，做饲料分析测定。

4. 治疗 对维生素 E 缺乏或不足的病貂，可以肌内注射维生素 E 注射液；最好肌内注射，详细使用方法请参阅药品说明书，也可以口服维生素 E 丸，但喂前要用温水泡开，不要把干维生素 E 胶丸放在饲料里，因为干药丸易被水貂挑出。

如果伴有食欲不佳和黄脂肪病出现，可以采取综合治疗。

（1）维生素 E 或亚硒酸钠维生素 E 合剂，用量请看药品说明书，维生素 E 每千克体重 5～10 毫克，维生素 B_1 或复合维生素 B 注射液 0.5～1 毫升，分别肌内注射。

（2）维生素 E 每千克体重 5～10 毫克，青霉素每千克体重 10 万～20 万单位，复合维生素 B 注射液 0.5～1 毫升，分别肌内注射，每天 1 次。直到病情好转，恢复食欲。消炎类抗生素可以根据场或单位具体情况，用青霉素、土霉素以及磺胺嘧啶、喹诺酮类的药物均可。

(3) 除药物疗法外，还可以采用食饵疗法，在饲料中投给新鲜、含维生素丰富的饲料小麦芽（小麦芽一定要小，不要用麦苗）及新鲜的动物性饲料，如豆油、蛋黄、鲜肝等。

小麦芽制作方法：

将新鲜的小麦淘洗干净放入加少许食盐的清水中，浸泡10～15小时后，捞出平铺于木盘内，厚1厘米，盖上纱布（或白布保湿）放于避光处，温度保持在15～20℃，每天洒水2次，保持脉络清洁湿润（但要注意防霉，霉败的不能用）。经过3～4天后即生出淡黄白色的麦芽，麦芽长到0.5厘米左右时即可饲喂。

5. 预防 视饲料的质量适当添加一定量维生素E，可以防止维生素E的缺乏和黄脂肪病的发生。特别是长期饲喂含脂肪高的，而且库存时间又长的海产品及肉类；更要注意预防此病的发生。

(四) 维生素 B_1 缺乏病

1. 病因 饲料单一、动物厌食、患有吸收功能低下的胃肠病、寄生虫和衰老等因素影响维生素 B_1 的吸收和利用。此外，饲料搭配不合理；饲料陈腐不新鲜；补加B族维生素与饲料加工调制不合理破坏了B族维生素，如生喂淡水有鳞鱼和生鸡蛋都能破坏B族维生素，因为淡水鱼体表、软体动物、蚕蛹和蛋清等含有破坏硫胺素酶，导致饲料中维生素 B_1 被破坏，使得动物体得不到维生素 B_1；将上述两种动物性饲料熟制，或者在补加维生素 B_1 时避开生喂这两种饲料的时间，就能使添加的维生素 B_1 不被破坏。

另外，维生素 B_1 添加剂质量不合格、质量不准，也是导致维生素缺乏的原因之一。

2. 临床症状 当维生素 B_1 不足时，经过20～40天，就会引起本病。患病水貂出现食欲减退，大群剩食，身体衰弱，消瘦，步态不稳，抽搐痉挛，昏睡，不及时治疗，经1～2天死亡。

重度维生素 B_1 缺乏时，神经末梢发生变性，组织器官机能障碍，病貂体温正常，心脏机能衰弱，食欲废绝，消化机能紊乱等。发生于幼貂育成期幼貂发育停滞，被毛逆立、蓬乱、无光泽，可视黏膜苍白，不愿活动，继而出现神经症状，出现共济失调，后躯麻痹，在笼中乱爬，后躯被动驱动，拖动前进，抽搐，痉挛。有的病貂在笼中昏睡或昏迷不醒，蜷缩不动，不及时治疗昏迷而死。

妊娠母貂流产、产死胎和发育不良的仔貂数量增高。母貂在妊娠后期由于死胎、烂胎、自家中毒导致母仔同归。由于母貂体内聚集有毒物质，常引起哺乳仔貂腹泻。维生素 B_1 不足时，使妊娠期延长，空怀率高，产弱仔。

3. 诊断 根据貂群大批剩食，运动共济失调，痉挛，抽搐，后躯麻痹，昏迷，嗜睡，体躯蜷缩等症状，用维生素 B_1 注射液试探治疗，效果明显，可以确诊。

在诊断过程中要注意与脑脊髓炎和食盐中毒的区别。

4. 治疗 本病早期发现用维生素 B_1 或复合维生素 B 治疗病貂很快好转治愈。水貂每天肌内注射维生素 B_1 或复合维生素 B 注射液，貂每天 0.5～1.0 毫升，连注 3～5 天。

大群动物在饲料中投给维生素 B_1 粉，病情很快好转恢复正常。

（五）维生素 B_2 缺乏病

1. 病因 饲料单纯、缺乏青绿饲料、酵母、鱼粉或这些成分质量低劣，动物厌食，患有消化吸收障碍病和胃肠道寄生虫病等。

2. 临床症状 水貂核黄素缺乏或不足时，生长发育缓慢、逐渐消瘦、衰弱、食欲减退。引起神经机能紊乱、后肢不全麻痹、步态摇晃、痉挛及昏迷状态。心脏机能衰弱，全身被毛脱落，黑色毛皮动物被毛褪色，变为灰白色或者毛色变浅。母貂发情期推迟或不孕。新生仔貂发育不健全，腭裂分开，骨缩短。

5周龄仔貂完全无被毛及具有肥厚脂肪皮肤，腿部肌肉萎缩，运动机能衰弱，全身无力，晶状体混浊，呈乳白色。

3. 诊断 根据维生素 B_2（核黄素）缺乏的症状，并对日粮进行分析即可做出诊断。

4. 治疗 对病貂及早补给维生素 B_2（核黄素），每天1.5～2毫克。也可在饲料中添加复合维生素B添加剂或精品维生素B。

5. 预防 增加饲料中的维生素 B_2，尤其日粮中含脂肪量大的饲料，需要增加维生素 B_2 的给量。妊娠和哺乳期需要量更大。

（六）维生素 B_6 缺乏病

1. 病因 饲料单一，动物有胃肠炎，饲料中的有效成分不能被很好地吸收；或有寄生虫病等而引起维生素 B_6 缺乏或不足。

2. 临床症状 对水貂来说，维生素 B_6 是必需的维生素之一，它是动物体内新陈代谢的主要辅酶。一旦缺乏或不足，会引起繁殖机能障碍、贫血、生长发育迟缓，肾脏受损。水貂性别和个体生理状况、生物学时期不同，其临床表现也不尽一样。妊娠期母貂空怀率高，仔貂死亡率高、成活率低，妊娠期延长。公貂配种期，性功能低下，无精子，睾丸发育不好，无配种能力。仔貂育成期，生长发育缓慢，食欲不佳，上皮角化，棘皮症，小细胞性低色素性贫血，精神萎靡，易发生尿结石，毛细血管通透性降低。

3. 诊断 根据临床症状和对日粮的分析，可以作出诊断。

4. 治疗 给予病貂易消化的富含维生素 B_6 的饲料，如肉、蛋、奶等。及时补给维生素 B_6 制剂，能收到良好的效果。复合维生素B注射液，水貂每只每天可肌内注射1～1.5毫升，吡哆醇盐酸盐糖粉可以加在饲料中投服，剂量请参照产品说明书使用。也可使用人用的维生素 B_6，效果较好。

5. 预防 根据不同生物学周期补加维生素 B_6 制剂，特别是在配种妊娠期和仔貂育成期要注意B族维生素的补给。

（七）维生素 B_{12} 缺乏病

1. 病因 日粮中谷物性饲料比例过大；长期投给广谱抗生素及磺胺类药物；地方性缺钴。

2. 症状 维生素 B_{12} 缺乏时，水貂表现消化不良，衰弱，食欲丧失，消瘦；幼貂发育迟缓，贫血，可视黏膜苍白。死亡率高。

3. 治疗 用维生素 B_{12} 注射液治疗效果比较好，每千克体重10～15 毫克，肌内注射，1～2 天注射一次，直至全身症状改善消失再停止用药。

4. 预防 按正常标准饲喂就能满足生产需要。水貂在繁殖时期饲料中要补给一定量质量好的酵母，剂量每天每千克体重6 微克。

（八）叶酸缺乏

1. 病因 叶酸参与丝氨酸和甘氨酸的相互转化及核酸的合成，也与血液生成有关。叶酸缺乏会引起毛皮动物贫血，消化机能紊乱和毛绒生长障碍。

长期饲喂鱼粉或溶剂法提取的豆饼（饼类）及颗粒料时，易引起叶酸缺乏或不足；或长期应用抗生素，导致胃肠道内正常微生物群紊乱，同样可以引起叶酸不足。

2. 症状 水貂表现可视黏膜苍白，衰竭，下痢，换毛不全，被毛褪色，毛绒质量低劣。多数仔幼貂因贫血而死，血液稀薄，血红蛋白减少。

3. 治疗 病貂可每天注射 0.2 毫克叶酸，持续到康复。同时分别注射维生素 B_{12} 和维生素 C，效果更好；口服或注射泛酸钙 3～4 毫克也有效；口服丙基硫脲嘧啶更好。

4. 预防 在日粮中补加鲜肝和青绿饲料，喂颗粒饲料时补给叶酸添加剂，都能有效地预防本病。水貂繁殖期日粮中需0.5～0.6 毫克，妊娠期需 3 毫克。

（九）维生素 C 缺乏（水貂仔兽红爪病）

1. 病因 长期不喂青绿的菜类或不补加含维生素 C 丰富的

饲料，特别是在母貂妊娠中后期，饲料不新鲜，又喂很少的蔬菜，很容易引起维生素C缺乏，导致新生仔貂红爪病的发生。

2. 临床症状 四肢水肿是新生仔貂红爪病的主要特征。关节变粗，指（趾）垫肿胀，患部皮肤高度充血、瘀血、潮红。进一步发展为指间破溃和龟裂，偶见尾巴水肿、变粗，皮肤高度潮红。患病仔兽尖叫嘶哑无力，声音拉长，不间断地往前爬（乱爬），头向后仰，仿佛打哈欠，吸吮能力差而不能吸吮母貂乳头，导致母貂乳房硬结发炎、疼痛不安，叼着病仔貂在笼内乱跑，甚至咬死仔貂吃掉。

3. 病理解剖学变化 刚生下2～3天的仔貂尸体，脚爪水肿、充血、出血、肿胀，胸腹部和肩部皮下水肿和黄染（胶样浸润），胸、腹部肌肉常常出现泛发性出血斑。

4. 诊断 根据临床症状，妊娠期饲料组成和产后第1天母貂乳汁分析，可以确诊。

正常成年母貂每毫升乳汁内含抗坏血酸为0.7～0.87毫克，而病仔貂的母乳每毫升含0.1～0.48毫克抗坏血酸。

5. 治疗 为及时发现病仔貂，水貂在产后5天内发现叫声异常，要立即检查，对病仔貂可肌内注射抗坏血酸注射液0.5毫升，也可用滴管或毛细玻璃管向口内滴入抗坏血酸注射液，每天1次，直至水肿消失为止；同时在母貂的饲料中加一些新鲜的叶类或维生素C添加剂。

6. 预防 保证饲料新鲜；不喂长期贮藏质量不佳的饲料，日粮中要有一定量的蔬菜，如果没有新鲜的青绿蔬菜，可以加价格比较便宜的水果，乃至维生素C精品。

二、食毛症

食毛症病因不十分清楚，但多数人认为，是微量元素缺乏引起的一种营养代谢异常的综合征。

食毛症以患病貂啃咬自身被毛，全身除头颈外，毛绒残缺不全，呈剪毛样，皮肤裸露为特征。多发生于秋冬季节。

（一）病因 硒、铜、钴、锰、钙、磷等微量元素不足或缺乏，脂肪酸败，酸中毒，肛门腺阻塞等都可引起本病的发生。

由此可见，营养不全或不平衡、代谢功能紊乱或失调以及不良的饲养管理都能诱发食毛症的发生。

（二）临床症状 有的突然发生，经过一夜，将后躯被毛全部咬断；或者间断地啃咬，严重的除头颈咬不着的地方外全部被啃咬掉，毛被残缺不全。尾巴呈毛刷状或棒状，全身裸露。如果不继发其他病，精神状态没有明显的异常，食欲正常；若继发感冒、外伤感染，则会出现全身症状，或由于食毛引起胃肠毛团阻塞等症状。

（三）诊断 从临床症状即可作出诊断。

（四）治疗 没有良好的治疗方法，主要是对症治疗，防止感冒和其他继发症的发生。

（五）预防 应立足于综合性预防，饲料要多样化，全价新鲜。哺乳育成期饲料要注意微量元素和维生素的补给。

要注意饲料质量，加强冷库的管理，发现脂肪氧化变黄或酸的鱼、肉饲料，要及时处理，改作他用，或到取皮期喂毛皮动物。

此外，以鱼类饲料为主的饲养场，一定要注意或重视海鱼的质量，冷贮时间长的、不新鲜的不采购，决不贪便宜，同时要注意维生素 E 的补给。

三、水貂膀胱尿结石

尿结石指在肾脏、膀胱及尿道内出现矿物质盐类沉淀。水貂的尿结石，多发于刚断乳后、发育比较好的、出生日龄比较早的幼龄水貂，公貂多于母貂。

（一）病因 该病的病因至今尚未完全清楚，可能由于以下原因引起。

（1）甲状腺机能亢进。

（2）外伤性骨折。

（3）长期服用磺胺类药物。

（4）吃青菜过多。

（5）泌尿系统炎症。

（6）断乳引起一时性血钙不平衡，机体为满足血钙平衡，动员体内的钙质，造成一过性钙质过剩。

（7）饲料内钙、磷比例失调，维生素 A、维生素 D 给量不足等。

（二）临床症状 病貂频频排尿，尿流不能直射，滴滴排出体外，公貂腹部尿湿，最终得不到及时发现，尿中毒急性死亡。

（三）病理剖检变化 多数尿结石死亡的水貂尸体营养状态良好，腹部被毛尿湿，腹部比较膨满。剖开腹腔即可看到膨满的膀胱，有鸽卵大或乌鸡蛋大，充满尿液，膀胱浆膜面充血、出血、呈紫红色，切开膀胱有多量浓茶水样尿液流出。膀胱黏膜出血、坏死，可见到结石一至数个，大小不等，高粱米粒大至黄豆大，乃至扁豆粒大，0.1～10 克，形状多为椭圆形，表面光滑，乳白色或乳黄色。其他器官无并发症，无明显的异常变化。

（四）诊断 根据病理解剖可以确诊，生前临床诊断：断乳初期发现尿湿的幼龄水貂可以抓住，触诊下腹部如膨满，腹围比较大，叩诊有鼓音，可以对鼓音最明显的部位消毒，用灭菌的 9 号针头穿刺，排出积尿，做膀胱切开术取出结石，再缝合好创口，手术后药物治疗。

在养貂场内发现一例尿结石，就要注意这种病的再出现，以便及时手术治疗。

（五）治疗 目前无药物治疗方法，有条件的饲养（户）场可以手术治疗取出结石。排石、碎石和在机体内溶石很难做到，只有加强预防，防止本病的发生。

（六）预防 进入断乳期要及时调整饲料，给断乳仔貂易消化、新鲜的饲料，多给一些鲜牛奶或奶粉之类的乳品。饲料要稀一点，饮水要充分。也可以在饲料中加一点氯化铵，防止钙沉着，每天每只水貂给 0.5 克，混于饲料中食入，连服 3～5 天，停药 3～5 天，再喂 2～3 天就停止给药。

四、水貂黄脂肪病

黄脂肪病又称脂肪组织炎，是以全身脂肪组织发炎、渗出、黄染、肝小叶出血性坏死、肾脂肪变性为特征的脂肪代谢障碍病，也可以说是脂肪酸败慢性中毒病。

此病是水貂饲养业中危害较大的常发病，不仅会直接引起水貂大批死亡，而且会在繁殖季节导致母貂发情不正常、不孕、胎儿被吸收、死胎、流产、产后无乳，公貂利用率低、配种能力差等。仔貂断乳分窝以后 8～10 月多发，急性经过，发现不及时可造成大批死亡；年老水貂常年发生，慢性经过，多散发，主要表现尿湿，治疗不及时死亡。

（一）病因 主要原因是动物性饲料（肉、鱼、屠宰场下杂物）中脂肪氧化、酸败。动物性脂肪，特别是鱼类脂肪含不饱和脂肪比较多，极易氧化、酸败、变黄、释放出霉败酸辣味，分解产生鱼油毒、神经毒和麻痹毒等有害物质。这些脂肪在低温条件下也在不断氧化酸败，所以冻贮时间比较长的带鱼、油扣子等含脂肪比较高的鱼类饲料更易引起水貂急、慢性黄脂肪病。

此外，饲料不新鲜、抗氧化剂维生素添加量不够，也是引发本病的原因之一。饲养者视肉类饲料质量情况，可加喂一些维生素 E 和硒之类的添加剂，以减少此病的发生。

（二）临床症状 一般多以食欲旺盛、发育良好的幼龄貂先受害死亡，急性病例突然死亡，大群水貂食欲下降、精神沉郁、不愿活动，出现下痢，重者后期排煤焦油样黑色稀便，进而后躯麻痹，腹部或会阴尿湿，常在昏迷中死亡。

触诊病貂鼠蹊部两侧脂肪，手感呈硬猪板油状或绳索状。

成年貂多为慢性病例，经常出现剩食、消瘦、不愿活动、尿湿等症状，易与阿留申病混淆。

（三）病理解剖变化 尸体皮肤剥开皮下脂肪组织黄染多汁，有的皮下有出血点，鼠蹊部两侧脂肪黄白色，湿润多汁，有的水肿，淋巴结肿大。

胸、腹腔有水样黄褐色或黄红色胸腹水。大网膜和肠系膜脂肪呈污黄色多汁，肠系膜淋巴结肿大，肝脏肿大呈土黄色或红黄色，质脆易破裂，组织像消失，典型脂肪肝、肾肿大、黄染、三界不清。胃肠黏膜有卡他性炎症，附有少量黏液状内容物或褐红色的内容物，直肠有少量煤焦油样黏稠的稀便。

慢性病例，尸体消瘦，皮下组织干燥黄染不明显。肝浊肿，呈粉黄红色或淡黄色，质硬脆，切面组织像不清楚。肾被膜紧张，光滑易剥离，肾实质灰黄色或污黄色。胃肠有慢性卡他性炎症。

（四）诊断 根据临床症状和病理解剖学变化可以作出确诊。

（五）治疗 发现此种情况，应立即停喂变质霉败的动物性饲料，调整饲料成分，加喂维生素E。

对大群貂有重点的逐头检查、触诊，用手摸下腹部两侧和鼠蹊部的脂肪肿块（猪板油状或绳索状）的变化或有下痢症状的，都列为治疗对象。

病貂每天每头分别肌内注射维生素E或复合亚硒酸钠维生素E注射液0.5～1.0毫升，复合维生素B注射液0.5～1.0毫升，青霉素1.0万单位，持续给药7～10天，同时要改变饲料，给新鲜易消化的全价饲料。

五、水貂哺乳症

水貂哺乳症是导致成年母貂死亡率较高的代谢失调性疾病。典型特征多表现为代谢紊乱，该病一般在泌乳后期或断奶后 1 周内发生。

（一）病因 哺乳期间母貂为了泌乳需求，大量动员体脂，能量处于负平衡状态，机体易发生代谢紊乱。目前研究认为哺乳症是由营养、代谢、环境、日粮和应激等多种因素共同作用的结果，母貂的年龄增长、体重下降、窝产仔数增加是引发哺乳症的主要原因。

（二）临床症状 哺乳症一般突然发病。其临床典型症状为食欲减退，精神萎靡、目光呆滞、消瘦、体重下降、虚弱、步态不稳、不愿离开产箱，最后阶段出现嗜睡和排黑色粪便等现象。疾病末期，动物会出现酸中毒或尿中毒，通常出现典型症状后，几天内在昏迷中死亡。

（三）病理剖检变化 脱水、体内无储存脂肪、乳房组织退化、肺充血并不完全扩张，部分组织出现溃疡，脂肪肝、肝脏相对较小，个别表面有白色斑点，肾表面凹凸不平，膀胱充满水样尿液。肝细胞和肾小管上皮细胞中有明显空泡，肾上腺皮质增生。

（四）诊断 根据临床症状和病理剖检变化可确诊。

（五）治疗 水貂哺乳症一经发现就很难治疗。

（六）预防

（1）在秋冬季节配种前期，以及妊娠、泌乳期间，维持种母貂适中体况。

（2）为减轻母貂的泌乳负担，产仔数多母貂的仔貂可被寄养。

（3）在哺乳期间和泌乳后期应减少应激，尽量提供一个凉爽安静的环境，保证适口的饲粮、充足的饮水，以及避免不必要的抓摸水貂。

(4) 在泌乳期间日粮中添加n－3不饱和脂肪酸饲料（如鱼类），对预防母貂哺乳症有重要作用。

六、水貂白底绒症

水貂白底绒症是由于体内氨基酸、维生素和微量元素缺乏而引起的以水貂毛绒、皮张质量下降为特征的一种营养代谢病。

(一) 病因 此病的发生原因不明确，争议较多。多数人认为是由于营养代谢失衡而引起的综合性的营养代谢障碍疾病，主要是由于生长中缺乏多种维生素和矿物质、氨基酸或者是比例不平衡引起的。也有人认为是因缺铜引起的色素代谢障碍和毛的角质化生成受损，该病的发生原因及发病机制尚待进一步研究。

(二) 临床症状 患白底绒症的水貂精神沉郁、贫血、消瘦、生长迟缓、发育不良，被毛脱色或生长异常，呈斑驳样外观。

(三) 诊断 依据临床症状和对日粮的综合分析，可以作出诊断。

(四) 预防 饲喂蛋白质、矿物质和维生素含量丰富的全价饲料。

(1) 用新鲜的全鱼饲料代替蛋白质量很少的鱼排、鱼刺等动物副产品，因这类副产品无法满足貂体对各种氨基酸的需要。

(2) 由于生鸡蛋中的卵白影响生物素的吸收，所以应熟制后饲喂。

(3) 饲料中可以添加蛋氨酸、赖氨酸、络氨酸等必需氨基酸；补充各种维生素及微量元素。必要时添加硫酸铜，每千克体重添加 0.02g。

（五）治疗 中药治疗，何首乌 30g、天麻 20g、当归 50g、熟地 50g、白芍 20g、川芎 20g、蛇床子 10g，共研为末，每只貂 2g，每天 1 次，连用 5～7 天。

第六节 中毒性疾病

一、肉毒梭菌毒素中毒

本病是由肉毒梭菌污染肉类或鱼类等动物性饲料，产生大量外毒素导致的急性食物性中毒。特别是 C 型肉毒梭菌最为严重，病貂多为最急性经过，少数为急性经过。

（一）病原 肉毒梭菌又称腊肠杆菌。本菌有 6 个血清型，其毒素致病作用相同。但抗原结构不同，同型毒素只能中和同型血清，引起人和动物（肉食动物）中毒的多为 C 型。

肉毒梭菌为专性厌氧菌，平均长 4～6 微米、宽 0.3～1.2 微米，呈单在或成对排列，运动性较弱，顶端芽孢呈网球拍状。

肉毒梭菌能分解蛋白质，产生外毒素，毒性极强，已超越所有已知细菌毒素，1×10^{-7} 毫升毒素即可毒死豚鼠。此毒素具有较强的抵抗力，对低温和高温都耐受。当温度达到 105℃时，经 1～2 小时才能被破坏。

（二）流行病学

1. 易感动物 所有动物都可中毒，但水貂较银黑狐、北极狐敏感。特别是 C 型肉毒梭菌更为严重。本病没有年龄、性别和季节的区别。常呈群发。病程 3～5 天，个别有 7～8 天。

2. 传染源 水貂肉毒梭菌中毒的传染源主要是被该菌污染的饲料。

3. 传播途径 当肉、鱼饲料被肉毒梭菌污染后，在繁殖过程中产生大量的外毒素，水貂吃了这种饲料，就会发生中毒。

4. 流行特点 本病没有季节性，一年四季均可发生。本病突然发生，不分年龄、性别均易感。本病的严重性和延续时间，决定于水貂或动物食入的毒素量。病死率高达100%。

（三）临床症状 于食后8～10小时到24小时，突然发病。最慢者48～72小时，多为最急性经过，少数为急性病例。

病貂表现运动不灵活，躺卧，不能站立，拖腹爬行（即海豹式行进），先后肢出现不全麻痹或麻痹，继而前肢也出现麻痹。病貂出入小室困难，常滞留于小室口处，即一脚门里、一脚门外，意识在进入昏迷之前一直很清楚。将病貂拿在手中，躯体瘫软似未尸僵的死貂，瘫软无力。

有的病貂出现神经症状，流涎、吐白沫、颌下被毛湿润，瞳孔散大，眼球突出。有的病貂痛苦尖叫，进而昏迷死亡，较少看到呕吐和下痢。有的病貂没有明显症状而突然死亡，死前呈现阵挛性抽搐。

（四）剖检 本病剖检无特征型症状。大多数病死后不尸僵。急性死亡的胃内充满食物，病程长的胃内空虚，仅有少量胃液。咽喉部有灰黄色覆盖物，偶见有出血点或出血斑；胃黏膜有卡他性炎症；肠浆膜有出血点；肺充血水肿呈红色；肝表面粗糙不平，色淡黄或土黄，肾表面有出血点或瘀血点；膀胱麻痹充满尿液；脑膜及延脑充血、出血。

（五）诊断

1. 诊断 根据流行病学突然发病、大批死亡和出现典型症状、肌肉松弛、麻痹和不完全麻痹等，可初步获得诊断。为了确诊，必须把吃剩下的饲料和死亡尸体送有关实验室，检查有无肉毒梭菌毒素，而后确诊。具体做法：①将饲料或胃肠内容物做1∶2稀释。放在钵中研磨，浸出1～2小时，滤过备用。②选健康豚鼠为实验动物，第一组投给滤过液10～12毫升，第二组投给100℃的检样做对照。③如第一组豚鼠发病死亡，第二组不发病死亡，即可确诊。因该毒100℃条件下30分钟破坏，因此对照组不发病。

2. 鉴别诊断 水貂肉毒梭菌中毒临床上表现有些与伪狂犬病相似。但伪狂犬病水貂瞳孔眼裂缩小，斜视，公貂阴茎麻痹，呼吸困难，在饲喂屠宰场猪的下杂物后3～5天发病。开始病势不猛，经2～3天后死亡迅速增加，到3～4天达最高峰，再经2～3天死亡下降，除水貂外，银黑狐、北极狐也易感伪狂犬病。为进一步鉴别，可将病死貂的脑和肺，在无菌条件下研成10倍悬液，给健康的兔子肌内注射，经4～7天后，出现典型瘙痒，将注射部位咬破者为伪狂犬病，而肉毒梭菌毒素中毒无此症状。

（六）治疗 由于本病来势急、死亡快、群发等特点，一般来不及治疗，也无好的治疗方法。特异性治疗可用同型阳性血清治疗效果较好。对症治疗一般采取强心利尿，皮下或腹腔注射5％葡萄糖注射液。

（七）预防 注意饲料卫生检查，自然死亡的动物肉或尸体最好不用，特别是死亡时间比较长的尸体最危险，如果实在要利用，一定要经高温煮沸。对本病污染的疫区要提高警惕，加强消毒。貂群可以接种肉毒梭菌类毒素，效果更好，一次接种免疫期可达3年之久。最常用的是C型肉毒梭菌菌苗，每次每头注射1毫升。

二、棉籽油、棉籽饼中毒

棉籽饼是富含蛋白和磷、维生素E的好饲料，棉籽油可作为毛皮动物维生素E的补充料，然而，在棉籽油和饼中又含有有毒物质——棉酚。由于加工方法不同，游离棉酚含量不同，冷榨的油和饼游离棉酚含量高，热榨的油和饼游离棉酚含量低，所以饲喂动物时一定要注意这些产品的加工工艺和给量，喂给量大，会引起水貂等毛皮动物直接或间接棉酚中毒。

（一）症状 受害水貂精神沉郁，食欲逐渐下降，剩食，有的出现呕吐。大群水貂食欲不振，剩食，不愿活动；有的出现轻度黄染贫血，腹泻；有的排煤焦油样便。母貂发情不好或不发情，公貂性欲低、配种能力下降等。

（二）病理解剖变化 主要是肝脏受损、肿大、增生、硬化、黄染，呈脂肪肝样。腹水多量黄色；胃肠黏膜有卡他性炎症。脾和淋巴结充血、出血，心包积水，心内外膜有出血点，心肌和骨骼肌变性，胎儿发育不良，仔貂生命力弱、大小不等。

（三）诊断 根据动物临床表现、剖检变化以及饲料中含有棉籽油的量，可初步怀疑棉酚中毒，特别是棉籽未经热处理的冷榨棉籽油更为可疑，可进一步检查测定棉酚的含量。

（四）治疗 立即停喂棉籽油或棉籽饼，病貂注射5%葡萄糖注射液和B族维生素（复合维生素B注射液最好）注射液。

（五）预防 饲喂棉籽油或棉籽饼时，应先经加热处理，由于铁能与游离的棉酚形成无毒的复合体，故应在喂棉籽油的同时补喂硫酸亚铁，按日粮中游离棉酚量1∶1计算加入饲料中。

三、大葱中毒

在水貂繁殖期，有的饲养场为促进或提高毛皮动物的配种能力，在饲料中加入一定量的大葱作为催情饲料。由于给量不当，会引起水貂急性中毒，出现血尿和死亡，造成很大的经济损失。

（一）病因 由于大葱超量所致，正常喂量每只水貂日给量不要超过15克。试验证明，每只水貂日喂量大葱30克以上会引起慢性中毒，70克会引起急性中毒，90克即可致死。

（二）症状 急性中毒水貂，食欲废绝，排酱油样血尿，一次尿量3毫升左右；慢性病例精神沉郁，被毛蓬乱，频频排血尿，站立不稳，全身有节奏地抖动，饮水增加，食欲废绝，两眼紧闭，眼角内有眵，结膜黄白色。

（三）病理解剖变化 急性死亡的尸体营养状态良好，皮下组织有一定量脂肪沉着，黄染；肝脏肿大1.5倍，呈土黄色，质地脆弱，切面外翻，流出少量酱油样血液；脂肪性营养不良；肾脏肿大1倍，黄褐色，被膜下布满针尖大紫黑色出血斑。

（四）诊断 在配种期，饲料中加喂大葱，患貂排血尿，全群出现食欲不振，可以初步确诊。

（五）治疗 一旦发生大葱中毒，立即停喂大葱。对病貂采取对症疗法，强心、补液，在饲料中加一定量白糖或一些绿豆水。

四、水貂亚硝酸盐中毒

青绿饲料中特别是叶菜类饲料，如堆放或浸泡时间过长，其中的硝酸盐会转变为亚硝酸盐，饲喂水貂后会引起中毒。亚硝酸盐不仅可引起急性中毒，而且还有慢性中毒和致癌的危险性。

（一）发病机制 硝酸盐对胃肠黏膜有刺激作用，引起急性胃肠炎，吸收的亚硝酸盐进入血液，把血红蛋白氧化成为高铁血红蛋白，失去携氧能力，造成动物全身组织缺氧。正常血液中的高铁血红蛋白，保持在0.7%～10%，若达到20%，就会出现中毒症状；达到80%～90%，则引起死亡。其次，亚硝酸盐还能引起血管扩张，导致外周血液循环障碍。

慢性中毒时，可引起母貂流产，增加对维生素A和维生素E的需要量。硝酸盐和亚硝酸盐还会在体内争夺形成甲状腺素的碘，从而刺激甲状腺的代偿作用。

亚硝酸盐与某些胺作用，可形成致癌物——亚硝胺，故长期接触可发生肝癌。

（二）临床症状 水貂亚硝酸盐中毒时，其表现为突然死亡、流涎、腹痛、腹泻和呕吐、四肢无力、步态摇晃，白色水貂皮肤呈青色，可视黏膜发绀，脉频而弱，死前有阵发性惊厥，蹦跳而死。

慢性中毒时，其表现多种多样，如流产、虚弱、分娩无力、受胎率低、步态拘谨、发育不良增重慢、腹泻、维生素 A 缺乏症、甲状腺肿等。

（三）病理解剖变化 特征性变化是血液呈黑红色或咖啡色，似酱油样，凝固不良，暴露空气后，经久不转化成鲜红色；胃肠黏膜充血；心肌和器官黏膜有小出血点；全身血管扩张；肝脏瘀血、肿大。

（四）诊断 中毒非常快，有吃不新鲜蔬菜或青绿饲料的历史。剖检血液凝固不全，呈黑红色或咖啡色，暴露空气后经久不转变成鲜红色，可怀疑该病。为查明是否存在亚硝酸盐，可取食物、呕吐物化验，亦可取尿、腹水、羊水、脊髓液、眼房液、血清等进行检验，通常用格利斯法。

（五）鉴别诊断 亚硝酸盐急性中毒，很像氢氰酸中毒，但后者中毒初期血液呈鲜红色（需要注意的是，氢氰酸中毒的后期血液亦呈暗红色）。

（六）治疗 临床上用特效解毒药 1%美蓝溶液，每千克体重 1 毫升，每天 1 次，连续 3～5 次即可治愈。

（七）预防

（1）切实做好菜类的采摘、运输和堆放等管理工作。采时勿乱扔、乱踩，运输越快越好，堆放时摊开散放。

（2）煮时要用急火、大火，快煮，凉后即喂，不要小火焖煮。

（3）对堆放发热变黄的叶菜类，弃之不用。

五、毒鱼中毒

引起水貂中毒的鱼类主要有河豚、繁殖期的青海湟鱼、新捕捞的巴鱼及一些鱼卵。

（一）临床症状 开始少数水貂食欲不振，剩食，进而出现大批剩食，消化紊乱，精神萎靡，中毒，不愿活动，喜卧，后躯麻痹等。

急性中毒只能看到神经症状，抽搐而死，幼貂比老年貂中毒严重。

如果发生在妊娠期，后果更严重，可造成妊娠中断，出现死胎、烂胎现象，导致繁殖失败。

（二）诊断 生物毒一般都很难测定，多采用敏感动物，通过生物学饲喂的方法来测定。

（三）治疗 立即停喂有毒鱼饲料，调整貂群食欲，喂给新鲜无毒、适口性好的动物性饲料，尽快把食欲调整好。

中毒较重的病貂采取强心补液。

（四）预防 喂海杂鱼的养貂场，要尽量把毒鱼、河豚之类的鱼挑拣出来，喂青海湟鱼要熟喂。

新捕捞上来的青鱼和巴鱼要贮存一段时间让其中的一些酶类熟化、衰败、毒性消失。

六、食盐中毒

食盐中毒有群发、有散发，在水貂饲养中比较常见。群发是由于饲料中加盐过多所致，散发是由于调料时食盐没有搅拌均匀所致。

（一）病因 计算失误，或者加量不准，调料不认真，不按科学方法加盐，不用衡器称量而凭经验估计导致加量失误；有的是饲料中含盐量多没有计算内，有的是饲料中含盐量高，脱盐不彻底（有的鱼粉含盐量高），貂群饮水不足等，都能造成食盐中毒。

（二）发病机制 动物吃入过量的食盐，胃肠受到刺激，导致胃肠充、出血、发炎，神经系统受到损害。组织中逐渐积聚钠离子，引起慢性中毒，脑组织钠离子积聚，引起脑水肿。这种情况常见于饮水不足，而吃入食盐量正常时，神经组织出现嗜酸性细胞浸润性脑膜脑炎。此外，由肠道吸收食盐后，血浆渗透压增高，细胞外液氯化钠浓度随之增高。引起细胞内液水分外渗，导致组织脱水，由于颅内压增高，致使氧供给减少及糖无氧酵解抑制，引起脑血管组织损害和神经症状。

（三）临床症状 患貂出现口渴，兴奋不安，呕吐，从口鼻中流出泡沫样的黏液，腹泻呈急性胃肠炎症状，或运动失调，做旋转动作或嘶哑尖叫，伴有抽搐，最后四肢麻痹。

（四）病理解剖变化 尸僵完整，口腔内有少量食物及黏液，肌肉呈暗色，干燥。主要变化是胃肠道黏膜充血和肥厚，肺、肾及脑血管扩张、充血。个别病例心内膜、心肌、肾及肠黏膜有出血点。

（五）治疗 发现中毒后立即停喂现有饲料，加强饮水（少量多次给水）。对不能饮水的水貂，可用胃管给水。为了维持心脏功能，可注射强心剂，皮下注射 10%～20%樟脑油 0.12～0.15 毫升，也可皮下注射 5%葡萄糖注射液 5～10 毫升。

为缓解脑水肿，可皮下多点注射高渗葡萄糖溶液。为了促进毒物的排除，可用双氢克尿塞和石蜡油。为缓和兴奋性和痉挛发作，可用溴化钾或硫酸镁注射液解痉。

（六）预防 为了防止食盐中毒，要严格掌握毛皮动物饲料中食盐给量和标准，加盐要准确。喂海杂鱼和淡水鱼加盐要有区别；往饲料里加盐，最好加盐水（计算好浓度），因为盐水在混合料里好调制，容易搅拌均匀，减少中毒的概率。

食盐量高的鱼粉或鱼制品要很好地浸润脱盐。饲料搅拌要均匀，不能马虎从事。

七、有机氯杀虫剂中毒

有机氯杀虫剂是应用较广的农药之一，也可用于治疗动物体外寄生虫和杀灭蚊、蝇等。这类杀虫剂的残毒较强。近年来，国内外都先后控制或停止生产残毒毒性较高的有机氯杀虫剂品种。

引起水貂中毒的有机氯农药品种主要有碳氯灵、狄氏剂、异狄氏剂、艾氏剂、硫丹、毒杀芬、开蓬、六六六（已禁生产）、滴滴涕（禁止使用）、七氯、氯化松节油、氯丹等。

（一）病因

（1）由于草、料、水被污染、误食、误饮而中毒。

（2）饲养场周围果树喷农药灭虫，挥发出的药味，特别是熏烟剂，常引起水貂中毒。

（3）在治疗体表寄生虫时，由于涂药的面积过大，皮肤吸收或动物舔食被毛而中毒。

（4）人为破坏性投毒。

（二）临床症状 急性中毒病例，主要表现兴奋性增强。兴奋性增强的程度与中毒的程度、个体反应机能等因素有直接关系。轻者局部肌肉（例如肘后、股部等肌肉）震颤，眼睑闪动，或呆立不动，精神沉郁，食欲多半废绝；重者可视黏膜发红，呼吸困难，伴发不同程度的发绀，卧立不安、惊慌、乱碰乱撞，行动不自主，不时地出现阵发性全身痉挛。一旦发作，多突然摔倒在地，呈现角弓反张姿势，四肢乱蹬，眼睛频频闪动，这些症状可多次反复发作，其间歇期越短，则表示病情越重，或病已达到后期。有的病例在发作期，常因呼吸困难衰竭而死。急性病例，神经症状越明显，发生越频繁，且持续时间较长者，病期多半较短，1～2 天死亡。

慢性病例，症状不甚明显，精神不佳，逐渐消瘦，食欲减退。因为滴滴涕、六六六都有明显的蓄积作用，所以也有突然发作的病貂局部肌肉震颤，四肢运动不灵活，不协调，表现衰弱无力。有的后肢麻痹，不能站立，慢性胃肠卡他，体温升高，呼吸急促等症状相继发生。神经症状不甚明显者和慢性病例，大多数病貂病程长达 10 天左右，预后不良，如果能及早排除毒物，预后良好。

（三）病理解剖变化 病程长的慢性病例，病变明显，体表淋巴结肿大、水肿，各器官黄染；肝脏肿大，质地较硬，肝小叶中心坏死；胆囊肿大；胃黏膜充血，肠黏膜出血、卡他性炎症；肾肿大，包膜剥离困难，出血；脾脏大2～3倍，质地变硬，有的发生角膜炎。

（四）诊断 根据发病情况、临床症状和病理变化，进行综合分析，可以初步诊断。在必要情况下进行实验室化验。

（五）治疗 首先应断绝毒物继续进入动物体的各种可疑途径（如饲料、水或其他可疑的线索）。经消化道中毒者，可催吐、洗胃、缓泻等。经皮肤中毒者，应立即用清水或碱水（当六六六、滴滴涕中毒时）彻底清洗体表，尽早除掉附在毛上的毒物，以防继续吸收，加深中毒过程。

为缓解中毒，促进毒物及时排除和增强机体抗病能力，可选用生理盐水、复方氯化钠、葡萄糖注射液，大量输液。

对症疗法：如需缓解痉挛症状，可用镇静剂。此外，尚可考虑应用强心剂。禁用肾上腺素制剂，因有机氯毒性作用下的心脏，对肾上腺素非常敏感，易诱发心室颤动，促使病情加重。

（六）预防

（1）农药应放在专用库房，不得与饲料同库共贮。

（2）喷洒过有机氯杀虫剂的蔬菜类、农作物、牧草等，在1～1.5个月之内禁用。

（3）用于治疗外寄生虫病时，应遵守规定浓度、用量和用法，严禁滥用。

八、有机磷杀虫剂中毒

目前，各国新生产的有机磷杀虫剂品种繁多，并不断地更新，已成为防治植物病虫害的常用药剂。

有机磷农药的应用很广，所以引起中毒的药物种类也很多，其中常见的有甲拌磷、硫特普、对硫磷、磷胺、内吸磷、保棉丰、棉安磷、甲基对硫磷、谷硫磷、久效磷、三硫磷、甲胺磷、苯硫磷、甲基内吸磷、二嗪农、亚胺硫磷、茂果、稻丰散、乙硫磷、乐果、倍硫磷、杀螟松、二溴磷、敌百虫、蝇毒磷等。

（一）病因 有机磷杀虫剂是一类毒性较强的接触性农药，引起动物中毒的主要途径是经由消化道，少数病例是经过皮肤吸收或经呼吸道中毒。

（1）采食，误食喷洒过有机磷杀虫剂不久的蔬菜类、牧草等。特别是食入喷药后未被雨水冲刷过的饲料，中毒更为严重。

（2）误食拌过或浸过有机磷杀虫剂的种子，也能引起水貂中毒。

（3）用量不当。

（4）水源被有机磷杀虫剂污染，引起中毒。

（5）违反使用、保管有机磷杀虫剂的安全操作规程。如同一库房保存农药和饲料或在饲料库内配制农药或拌种等，而引起中毒。

（二）临床症状 水貂中毒时，呼吸迫促、流涎、口吐白沫、全身无力，肛门松弛，并排出带有黄绿色的稀便。有的后躯麻痹，尿失禁，最后痉挛而死。慢性中毒症状不典型、食欲不振、虚弱、运动失调、腹泻、消瘦、体温下降、呼吸中枢麻痹等而死亡。

（三）病理变化 经消化道急性中毒者，胃肠内容物具有有机磷杀虫剂的特殊气味（例如马拉硫磷、甲基对硫磷、内吸磷等中毒为蒜臭味；对硫磷中毒，是韭菜味和蒜味；八甲磷中毒有胡椒味等）。胃肠黏膜充血、出血、肿胀，并多半呈暗红色或暗紫色，黏膜层易剥脱。肺充血、肿大，气管内常有白色泡沫存在。心内膜有形状整齐的白斑。肝、脾肿大。肾脏混浊肿胀，被膜不易剥离，切面为淡红色，三界不清。

亚急性病例，胃肠黏膜发生坏死性炎症，肠系膜淋巴结肿大、出血。胆囊肿大、出血。肝发生坏死。黏膜下和浆膜有散在的出血点和出血斑，各实质器官发生混浊肿胀。肺淋巴结肿胀，出血。

(四) 诊断 正确地诊断动物有机磷杀虫剂中毒，应根据接触史、症状、化验以及治疗（保罗特效解毒剂的应用）等各方面所得的资料进行综合判断，一般情况下比较容易确诊。

1. 了解接触史 是确定有机磷杀虫剂中毒的重要依据。并应结合当地当时使用有机磷杀虫剂的情况和库存农药的种类等进行深入细致的分析，为确定诊断提供有力的依据。从病貂的胃内容物、呼吸道分泌物和皮肤等处，嗅到某些有机磷杀虫剂的独特气味，对诊断颇有意义。

2. 了解症状 对以流涎、瞳孔缩小、肌肉震颤、呼吸迫促、肺水肿和肠蠕动音增强等症状为主的病例，有可能为有机磷中毒。

3. 化验室检查 可疑病例，可在必要时检查饲料、饮水、胃内容物中是否存在有机磷杀虫剂，或采取尿液检查其分解产物。

(五) 治疗 一般急救原则如下：

(1) 立即停止喂、饮可疑有机磷污染的饲料和水，并将动物转移到通风良好的未发病笼舍或适宜的地方。

(2) 经皮肤或口中毒者，立即应用微温的1%肥皂水或4%碳酸氢钠溶液，洗涤皮肤，灌服或洗胃。灌肠，因多数有机磷脂类均易在碱性溶液里分解失效，故可用1%醋酸（或食醋）洗涤皮肤，然后用清水冲洗或洗胃、灌服。如果是对硫磷中毒，严禁用高锰酸钾溶液洗胃，原因是其能使对硫磷氧化成毒性更强的对氧磷。

(3) 防止毒物继续吸收，促进毒物排出。灌服人工盐，也可以达到缓泻之目的，严禁用油类溶剂，尤其不能用各种植物油类。

(4) 输液。有机磷杀虫剂，主要通过肾脏排出，输液既可稀释毒物，又可增加血液容量，促进毒物排出，从而缓解中毒过程，保护肾脏。此外，尚有补充电解质、营养物质和增加肝的解毒功能的作用。常用等渗葡萄糖生理盐水注射液、复方氯化钠注射液或5%葡萄糖注射液，大剂量注射。为防止发生肺水肿，输液速度不宜过快（或采取先快后慢的办法）。

目前，应用在兽医临床上的特效解毒剂主要为阿托品，另一类为胆碱酯酶复活剂，它可使已经磷酰化的胆碱酯酶恢复成能够水解乙酰胆碱的药物，如解磷定、氯磷定、双解磷等。

（六）预防

(1) 认真保管好农药。

(2) 喷洒过农药的田地，7天之内动物不得进入，蔬菜不得喂貂。

(3) 按规定的用量，应用有机磷杀虫剂治疗动物寄生虫病和灭蝇除蛆等。

九、水貂磷化锌中毒

磷化锌，化学名为二磷化三锌（Zn_3P_2），属剧毒性毒药，对人、畜、毛皮动物毒性较大。

（一）病因 常因灭鼠毒饵污染饲料引起。

（二）症状 食入磷化锌后，常在15分钟至4小时之内出现中毒症状，首先表现厌食和昏迷、呕吐和腹痛、呕吐物有蒜味，在暗处可出现磷光。有的病貂发生腹泻，排泄物中混有血液、亦具有磷光。呼吸迫促，有时有喘鸣声或鼾声。全身衰弱，共济失调，心跳缓慢，尿中有红细胞、蛋白和管型（又称尿圆柱）。病貂初期有过敏症状，痉挛发作，呼吸极度困难，张嘴伸舌，昏迷而死。

病程及预后：中毒后多在3～4小时死亡。幸存者，约需

1周方可恢复。

（三）病理解剖变化 肺显著充血，间叶水肿，胸膜出血、渗血，肝、肾极度充血；亚急性病例，肝苍白有黄斑，胃内容物有蒜味，消化道黏膜充血、出血和黏膜脱落。

（四）诊断 一般根据病史，症状（呼吸困难、呕吐等），剖检变化，肺充血、水肿以及胸膜渗出物和胃内容物蒜味，可作出初步诊断。此外，可在肝或肾中检查出磷化锌而确诊。

（五）治疗 无特效疗法，病初可用5%碳酸氢钠液洗胃，亦可灌服0.2%～0.5%硫酸铜溶液，此溶液可与磷化锌形成无毒的磷化铜沉淀，阻滞磷化锌吸收而降低毒性。为防止酸中毒，可静脉注射葡萄糖酸钙或葡萄糖酸钠溶液。可以用10%硫代硫酸钠溶液静脉注射，进行解毒。亦可静脉注射等渗葡萄糖注射，进行解毒。

（六）预防 加强毒鼠药的保管使用，冷库、饲料库、饲料加工车间，不得用毒鼠药灭鼠。

十、铅 中 毒

铅是一种蓄积性与多亲和性的毒物，它可作用于全身各个系统，主要损害神经系统、造血系统、消化系统、泌尿系统和心血管等。

（一）病因 动物铅中毒，主要是食入或吸入含铅物质而引起中毒。

（1）动物食入刚喷过含铅农药的蔬菜。

（2）舔食含铅油漆或颜料。

（3）在炼铅厂附近饲养动物。因在冶炼时，有大量的铅蒸气排出，在空气中迅速变成氧化铅（PbO）细尘，动物通过呼吸道吸入，造成中毒。

（4）在交通频繁的公路两侧种植蔬菜或牧草，常被汽车排放的尾气污染，当废气中含铅量高达 $255\times10^{-6}\sim500\times10^{-6}$ 时，也会引起动物中毒。

（二）症状 分急性和慢性中毒，主要表现神经症状与消化紊乱。二者并无绝对界限，往往兼而有之。

水貂场使用刚刷过铅油的笼子或小室（产箱），引起水貂急性中毒，多数出现神经症状，次日晨突然死亡。有的看不到症状就死亡。多见步态摇晃，转圈，头颈震颤，口吐白沫，咬牙，感觉过敏，尖叫，惊厥而死。

慢性病貂，精神沉郁，厌食、流涎、腹泻、妊娠中断，流产，死胎，幼貂生命力弱，产仔率下降等。

（三）病理解剖变化 慢性铅中毒尸体营养不良，血液稀薄，心脏扩张，肝脏质脆、呈红黄色，十二指肠及胃黏膜炎症或黏膜脱落、或有大小不等溃疡灶。急性中毒死亡的尸体营养良好，主要表现胃肠炎，肝脏色淡，肝小叶变性，脂肪性营养不良。肾出血、充血，慢性中毒，则肾脏变性，肾小球囊增厚变性，肾小管上皮细胞变性，有明显抗酸性核内包含体。

脑水肿，大脑皮层中毒充血，慢性病例为层状脑皮质坏死，内皮核星形细胞增生，小神经胶质细胞积聚，软脑膜有部分伊红细胞浸润，核内有抗酸性包含体。

肌肉苍白或呈煮肉样，皮下、胸腺和气管黏膜出血，膀胱炎，角膜炎和眼球出血等。

（四）诊断 主要根据病史、症状、病理组织学特征和化学分析进行诊断。一般取血液、肝脏和胃内容物，化验其含铅量作为诊断的依据。

（五）治疗 铅中毒尚无特效疗法。急性中毒时，立即用10％硫酸钠洗胃，也可内服蛋清水或牛乳、豆浆等，之后再应用盐类泻剂，也可用催吐剂催吐，以促进铅排出。慢性中毒时应内服碘制剂，使已沉积于内脏的铅移动，并使之排出体外。解毒剂，可使用依地酸钙钠，有较好的解铅中毒效果。用法用量请查药品说明书。

（六）预防 水貂对铅极为敏感，预防本病的关键是禁止水貂与铅或铅的化合物接触；禁止笼子和小室内涂铅油，其他饲料用具也不要涂铅油。

十一、龙胆紫醇溶液中毒

龙胆紫醇溶液是处理外伤常用外用药，由于水貂对龙胆紫比较敏感，所以当处理完外伤以后，为了使创面干燥、防感染，涂布龙胆紫醇溶液，引起患貂中毒。

（一）临床症状 病貂拒食、口渴、饮水量增加，呕吐、流涎，交替出现神经兴奋和沉郁，呼吸困难，粪便呈黑黄色或煤焦油样，尿液深黄，后期黏膜发绀，肛门部皮肤糜烂。

（二）治疗 发现中毒，及时冲洗掉局部外伤处的龙胆紫，用25%尼克刹米0.3毫升肌内注射强心。口服0.1%高锰酸钾溶液5～10毫升，氧化镁1份、鞣酸蛋白1份、活性炭1份混合后每只貂口服1克。20%葡萄糖溶液5～10毫升，维生素B_1注射液1～2毫升，维生素C注射液1～2毫升，混合后分点皮下注射。

（三）预防 治疗水貂外伤禁用龙胆紫醇溶液。

十二、水貂青链霉素合剂中毒

青链霉素混合注射在兽医临床实践中是常用的方法，可在对水貂病治疗中遇到了特殊性，青链霉素混合肌内注射不行，会造成过敏性死亡，或者说中毒死亡。经实践证明，水貂不能肌内注射青链霉素混合剂，分别注射可以。

（一）病因 青霉素和链霉素混合注射产生过敏性休克死亡。

（二）防治 治疗水貂疾病时，禁忌青链霉素混合注射。

参考文献

白文彬，于康震 . 2002. 动物传染病诊断学［M］. 北京：中国农业出版社 .

李光玉，杨福合 . 2006. 狐、貉、貂养殖新技术［M］. 北京：中国农业科学技术出版社 .

李玉梅，白秀娟 . 2007. 水貂自咬症的研究进展［J］. 经济动物学报，11(3)：165 - 167.

李志鹏，李光玉 . 2010. 水貂哺乳症研究进展［J］. 中国兽医杂志，46(6)：71 -73.

刘庆田，顾英杰 . 2007. 水貂养殖中的卫生防疫与疾病防制［J］. 畜牧兽医科技信息（5）：84 - 85.

刘恕 . 1999. 毛皮兽养殖及兽皮加工技术［M］. 北京：中国盲文出版社 .

朴厚坤，张南奎 . 1984. 毛皮动物的饲养与管理［M］. 北京：农业出版社 .

钱国成，魏海军，刘晓颖 . 2006. 新编毛皮动物疾病防治［M］. 北京：金盾出版社 .

佟煟人，钱国成 . 1990. 中国毛皮兽饲养技术大全［M］. 北京：中国农业科学技术出版社 .

王向阳 . 2012. 水貂白底绒症的防治［J］. 特种经济动植物（9）：9.

杨嘉实 . 1999. 特产经济动物饲料配方［M］. 北京：中国农业出版社 .

杨艳杰，程南艳 . 2003. 水貂假单胞菌病的诊治［J］. 中国兽医科技，33(7)：73.

尹昭智，初义刚 . 2004. 水貂选种的体会［J］. 特种养殖（7）：4.

于开国，由传庆，周振华 . 2004. 仔貂死亡的原因及其防治措施［J］. 特种经济动植物（6）：45 - 46.

张幼成 . 1989. 经济动物疾病防治手册［M］. 合肥：安徽科学技术出版社 .

张振兴 . 1994. 经济动物疾病学［M］. 北京：中国农业出版社 .

NRC. 1982. Nutrient Requirements of Mink and Foxes［M］. Washington：National Academy Press.

图书在版编目（CIP）数据

水貂养殖新技术 / 刘晓颖，程世鹏主编 .—2 版 .—北京：中国农业出版社，2013.9
（最受养殖户欢迎的精品图书）
ISBN 978-7-109-18178-6

Ⅰ.①水… Ⅱ.①刘… ②程… Ⅲ.①水貂-饲养管理 Ⅳ.①S865.2

中国版本图书馆 CIP 数据核字（2013）第 178399 号

中国农业出版社出版
（北京市朝阳区农展馆北路 2 号）
（邮政编码 100125）
责任编辑 黄向阳 周锦玉

中国农业出版社印刷厂印刷 新华书店北京发行所发行
2014 年 3 月第 2 版 2014 年 3 月第 2 版北京第 1 次印刷

开本：850mm×1168mm 1/32 印张：9.125
字数：220 千字
定价：26.00 元